营造林工程监理与实践

Afforestation and Reforestation Projects: Supervision and Practice

刘道平 主编

中国林业出版社
China Forestry Publishing House

图书在版编目(CIP)数据

营造林工程监理与实践 / 刘道平主编. --北京：中国林业出版社，2018. 3
ISBN 978-7-5038-9818-1

Ⅰ. ①营… Ⅱ. ①刘… Ⅲ. ①营林-监理工作 ②造林-监理工作 Ⅳ. ①S72

中国版本图书馆 CIP 数据核字(2018)第 252365 号

中国林业出版社·生态保护出版中心

策划编辑： 刘家玲

责任编辑： 刘家玲　甄美子

出版发行　中国林业出版社（100009　北京市西城区德内大街刘海胡同 7 号）
http：//lycb. forestry. gov. cn　电话：（010）83143519　83143616
印　　刷　三河市祥达印刷包装有限公司
版　　次　2019 年 2 月第 1 版
印　　次　2019 年 2 月第 1 次
开　　本　787mm×1092mm　1/16
印　　张　20
字　　数　500 千字
印　　数　1~7000 册
定　　价　98. 00 元

营造林工程监理与实践

编委会

主　编　刘道平

副主编　周志峰　赵廷宁

编　委（按笔画顺序排列）

牛　牧　王　耀　王连春　刘道平

刘　强　师　君　陈光清　张志国

张现武　周志峰　周铁军　杨文姬

杨建英　赵廷宁　高艳鹏　覃鑫浩

序

PREFACE

当历史的脚步迈入新世纪，在党中央、国务院的高度重视下，我国国民经济和社会发展迎来了崭新阶段。回顾过去，2003年，中国共产党十六届三中全会提出科学发展观，强调“统筹人与自然的和谐发展”；2007年，十七大把“建设生态文明”作为实现全面建成小康社会的五大目标之一，首次将人与自然和谐，建设资源节约型、环境友好型社会写入党章，并纳入“十三五”发展规划；2012年，十八大正式把“生态文明建设”纳入中国特色社会主义“五位一体”总体布局；2017年，十九大做出了“加快生态文明体制改革，建设美丽中国”的战略部署。通过推进绿色发展、着力解决突出环境问题、加大生态系统保护力度、改革生态环境监管体制等一系列措施，牢固树立社会主义生态文明观，推动形成人与自然和谐发展现代化建设新格局。这是中国共产党总结人类文明发展史，继承中国传统“天人合一”、“道法自然”等哲学思想，借鉴国内外现代生态理论，总结实践中正反两方面的经验教训，针对我国面临的突出问题和重大挑战，探索中国特色社会主义生态文明建设道路。“一带一路”、京津冀协同发展、长江经济带等三大战略与之紧密结合，努力推进生态文明，建设美丽中国，共创人类文明发展的新时代。

林业是建设生态文明的重要基础，要承担起保护自然生态系统、实施重大生态修复工程、构建生态安全格局、促进绿色发展、建设美丽中国、为全球生态安全作贡献，切实履行生态修复与保护的重大职责，完成生态文明赋予的光荣使命。牢固树立和践行“绿水青山就是金山银山”理念，按照“深入实施以生态建设为主的林业发展战略，加快发展现代林业，切实履行六大职责，着力构建六大体系，努力建设美丽中国，推动我国走向社会主义生态文明新时代”的指导思想，以保护建设森林、湿地、草地、荒漠生态系统和维护生物多样性为重点，除实施好天然林资源保护、退耕还林（草）、京津风沙源治理、三北防护林建设等重大生态修复工程外，谋划一批新的生态保护与建设工程，完善重大生态工程建设布局，在东北地区、西北风沙区、沿海区、西部高原区、长江、黄河、珠江、中小河流及库区、平原农区、城市区等生态区位重要和脆弱地区，加快构筑国土生态安全屏障等推进生态文明建设的重点工作。

森林培育质量决定着森林培育的数量、速度和成效。深入组织实施大工程带动大发展的举措，不断推出新的生态建设工程，对工程建设质量提出了更高要求。工程监理是建设工程领域中一项重要管理制度，也是保证林业生态工程建设质量的重要举措之一。在林业生态工程建设中推广实行工程监理，将进一步完善林业生态建设管理制度，提升林业生态建设质量，更大发挥工程投资效益，进而加快现代林业发展和生态文明建设进程。以刘道平为首的一批专家长期从事营造林（造林绿化）的管理和监理工作。在本书中他们不仅总结了各地开展营造林工程监理十多年的成功实践，介绍了工程监理和营造林的基本知识，还着重从实际操作方面对工程监理进行说明，对推进造林绿化扩面增绿、提质增效，加大林草植被恢复和保护力度具有重要指导意义，对其他行业生态建设工程具有广泛借鉴，可作为林业生态建设管理人员和营造林（造林绿化）工程监理人员的重要参考书。

沈国舫

2018 年 11 月 12 日

前 言

FOREWORD

随着我国国民经济社会的快速发展，生态建设与环境保护已成为一项长期而艰巨的任务，加大植树造林力度是改善生态环境、建设美丽中国的主要途径之一。进入新世纪，国家加大对林业生态建设投入力度，继续组织实施天然林资源保护、退耕还林（草）、三北及长江等重点防护林体系建设等林业重点工程，带动生态建设大发展，构建完备的国家生态安全屏障。森林培育质量逐渐成为全行业乃至全社会关注的焦点，也在很大程度上决定着中国林业发展的前途和命运。

实行建设工程监理制是我国在基本建设领域实行的改革举措。1988 年 7 月，我国首次开展建设工程监理制试点，5 年后逐步推行。1998 年 3 月和 2000 年 1 月，分别发布施行的《中华人民共和国建筑法》《建设工程质量管理条例》明确规定，国家推行建设工程监理制度，建设工程监理制度从而在我国全面推行。营造林工程监理制度是我国营造林管理体制改革的一项重要内容，是确保森林培育质量重要手段，是提高投资效益和施工管理水平的有效措施。随着国家加大对营造林工程的投资，从事营造林工程监理的工程技术人员不断增加，培养大量的营造林工程监理人员已迫在眉睫。

《营造林工程监理与实践》是面向基层营造林工程监理员使用的一本实际操作手册。在编著过程中，按照《营造林工程监理员国家职业标准》要求，紧密结合营造林工程的特点，系统全面地介绍了营造林工程监理的基本原理、基本方法与基本内容，并提供部分案例，有利于学员的感性认识，力求做到既满足规范规定，又便于操作实施。全书共十章，第一章，简要概述了建设工程监理；第二章至第九章，重点介绍营造林工程监理的基本知识、“三控两管一协调”、安全管理等；第十章，着重从监理实际操作的层面进行说明，同时提供营造林工程监理常用表格、营造林工程监理的依据和相关法律法规、技术标准、规范性文件。

在推进营造林工程监理工作，以及编著本书的过程中，国家林业局造林绿化管理司魏殿生、王祝雄、赵良平、刘红、马爱国、李怒云、王恩苓、曾宪芷、覃庆锋，国家林业局人才开发交流中心文世峰、陈建、冯珺，国家林业局调查规划设计院赵中南、李俊杰，北京林业大学吴斌、翟明普、贾黎明，北京中林华联建设工程监理有限公司熊炼等专家学者给予了大力支持，在此表示衷心感谢！

鉴于营造林工程监理开展时间较短，编著本书的时间跨度又长，作者水平有限，不足之处在所难免，敬请批评指正。

编著者

2018 年 3 月

目　录

CONTENTS

第一章 建设工程及其监理概述

建设工程是人类有组织、有目的、大规模的经济活动，按使用功能分为房屋建筑工程、市政工程、农业工程、林业工程、电子与通信工程等。每一建设工程项目都有其基本建设程序，一般包括项目建议书、可行性研究、设计工作、建设准备、施工安装、生产准备、竣工验收、后评价八个阶段。目前，我国建设工程监理主要发生在建设工程施工安装阶段，监理单位主要通过投标获取建设工程项目监理业务。

第一节　工程项目建设程序

一、工程项目建设程序与阶段划分

（一）建设程序

工程项目建设程序是指工程项目从策划、选择、评估、决策、设计、施工到竣工验收、投入生产和交付使用的整个建设过程中，各项工作必须遵循的先后工作次序。工程项目建设程序是工程建设过程客观规律的反映，是工程项目科学决策和顺利进行的重要保证。

世界上各个国家和国际组织在工程项目建设程序上存在着某些差异，但是按照工程建设项目发展的内在规律，投资建设一个工程项目都要经过投资决策和建设实施两个主要发展时期。这两个发展时期又可分为若干个阶段，它们之间存在着严格的先后顺序，可以进行合理的交叉，但不能任意颠倒次序。

以世界银行贷款项目为例，其建设周期包括项目选定、项目准备、项目评估、项目谈判、项目实施和项目总结评价六个阶段。每一个阶段的工作深度决定着项目在下一阶段的发展，彼此相互联系、相互制约。在项目选定阶段，要根据借款申请国所提出的项目清单，进行鉴别选择，一般根据项目性质选择符合世界银行贷款原则、有助于当地经济和社会发展的急需项目。被选定的项目经过1~2年的准备，提出详细可行性研究报告，由世界银行组织专家进行项目评估之后，再与申请国贷款银行谈判、签订协议，然后进入项目的勘察设计、采购、施工、生产准备和试运转等实施阶段，在项目贷款发放完成后一年左右进行项目的总结评价。正是由于其科学、严密的程序化项目管理，保证了世界银行在各国投资保持有较高的成功率。

（二）建设阶段划分

按照我国现行工程项目管理规定，大、中型及限额以上工程项目的建设程序，可分为以下八个主要阶段：

（1）根据国民经济和社会发展长远规划，结合行业和地区发展规划的要求，提出项目建议书。

（2）在勘察、试验、调查研究，以及详细技术经济论证的基础上编制可行性研究报告。

（3）根据咨询评估情况，对工程项目进行决策。

（4）根据可行性研究报告，编制工程项目设计文件。

（5）初步设计经批准后，做好施工前的各项准备工作。

（6）根据施工进度安排组织施工，并做好试生产或试运营前的准备工作。

（7）项目按批准的设计内容完成，经试生产或试运营验收合格后正式投产交付使用。

（8）生产运营一段时间（一般为1年）后，进行项目后评价。

二、工程项目建设各阶段工作内容

（一）项目建议书阶段

项目建议书是建设单位向国家相关部门提出的建设某一项目的建议文件，是对工程项目建设的轮廓设想。项目建议书的主要作用是推荐一个拟建项目，论述其建设的必要性、建设条件的可行性和获利的可能性，供国家选择并确定是否进行下一步工作。

项目建议书的内容视项目的不同而有繁有简，但一般应包括：项目提出的依据和必要性，产品方案、拟建规模和建设地点的初步设想，资源情况、建设条件、协作关系等方面的初步分析，投资估算和资金筹措设想，项目的进度安排，经济效益和社会效益的估算。

项目建议书按要求编制完成后，应根据建设规模和限额划分，按程序分别报送有关部门审批。按现行规定，大中型及限额以上项目的项目建议书首先应报送行业归口主管部门，同时抄送国家发展和改革委员会。行业归口主管部门根据国家中长期规划要求，着重从资金来源、建设布局、资金合理利用、经济合理性、技术政策等方面进行初审。行业归口主管部门初审通过后报国家发展和改革委员会，由国家发展和改革委员会从建设总规模、生产力总布局、资源优化配置及资金供应可能、外部协作条件等方面进行综合平衡，还要委托具有相应资质的工程咨询单位评估后审批。凡行业归口主管部门初审未通过的项目，国家发展和改革委员会不予批准；凡属小型或限额以下项目的项目建议书，按项目隶属关系由行业归口主管部门或地方发展和改革委员会审批。

项目建议书经批准后，可以进行详细的可行性研究工作，但并不表明项目非上不可，项目建议书不是项目的最终决策。

（二）可行性研究阶段

项目建议书一经批准，即可着手开展项目可行性研究工作。可行性研究是对工程项目在技术上是否可行、经济上是否合理进行的科学分析论证。

1. 可行性研究的工作内容

可行性研究应完成项目建设的必要性、可行性、合理性等主要工作内容。一是进行市场调查研究，以进一步解决项目建设的必要性问题；二是进行工艺技术方案的研究，以解决项目建设的技术可行性问题；三是进行财务和经济比较分析，以解决项目建设的合理性问题。可行性研究未通过的项目，不得进行下一步工作。

2. 可行性研究报告的内容

可行性研究工作完成后，需要编写出反映其全部工作成果的“可行性研究报告”。就其内容来看，各类项目的可行性研究报告内容不尽相同，但一般应包括：项目提出的背景、投资的必要性和研究工作依据；需求预测、拟建规模、产品方案、发展方向的技术经济比较和分析；资源、原材料、燃料及公用设施设备；项目设计方案及协作配套工程；建厂条件与厂址方案；环境保护、防震、防洪等要求及其相应措施；企业组织、劳动定员和人员培训；建设工期和实施进度；投资估算和资金筹措方式；经济效益和社会效益情况等

10 项基本内容。

3. 可行性研究报告的审批

按照国家现行规定，凡属中央政府投资、中央和地方政府合资的大中型和限额以上项目的可行性研究报告，都要报送国家发展和改革委员会审批。国家发展和改革委员会在审批过程中要征求建设单位主管部门和国家专业投资公司的意见，同时要委托具有相应资质的工程咨询公司进行评估。总投资在 2 亿元以上的项目，无论是中央政府投资还是地方政府投资，都要经国家发展和改革委员会审查后报国务院批准。中央各部门所属小型和限额以下项目的可行性研究报告，由各部门审批。总投资在 2 亿元以下的地方政府投资项目，其可行性研究报告由地方发展和改革委员会审批。

可行性研究报告经过正式批准后，将作为初步设计的依据，不得随意修改和变更。如果在建设规模、产品方案、建设地点、主要协作关系等方面有变动，以及突破原定投资控制数时，应报请原审批单位同意，并正式办理变更手续。可行性研究报告经批准，建设项目才算正式“立项”。

（三）设计阶段

设计是对拟建工程的实施在技术上和经济上所进行的全面而详尽的安排，是基本建设计划的具体化，同时也是组织施工的依据。一般而言，工程项目的设计工作划分为初步设计、施工图设计两个阶段。特大、重大项目或技术复杂项目，可根据需要增加技术设计阶段。

1. 初步设计

初步设计是根据可行性研究报告的要求所做的具体实施方案，目的是为了阐明在指定的地点、时间、投资控制数额内，拟建项目在技术上的可行性和经济上的合理性，并通过对工程项目所作出的基本技术经济指标规定，编制项目总概算。

初步设计不得随意改变被批准的可行性研究报告所确定的建设规模、产品方案、工程标准、建设地址和总投资等控制目标。如果初步设计提出的总概算超过可行性研究报告总投资的 10%以上或其他主要指标需要变更时，应说明原因和计算依据，并重新向原审批单位报批可行性研究报告。

2. 施工图设计

根据初步设计或技术设计的要求，结合现场实际情况，完整地表现建筑物外形、内部空间分割、结构体系、构造状况，以及建筑群的组成和周围环境的配合。此外，它还包括各种运输、通信、管道系统、建筑设备等方面的设计。在工艺方面，应具体确定所需设备的型号、规格及各种非标准设备的制造加工图。

3. 技术设计

应根据初步设计和更详细的调查研究资料编制，以进一步解决初步设计中的重大技术问题，如工艺流程、建筑结构、设备选型及数量确定等，使工程建设项目的设计更具体、更完善，技术指标更好。

（四）建设准备阶段

项目在开工建设之前要切实做好各项准备工作，其主要内容包括：征占地、拆迁、场地平整；完成施工用水、电、路等的准备工作；组织设备、材料订货；准备必要的施工图纸；组织施工招标，择优选定施工单位。

按规定进行了建设准备和具备了开工条件以后，便应组织工程项目开工。建设单位申请批准开工要经国家发展和改革委员会统一审核后，编制年度特大、大型、中型和限额以上工程建设项目新开工计划报国务院批准。部门和地方政府无权自行审批特大、大型、中型和限额以上工程建设项目的开工报告。年度特大、大型、中型和限额以上新开工项目须经国务院批准，国家发展和改革委员会下达项目计划。

一般项目在报批新开工前，必须由审计机关对项目的有关内容进行审计证明。审计机关主要是对项目的资金来源是否正当及落实情况、项目开工前的各项支出是否符合国家有关规定、资金是否存入规定的专业银行等情况进行审计。新开工的项目还必须具备按施工顺序需要至少 3 个月以上的工程施工图纸，否则不能开工建设。

（五）施工安装阶段

项目经批准新开工建设，项目即进入了施工阶段。项目新开工时间，是指工程建设项目设计文件中规定的任何一项永久性工程第一次正式破土开槽开始施工的日期。不需开槽的工程，正式开始打桩的日期就是开工日期。铁路、公路、水库等包括大量土方、石方工程的项目，以开始进行土方、石方工程的日期作为正式开工日期。工程地质勘察、平整场地、旧建筑物的拆除，临时建筑以及施工用临时道路和水、电等工程开始施工的日期不能算作正式开工日期。分期建设的项目分别按各期工程开工的日期计算，如二期工程应根据工程设计文件规定的永久性工程开工的日期计算。

施工安装活动应按照工程设计要求、施工合同条款、施工组织设计，在保证工程质量、工期、成本、安全、环境等目标的前提下进行，达到竣工验收标准后，由施工单位移交给建设单位。

（六）生产准备阶段

对于生产性建设项目而言，生产准备是项目投产前由建设单位进行的一项重要工作。它是衔接建设和生产的桥梁，是项目建设转入生产经营的必要条件。建设单位应适时组成专门机构或班子做好生产准备工作，确保项目建成后能及时投产。

生产准备工作的内容根据项目或企业的不同，其要求也各不相同，但一般应包括以下主要内容：

1. 人才准备

招收项目运营过程中所需要的人员，采用多种方式进行培训。特别要组织生产人员参加设备的安装、调试、工程验收工作，使其能尽快掌握生产技术和工艺流程。

2. 组织准备

主要包括设置生产管理机构、制订管理制度、配备生产人员等。

3. 技术准备

主要包括国内装置设计资料的汇总，有关国外技术资料的翻译编辑，各种生产方案、岗位操作法的编制以及新技术的准备等。

4. 物资准备

主要包括落实原材料、协作产品、燃料、水、电、气等的来源和其他需协作配合的条件，并组织工装、器具、备品、备件等的制造或订货。

（七）竣工验收阶段

当工程项目按设计文件的规定内容和施工图纸的要求全部建完后，便可组织验收。竣工验收是工程建设过程的最后一环，是投资成果转入生产或使用的标志，也是全面考核基本建设成果、检验设计和工程质量的重要步骤。竣工验收对促进建设项目及时投产、发挥投资效益及总结建设经验，都有十分重要的作用。通过竣工验收，可以检查建设项目实际形成生产能力或效益，也可避免项目建成后继续消耗建设费用。

1. 竣工验收范围和标准

按照国家现行规定，所有基本建设项目和更新改造项目，按批准的设计文件所规定的内容建成，符合验收标准，即：工业项目经过投料试车（带负荷运转）合格，形成生产能力的；非工业项目符合设计要求，能够正常使用的，都应及时组织竣工验收，办理固定资产移交手续。工程项目竣工验收、交付使用，应达到五个方面的标准：一是生产性项目和辅助公用设施已按设计要求建完，能满足生产要求；二是主要工艺设备已安装配套，经联动负荷试车合格，形成生产能力，能够生产出设计文件规定的产品；三是职工宿舍和其他必要的生产福利设施，能适应投产初期的需要；四是生产准备工作能适应投产初期的需要；五是环境保护设施、劳动安全卫生设施、消防设施已按设计要求与主体工程同时建成使用。

以上是国家对工程建设项目竣工应达到标准的基本规定，各类工程建设项目除了应遵循这些共同标准外，还要结合专业特点确定其竣工应达到的具体条件。对某些特殊情况，工程施工虽未全部按设计要求完成，也应进行验收，这些特殊情况主要包括三种情况：一是因少数非主要设备或某些特殊材料短期内不能解决，虽然工程内容尚未全部完成，但已可以投产或使用；二是按规定的内容已建完，但因外部条件的制约，如流动资金不足、生产所需原材料不能满足等，而使已建成工程不能投入使用；三是有些工程项目或单位工程，已形成部分生产能力，但近期内不能按原设计规模续建，应从实际情况出发经主管部门批准后，可缩小规模对已完成的工程和设备组织竣工验收，移交固定资产。

按国家现行规定，已具备竣工验收条件的工程，3 个月内不办理验收投产和移交固定资产手续的，取消企业和主管部门（或地方）的基建试车收入分成，由银行监督全部上缴财政。如 3 个月内办理竣工验收确有困难，经验收主管部门批准，可以适当推迟竣工验收时间。

2. 竣工验收的准备工作

在此方面，建设单位应认真做好以下准备工作：

（1）整理技术资料。技术资料主要包括土建施工、设备安装方面及各种有关的文件、合同和试生产情况报告等。

（2）绘制竣工图。工程建设项目竣工图是真实记录各种地下、地上建筑物等详细情况的技术文件，是对工程进行交工验收、维护、扩建、改建的依据，同时也是使用单位长期保存的技术资料。关于绘制竣工图的规定如下：

① 凡按图施工没有变动的，由施工承包单位（包括总包单位和分包单位）在原施工图上加盖“竣工图”标识后即作为竣工图。

② 凡在施工中，虽有一般性设计变更，但能将原图加以修改补充作为竣工图的，可不重新绘制，由施工承包单位负责在原施工图［必须是新（蓝）图］上注明修改部分，并附以设计变更通知单和施工说明，加盖“竣工图”标识后，即作为竣工图。

③ 凡结构形式改变、工艺改变、平面布置改变、项目改变以及有其他重大改变，不宜再在原施工图上修改补充者，应重新绘制改变后的竣工图。由于设计原因造成的，由设计单位负责重新绘图；由于施工单位原因造成的，由施工承包单位负责重新绘图；由于其他原因造成的，由建设单位自行绘图或委托设计单位绘图，施工承包单位负责在新图上加盖“竣工图”标识，并附以有关记录和说明，作为竣工图。竣工图必须准确、完整、符合归档要求，方能交工验收。

（3）编制竣工决算。建设单位必须及时清理所有财产、物资和未花完或应收回的资金，编制工程项目竣工决算，分析概算、预算执行情况，考核投资效益，报请主管部门审查。

3. 竣工验收程序和组织

根据国家现行规定，规模较大、较复杂的工程建设项目应先进行初步验收，然后进行正式验收。规模较小、较简单的工程项目，可以一次进行全部项目的竣工验收。

工程项目全部建完，经过各单位工程的验收，符合设计要求，并具备竣工图、竣工决算、工程总结等必要文件资料，由项目主管部门或建设单位向负责验收的单位提出竣工验收申请报告。

特大、大、中型和限额以上项目由国家发展和改革委员会或国家发展和改革委员会委托项目主管部门、地方政府组织验收。小型和限额以下项目，由项目主管部门或地方政府组织验收。竣工验收要根据工程规模及复杂程度组成验收委员会或验收组。验收委员会或验收组负责审查工程建设的各个环节，听取各有关单位的工作汇报。审阅工程档案、实地查验建筑安装工程实体，对工程设计、施工和设备质量等做出全面、客观、公正的评价。不合格的工程不予验收。对遗留问题要提出具体解决意见，限期落实整改完成。

（八）后评价阶段

工程项目后评价是工程项目竣工投产、生产运营一段时间后，再对工程项目的立项决策、设计施工、竣工投产、生产运营等全过程进行系统评价的一种技术经济活动，是固定资产投资管理的一项重要内容，也是固定资产投资管理的最后一个环节。通过工程项目建设后评价，可以达到肯定成绩、总结经验、研究问题、吸取教训、提出建议、改进工作、不断提高工程项目决策水平和投资效果的目的。

工程项目后评价的内容，主要包括立项决策评价、设计施工评价、生产运营评价和建设效益评价。在实际工作中，可以根据建设项目的特点和工作需要而有所侧重。

工程项目后评价的基本方法是对比法。就是将工程项目建成投产后所取得的实际效果、经济效益、社会效益、环境保护等情况与前期决策阶段的预测情况相对比，与项目建设前的情况相对比，从中发现存在问题，总结经验教训。在实际工作中，往往从以下三个方面对建设项目进行后评价。

1. 影响评价

通过项目竣工投产（营运、使用）后对社会的经济、政治、技术、环境等方面所产生的影响来评价项目决策的正确性。如果项目建成后达到了原来预期的效果，对国民经济发展、产业结构调整、生产力布局、人民生活水平的提高、环境保护等方面都带来有益的影响，说明项目决策是正确的；如果背离了既定的决策目标，就应具体分析，找出原因，引以为戒。

2. 经济效益评价

通过工程项目竣工投产后所产生的实际经济效益与可行性研究时所预测的经济效益相比较，对工程项目进行评价。对生产性建设项目要运用投产运营后的实际资料计算财务内部收益率、财务净现值、财务净现值率、投资利润率、投资利税率、贷款偿还期、国民经济内部收益率、经济净现值、经济净现值率等一系列后评价指标，然后与可行性研究阶段所预测的相应指标进行对比，从经济上分析项目投产运营后是否达到了预期效果。没有达到预期效果的应分析原因，采取措施，提高经济效益。

3. 过程评价

对工程项目的立项决策、设计施工、竣工投产、生产运营等全过程进行系统分析，找出项目后评价与原预期效益之间的差异及其产生的原因，使后评价结论有根有据，同时，针对问题提出解决办法。

以上三个方面的评价有着密切的联系，必须全面理解，正确运用，才能对工程项目后评价做出客观、公正、科学的结论。

第二节　工程项目招投标

一、招标

（一）招标分类

根据不同的分类方式，工程项目招标具有不同的类型。

1. 按工程项目建设程序分类

工程项目建设过程可分为建设前期阶段、勘察设计阶段和施工阶段。因而按工程项目建设程序，招标可分为工程项目开发招标、勘察设计招标和工程施工招标三种类型。

（1）项目开发招标。这类招标是建设单位为选择科学、合理的投资开发建设方案，为进行项目的可行性研究，通过投标竞争寻找满意的咨询单位的招标。投标人一般为工程咨询单位，中标人最终的工作成果是项目的可行性研究报告。中标人须对自己提供的研究成果负责，并得到建设单位认可。

（2）勘察设计招标。指根据批准的可行性研究报告，择优选择勘察设计单位的招标。勘察和设计是两种不同性质的工作，可由勘察单位和设计单位分别完成。勘察单位最终提出包括施工现场地理位置、地形、地貌、地质、水文等情况在内的勘察报告；设计单位最终提供设计图纸和成本预算结果。施工图设计可由中标的设计单位承担，也可由施工单位承担，一般不进行单独招标。

（3）工程施工招标。在工程项目的初步设计或施工图设计完成后，用招标的方式选择施工单位的招标。施工单位最终向建设单位交付按招标设计文件规定形成的施工产品。

2. 按工程承包的范围分类

（1）工程项目总承包招标。即选择工程项目总承包人的招标，又可分为两种类型：一是指工程项目实施阶段的全过程招标；二是指工程项目建设全过程的招标。

（2）专项工程项目承包招标。指在工程承包招标中，对其中某项比较复杂或专业性强、施工和制作要求特殊的单项工程进行单独招标。

3. 按行业类别分类

即按与工程建设相关的业务性质分类的方式，按不同的业务性质分类。

（二）招标方式

1. 公开招标

又称为无限竞争招标。是由招标单位通过报刊、广播、电视、网络、多媒体等方式发布招标广告，有意的承包商均可参加资格审查，入围的承包商可购买招标文件、参加投标的招标方式。

这种招标方式的优点是投标的承包商多、范围广、竞争激烈，建设单位有较大的选择余地，有利于合理降低工程造价，提高工程质量和缩短工期。其缺点是由于投标的承包商多，招标工作量大，组织工作复杂，需投入较多的人力、物力，招标过程所需时间较长，因而此类招标方式主要适用于投资额度大，工艺、结构复杂的较大型工程建设项目。

2. 邀请招标

又称为有限竞争性招标。这种方式不发布广告，建设单位根据自己的经验和所掌握的各种信息资料，向有承担该项目施工能力的四个以上（含四个）承包商发出招标邀请书，收到邀请书的单位才有资格参加投标。

这种招标方式的优点是目标集中，招标的组织工作较容易，工作量小。其缺点是由于参加的投标单位较少，竞争性较差，使招标单位对投标单位的选择余地较少，如果招标单位在选择邀请单位前所掌握信息资料不足，会失去发现最适合承担该项目承包商的机会。

公开招标和邀请招标都必须按规定的招标程序进行，要制订统一的招标文件，投标都必须按招标文件的规定进行。

3. 议标

对于涉及国家安全的工程或军事保密的工程，或紧急抢险救灾工程，通过直接邀请某些承包商进行协商选择承包商，这种招标方式称为议标。

在我国颁布的招标投标法中已取消了议标的招标方式。

（三）招标程序

1. 公开招标程序

公开招标的程序分为项目报建、编制招标文件、投标者资格预审、发放招标文件、开标、评标、定标、签订合同等主要步骤。

2. 邀请招标程序

邀请招标的程序是直接向适于本工程项目工作的单位发出邀请，其程序与公开招标大同小异，不同点主要是没有资格预审环节，但增加了发出投标邀请书的环节。

二、投标

（一）投标条件

投标人是响应招标、参加投标竞争的法人或者其他组织。投标人应具备承担招标项目的能力；国家有关规定或者招标文件对投标人资格条件有规定的，投标人应当具备规定的资格条件。

（二）投标程序

已经具备投标资格并愿意投标的投标人，可以按照图 1-1 所列步骤进行投标。

投标过程是指从填写资格预审表开始，到将正式投标文件送交建设单位为止所进行的全部工作。这一阶段工作量很大，时间紧迫，一般需要完成下列各项工作：

（1）填写资格预审调查表，申报资格预审。

（2）当通过资格预审后，即可购买招标文件。

（3）组织投标班子。

（4）进行投标前调查与现场考察。

（5）选择咨询单位。

（6）分析招标文件，校核工程量，编制施工规划。

（7）工程项目估价，计算确定利税，合理确定报价。

（8）编制投标文件。

（9）办理投标担保。

（10）递送投标文件。

三、监理招标程序

借鉴工程建设项目招标投标制的完善机制，结合监理工作的特点，根据《中华人民共和国招标投标法》要求，监理招标、投标的工作程序在力求规范的基础上，按照以下步骤进行。

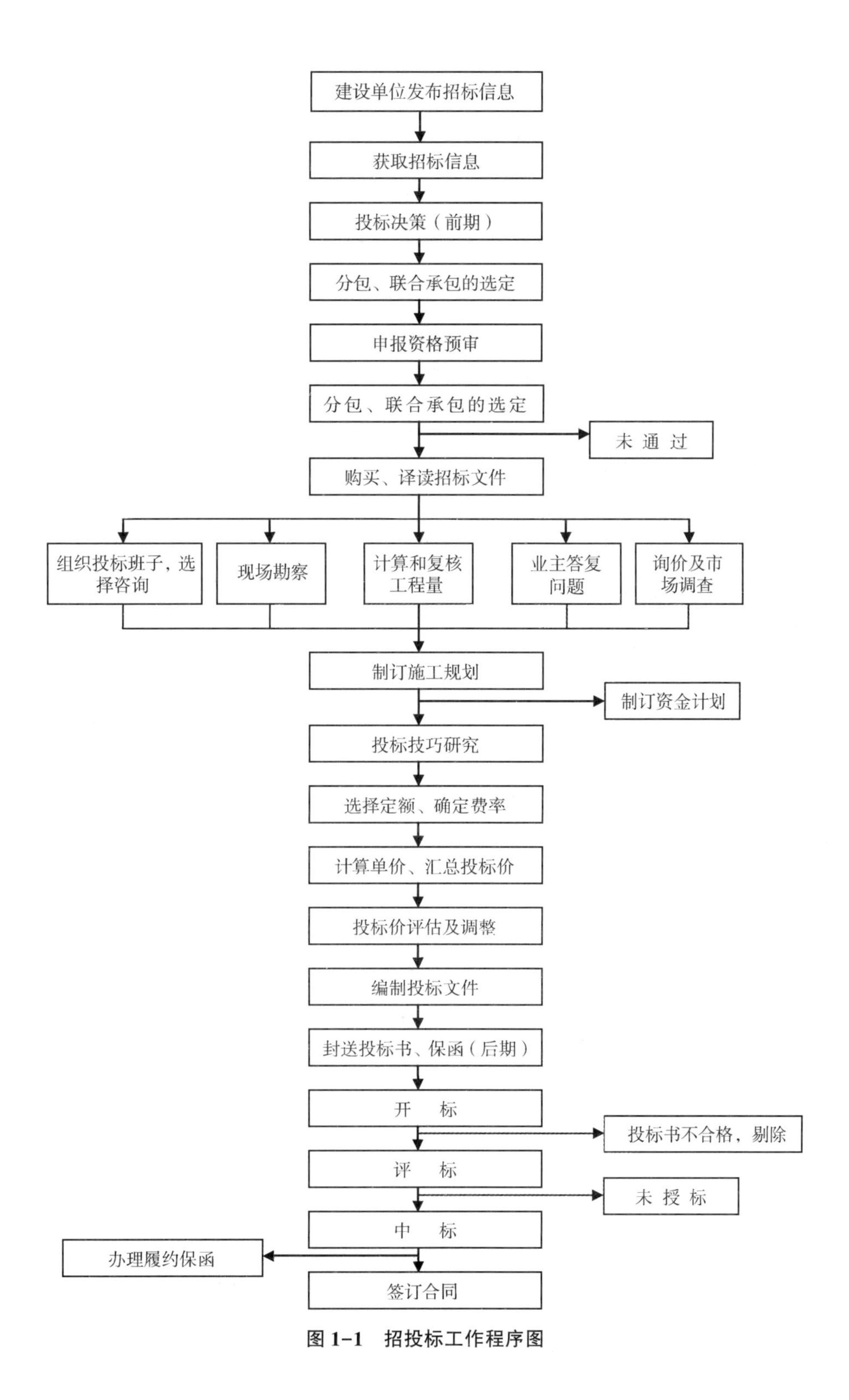

图 1-1 招投标工作程序图

（一）发布监理项目投标公告

招标人利用电视、报纸、广播等大众传播的手段，发布监理项目投标公告，尽可能让具备投标资格的监理单位能有机会报名参加。

（二）资格预审

招标人对参加监理项目投标的单位详细预审其资格。

（三）发出投标邀请函

经资格预审后，招标人对符合条件的监理单位发出投标邀请函，邀请函的内容主要为拟招标项目的工程概况、监理投标书的组成和要求、监理投标应注意的事项等问题。

（四）标前会议及现场考察

建设单位在标前会议上将着重对监理项目招标的范围、监理人员的组成及素质进行要求。建设单位在交通工具、住房、试验设备、测量仪器等方面提供协助和支持，就投标书的格式和要求等问题做出具体说明。现场考察主要是监理项目的施工现场及监理驻地情况，建设单位还将根据监理公司现场考察的情况及标前会议后提出的问题及招标文件存在的问题进行答疑。

（五）标书的组成及递交

每份监理项目的标书一般由技术标和商务标两部分组成。递交标书时，要求同时提交一定数量的人民币（或支票）作投标担保。在招标文件规定的截止时间之前送达招标人指定的地点。

（六）监理项目投标书的开标、评标和定标

按照招标文件的规定，在确定的时间内招标单位组织开标、评标，选定监理单位。评标工作由招标办协助组织，评标委员会的负责人由招标单位的法定代表人或其代理人担任。评标委员会的成员由招标单位、上级主管部门和受聘的专家组成，人数为 5 人以上的单数，其中技术、经济等方面的专家不得少于总人数的 2/3。

评标按下列步骤进行：

（1）审阅标书。对各投标单位的监理技术方案、监理组织机构和人员情况、监理单位的资质等级和社会信誉、监理经验、报价等进行研究和比较。

（2）抽出质量。总监资格、监理人数、报价等几个关键因素，进行对比。

（3）进行答辩。评标小组成员一一与各投标单位谈话，对投标书及建设单位关心的问题进行探讨。

（4）决标。根据上述各步骤的情况，各评委综合打分，定出中标单位，向所有投标单位公布定标结果。必要时，向社会公示。

（七）投标须知

（1）参加投标的监理单位必须是具有独立法人资格的经济实体，并遵照有关规定进行

投标。两个以上法人或其他组织也可组成一个联合体，以一个投标人的身份共同投标。

（2）标函（即投标书）必须按招标文件的要求填报投标表格，密封投标。投标人应当在招标文件要求提交投标文件的截止日期前，将投标文件送达投标地点。招标人收到投标文件后，应当签收保存，不得开启。投标人在招标文件要求提交投标文件的截止日期前，可以补充、修改或撤回已提交的投标文件，并书面通知招标人。补充、修改的内容为投标文件的组成部分。

（3）参加该项招标工程投标的监理单位代表应是单位的法人代表，并按招标文件要求提交所有证件和资料供评标小组核验；如法人代表不能亲自参加开标会议，还应有由法人代表签署的法人授权委托书，由法人代理人参加开标会议。

（4）投标单位收到该项工程的招标文件和资料后应进行核对，如发现有不清和疑义者，应在收到招标文件三日内向招标文件负责解释部门（指招标单位或代办招标单位）提出书面解答要求，否则，由此导致的后果由投标单位自负。

（5）招标单位对招标文件和资料等所做的补充、修正、解答均为招标文件的组成部分，并于报送标函截止日三日前经招标办审查批准后，以书面形式通知各投标单位。任何口头解答和未经招标办审批的书面修正、补充和解答等均属无效。

（6）投标单位所报标函、标价，必须在充分理解招标单位提供的全部招标文件的基础上编写。监理范围必须和招标文件要求的发包范围一致，如果没有按照招标文件要求报送的标函、标价所造成的一切后果，其责任由投标单位自负。

（7）投标人不得相互串通投标报价、不得排挤其他投标人的公平竞争，损害招标人或者他人的合法权益。

（8）投标人不得以低于合理预算成本的报价竞标，也不得以他人名义投标或者以其他方式弄虚作假，骗取中标。

第三节 工程监理概要

一、监理概念与术语

（一）监理概念

监理通常指有关执行者根据一定的行为准则，对某些行为进行监督管理，以使这些行为符合准则要求，并协助行为主体实现其行为目的的活动。

工程监理是指具有相应资质的监理企业，接受建设单位的委托，依据国家法律法规、技术标准、合同条款、设计文件等，运用组织措施、经济措施、技术措施、合同措施，代表建设单位对工程建设承包单位的行为和责权利进行必要的协调与约束，提供专业化服务，保障工程建设井然有序地进行，达到工程建设又快又好又省，取得最大投资效益的目的。

工程监理适用于工程项目的投资决策阶段和实施阶段，其主要工作内容包括：协助建设单位进行工程项目可行性研究，优选设计方案、设计单位和施工单位，审查设计文件，控制工程质量、投资和工期，监督、管理建设工程合同的履行，以及协助建设单位与工程建设有关各方的工作关系，等等。

由于工程监理工作具有技术管理、经济管理、合同管理、组织管理、工作协调等多项业务职能，因此，对监理工作内容、方式、方法、范围、深度均有特殊要求。鉴于目前监理工作在建设工程投资决策阶段和设计阶段尚未形成体系，需要通过大量生产实践，进一步探索研究总结，因此，现阶段，工程监理主要发生在建设工程施工阶段。

（二）监理常用术语

监理工作中经常使用的术语有：

（1）项目监理机构：监理单位派驻工程项目负责履行监理合同的组织机构。

（2）监理工程师：取得国家监理工程师执业资格证书并经注册的监理人员。

（3）总监理工程师：由监理单位法定代表人书面授权，全面负责监理合同的履行，主持项目监理机构工作的监理工程师。

（4）总监理工程师代表：经监理单位法定代表人同意，由总监理工程师书面授权，代表总监理工程师行使其部分职责和权力的项目监理机构中的监理工程师。

（5）专业监理工程师：根据项目监理岗位职责分工和总监理工程师的指令，负责实施某一专业或某一方面的监理工作，具有相应监理文件签发权的监理工程师。

（6）监理员：经过监理业务培训，具有同类工程相关专业知识，从事具体监理工作的一线监理人员。

（7）监理规划：在总监理工程师的主持下编制、经监理单位技术负责人批准，用来指导项目监理机构全面开展监理工作的指导性文件。

（8）监理实施细则：根据工程项目监理规划要求，由专业监理工程师编写，并经总监理工程师批准，针对工程项目中某一专业或某一方面监理工作的操作性文件。

（9）工地例会：在工程项目实施过程中，由项目监理机构主持的，针对工程质量、造价、进度、合同管理等事宜定期召开的有关单位参加的会议。

（10）工程变更：在工程项目实施过程中，按照合同约定的程序对部分或全部工程在材料、工艺、功能、构造、尺寸、技术指标、工程数量及施工方法等方面做出的改变。

（11）工程计量：根据设计文件及承包合同中关于工程量计算的规定，项目监理机构对承包单位申报的已完成工程的工程量进行核验。

（12）见证：由监理人员现场监督某工序全过程完成情况的活动。

（13）旁站：在关键部位或关键工序施工过程中，由监理人员在现场进行的监督活动。

（14）巡视：监理人员对正在施工的部位或工序在现场进行的定期或不定期的监督活动。

（15）平行检验：项目监理机构利用一定的检查或检测手段，在承包单位自检基础上，按照一定的比例独立进行检查或检测的活动。

（16）设备监造：监理单位依据委托监理合同和设备订货合同对设备制造过程进行的监督活动。

（17）费用索赔：根据承包合同的约定，合同一方因另一方原因造成本方经济损失，通过监理工程师向对方索取费用的活动。

（18）临时延期批准：当发生非承包单位原因导致的持续性影响工期事件，总监理工程师所做出的暂时延长合同工期的批准。

（19）延期批准：当发生非承包单位原因导致的持续性影响工期事件，总监理工程师所做出的最终延长合同工期的批准。

二、监理的性质与原则

（一）监理性质

工程监理是一种特殊的工程建设活动，它与其他工程建设活动有着明显的区别与差异，因而成为建设领域一种独立行业。工程监理具有以下性质：

1. 服务性

工程建设监理是监理单位接受项目建设单位（建设单位）的委托而全面开展的技术服务性活动。它的直接服务对象是客户，是委托方，也就是项目建设单位，这种服务性使它与政府对工程建设行政监督管理活动区别开来，也使它与承建商在工程项目建设中的活动区别开来。因此，这种服务性的活动是按工程建设监理合同来进行的，是受法律、法规和部门规定保护的。

工程建设监理既不同于承建商（如施工、设计单位）的直接生产活动，也不同于建设单位的直接投资活动，它既不是工程承包活动，也不是工程发包活动。监理单位既不向建设单位承包工程造价，也不参与承包单位（如施工、设计单位）的盈利分成。监理单位既不需要拥有大量的机具、设备和劳务力量，一般也不必拥有雄厚的注册资金。它只是在工程项目建设过程中，利用自己工程建设方面的知识、技能和经验为客户提供高智能的监督管理服务，以满足项目建设单位对项目管理的需要。它所获得的报酬是技术服务性的报酬。

2. 独立性

从事工程建设监理活动的监理单位是直接参与工程项目建设的“三方当事人”之一。它与项目建设单位、承建商之间的关系是平等的、横向的。在工程项目建设过程中，监理单位是独立的一方。因此，监理单位在履行监理合同义务和开展监理活动过程中，要建立自己的组织、确定自己的工作准则、运用自己掌握的方法和手段，根据自己的判断独立地开展工作。监理单位既要认真、勤奋、竭诚地为委托方服务，协助建设单位实现预定目标，也要按照公正、独立、自主的原则开展监理工作。

工程监理的这种独立性是建设监理制的要求，是监理单位在工程项目建设中的第三方地位所决定的，是它所承担的工程建设监理的基本任务所决定的。因此，独立性是监理单位开展工程建设监理工作的重要原则。

3. 公正性

监理单位和监理工作人员，在工程项目建设过程中，一方面应是能够严格履行监理合同各项义务、竭诚为客户服务的“服务方”，同时也应成为“公正的第三方”。在监理服务过程中，监理单位和人员应当排除各种干扰，以公正态度对待委托方和被监理方，特别是当建设单位和被监理方发生利益冲突或矛盾时能够以事实为依据，以有关法律、法规和双方所签订的工程建设合同为准绳，站在第三方立场上公正地加以解决处理，做到“公正地证明、决定或行使自己的处理权”。

建设监理制是对工程建设监理进行约束的条件。建设监理制的实施，使监理单位及其监理人员在工程项目建设中具有重要地位。一方面，使项目法人可以摆脱具体项目管理的困扰，另一方面，由于得到监理单位的专业服务，使建设单位与承建商在业务能力上达到一种制衡。为了保持这种状态，首当其冲的是要对监理单位及其监理工作人员制定约束条件。公正性要求就是重要约束条件之一。

公正性还是工程监理正常和顺利开展的基本条件。监理人员进行目标规划、动态控制、组织协调、合同管理、信息管理等工作都是为力争在预定目标内实现工程项目建设任务这个总目标服务。但是，仅仅依靠监理单位而没有设计、施工、材料和设备供应单位的配合是不能完成的。监理成败的关键在很大程度上取决于能否与承建单位以及与项目建设单位进行良好合作、互相支持、互相配合。而这一切都需要以监理能否具有公正性作为基础。

工程监理的公正性是建设单位和承建商的共同要求。由于建设监理制赋予了监理单位在项目建设中的监督管理权力，被监理方必须接受监理方的监督管理。所以，承建商也迫切要求监理单位能够办事公道，公正地开展工程建设监理活动。

公正性是监理行业的必然要求，它是社会公认的职业准则，也是监理单位和监理工作人员的基本职业道德准则。

4. 科学性

工程监理的科学性是由其任务所决定的。工程建设监理以协助建设单位实现其投资目的为己任，力求在预定的投资、进度、质量目标内实现工程项目。而当今工程规模日趋庞大，功能、标准要求越来越高，新技术、新工艺、新材料不断涌现，参加组织和建设的单位越来越多，市场竞争日益激烈，风险日渐增加。所以，只有不断地采用新的更加科学的思想、理论、方法和手段才能驾驭工程项目建设。

工程监理的科学性是由被监理单位的社会化、专业化特点决定的。承担设计、施工、材料和设备供应的都是社会化、专业化的单位。它们在技术、管理方面已经达到了一定水平。这就要求监理单位及其监理工作人员应当具备更高的素质和水平。只有如此，他们才能实施有效的监督管理。所以，监理单位应当按照高智能、智力密集型的原则进行建设。

工程监理的科学性是由它的技术服务性质所决定的。它是专门通过对科学知识与技术的应用来实现其价值的。因此，要求监理单位及其监理工作人员在开展监理服务时能够提供科学含量高的服务，以创造更大的价值。

工程监理的科学性是由工程项目所处的外部环境特点决定的。工程项目总是处于动态的外部环境包围中，每时每刻都有被干扰的可能。因此，工程建设监理要适应千变万化的项目外部环境，抵御来自外部的干扰。这就要求监理工作人员既要富有工程经验，又要有应变能力，进行创造性的工作。

工程监理的科学性是由它维护社会公共利益和国家利益的特殊使命决定的。在开展监理活动的过程中，监理人员要把维护社会最高利益当作自己的天职。这是因为，工程项目建设牵扯到国计民生，维系着人民人身安全、社会安全和财产安全，涉及公众利益。因此，监理单位和监理人员需要以科学的态度，用科学的方法来完成这项工作。

按照工程监理的科学性要求，监理单位应当有足够数量的、业务素质合格的监理人员；要有一套科学的管理制度；要配备计算机辅助监理的软件和硬件；要掌握先进的监理理论、方法，积累足够的技术、经济材料和数据；要拥有现代化的监理手段。

（二）监理原则

1. 合法委托，公正独立

建设单位通过合法程序确定监理单位后，与监理单位签订监理合同。监理单位在合同委托范围内公正、独立、自主地开展监理工作，竭诚为建设单位提供监理服务，同时依法依规维护施工单位的合法权益。

2. 依法监理，责权一致

监理单位的监理活动应符合国家现行的有关法律、法规和行业标准规范。实施建立工程建设监管责任制和责任追究制，明确直接责任人和有关负责人的责任，保证建设项目扎实有效地运行。

3. 严格监理，热情服务

按照“树立全新意识，打造监理形象”的工作主题，严格执行合同条款和技术规范，主动、热情地为建设单位和承包人服务。

4. 实事求是，预防为主

深入施工现场，把工作想到前头、做到前头，将不合格工程隐患消灭在萌芽之中。

三、监理目标

工程监理的目标就是控制经过科学地规划所确定的工程项目的投资、进度和质量目标。这三大目标是相互关联、互相制约的目标系统。任何工程项目都是在一定的投资额度内和一定的投资限制条件下实现的，且都要受到时间的限制，都有明确的项目进度和工期要求。任何工程项目都要实现它的功能要求、使用要求和其他有关质量标准，这是投资建设一项工程最基本的需求。实现建设项目并不十分困难，而要使工程项目能够在计划的投资、进度和质量目标内实现则是困难的。工程监理的目标就是圆满完成工程建设项目在实施各阶段的监理工作，它包括：施工建设前期准备阶段的监督管理；工程质量控制、进度控制、投资控制以及信息管理、合同管理和组织协调；技术安全监督；竣工验收；建设后期管理制度落实等。

四、监理内容

概括起来说，监理的主要内容就是“三控、两管、一协调”，即对工程质量、进度、投资进行控制，实行合同管理和信息管理，协调参建各方的关系。

（一）工程质量控制

保证工程质量是工程建设中极为重要的一环，工程质量控制的目的是确保工程质量目标的全面实现，提高工程项目的经济效益、社会效益和生态效益。因此，质量控制的任务就是根据工程合同规定的工程建设各阶段的质量目标，要求对工程建设全过程的质量实施监督管理。质量控制应符合下列规定：

（1）监理机构应督促承包人按工程合同约定对工程所有部位和工程使用的材料、构配件和工程设备的质量进行自检，并按规定向监理机构提交相关资料。

（2）监理机构应采用现场查看、查阅施工记录以及对材料、构配件、试样等进行抽检的方式对施工质量进行严格控制，对承包人可能影响工程质量的施工方法以及各种违章作业行为发出调整、制止、整顿直至暂停施工的指示。

（3）监理机构应严格旁站监理，特别注重对一些重要部位的质量控制。

（4）单元工程（或工序）未经监理机构检验或检验不合格，承包人不得开始下一单元工程（或工序）的施工。

（5）监理机构发现由于承包人使用的材料、构配件、工程设备以及施工设备或其他原因可能导致的工程质量不合格或造成质量事故时，应及时发出指示，要求承包人立即采取措施纠正。必要时，责令其停工整改。

（6）监理机构发现施工环境可能影响工程质量时，应指示承包方采取有效的防范措施。必要时，应停工整改。

（7）监理机构应对施工过程中出现的质量问题及其处理措施或遗留问题进行详细记录和拍照，保存好照片或音像片等相关资料。

（8）监理机构应参加工程设备供货人组织的技术交底会议，监督承包人按照工程设备供货人提供的安装指导书进行工程设备的安装。

（9）监理机构应审核承包人提交的设备启动程序并监督承包人进行设备启动与调试工作。

（二）工程进度控制

工程项目进度控制要以合同为依据，在项目实施现场进行动态管理。进度控制的最终目标是确保进度目标的实现，如期完成工程任务。工程项目的进度受许多因素的影响，需要事先对影响进度的各种因素进行调查、预测，采取避免措施。有效进行工期控制应主要抓住以下环节：

（1）承包方在编制各项目区施工进度和施工组织设计的基础上，编制总体施工组织设计和施工进度，交监理单位审批。

（2）开工前，检查每个项目区和施工单位是否根据计划的方位、面积、工程内容确定合理的施工进度，并投入相应的人力、物力、财力。

（3）根据工程总进度计划，监督施工单位按合同进度计划施工并按月提交施工进度报表，如发现有影响工程进度的问题，要分析原因，配合建设单位及时采取补救措施，以保证工期总进度的实现。

（4）施工中提倡采用先进技术，缩短工艺过程间和工序间的间歇时间，缩短工期。

（5）建立反映工程进度的监理记录，如实记载形象部位及完成的实物工作量，掌握第一手资料，防止虚报数字。

（三）工程投资控制

为保证建设单位投资的使用效果，必须在施工过程中进行投资跟踪控制，定期地进行投资实际支出额与计划投资目标额的比较，做到按计划合理使用资金。重点控制以下几个方面：

（1）审查工程设计图纸、设计要求，分析合同构成要素，明确构成费用最易突破的部分和环节，从而明确投资控制及其重点。

（2）协助建设单位催促各方资金及时到位，审查预拨申请，签发预拨款凭证。

（3）要掌握项目投资动态情况，如可能出现项目超支情况，要提出控制费用突破的方案和措施。

（4）按合同条款和施工实际进度，在原始凭证齐全、手续完备的前提下支付项目进度款，防止过量支付资金。

（5）审核施工单位提交的工程结算书。

（6）建立健全监督组织，落实投资控制的责任。

（四）施工安全与环境保护

在施工安全和环境保护方面，监理工程师根据施工承包合同中各承包商的承诺，要求其建立健全相应的组织机构和保证体系，制订相应的规章制度，并在施工过程中进行严格检查和落实，对未按投标承诺和监理要求进行文明施工管理和环境保护的承包商建议给予严厉的经济处罚，从而规范承包商的施工行为。

1. 安全施工应符合的规定

（1）监理机构应根据工程合同文件的有关规定，协助发包人进行施工安全的检查、监督。

（2）开工前，监理机构应督促承包人建立健全施工安全保障体系和安全管理规章制度，对职工进行施工安全教育和培训，同时应对施工组织设计中的施工安全措施进行审查。

（3）施工过程中，监理机构应对承包人执行施工安全法律、法规和工程建设强制性标准以及施工安全措施的情况进行监督、检查，如发现不安全因素和安全隐患时，应指示承包人采取有效措施予以整改。

（4）当发生施工安全事故时，监理机构应协助发包人进行安全事故的调查处理工作。

（5）监理机构应协助发包人在每年汛前对承包人的度汛方案及防汛预案的准备情况进行检查。

2. 施工环境保护应符合的规定

（1）项目开工前，监理机构应督促承包人按工程合同约定，编制施工环境管理和保护方案，并对落实情况进行检查。

（2）监理机构应督促承包人避免对施工区域的植物和建筑物等的破坏。

（3）监理机构应要求承包人采取有效措施对施工中开挖的边坡及时进行支护和做好排水措施，尽量避免对植被的破坏并对受到破坏的植被及时进行恢复。

（4）监理机构应监督承包人严格按照批准的弃渣规划有序地堆放、处理和利用，防止任意弃渣造成环境污染、影响河道行洪能力和其他承包人的施工。

（5）监理机构应监督承包人严格执行有关规定，加强对噪声、粉尘、废气、废水、废油等的控制，并按工程合同约定进行处理。

（6）监理机构应要求承包人保护施工区和生活区的环境卫生，进入现场的材料、设备应有序堆放，垃圾和废弃物应及时清理，并运致指定地点进行处理。

（7）工程完工后，监理机构应监督承包人按工程合同约定拆除施工临时设施，清理场地，做好环境恢复工作。

（五）合同管理

在工程项目建设过程中，涉及多种合同，如监理合同、勘察设计合同、施工合同、物资采购合同等，合同签订各方都应按照合同的约定认真履行。

1. 监理合同管理

主要内容是合同的订立和合同履行的管理，其中合同履行管理是核心，包括监理人应完成的监理工作，合同有效期，双方的义务，违约责任，价款与酬金，合同的生效、变更与终止，争议的解决等。监理人员必须履行监理合同中规定的义务，运用专业知识，认真、勤奋地工作，协助建设单位完成工程建设任务。

2. 勘察设计合同管理

主要内容有勘察合同的履行管理和设计合同的履行管理两个方面。勘察合同的履行管理重点包括合同双方的责任、合同工期、费用的支付、违约责任等，设计合同的履行管理重点包括合同的生效与设计期限、双方责任、设计费用支付管理、设计工程内容的变更、违约责任等。合同成立后，当事人双方均应按照诚实守信和全面履行的原则认真完成合同约定的义务，同时享有合同规定的权利。监理方可以按照监理合同约定的监理范围参与建设单位对工程勘察设计的预购、招标、评标等活动，并参加建设单位与勘察设计单位的合同谈判，掌握第一手材料。

3. 施工合同管理

按管理者的不同可分为合同当事人自身管理和监理人受发包人委托对合同实施管理两种。施工合同当事人是发包人和承包人，双方按照所签订合同约定的义务履行相应的责任。监理人受发包人委托对施工合同完整管理应包括施工招标的策划与实施；合同计价方式及合同文本的选择；合同谈判及合同条件的确定；合同协议书的签署；合同履行检查；合同变更、违约及纠纷的处理；合同订立和履行的总结评价等。

4. 物资采购合同管理

包括材料采购合同管理和大型设备采购合同管理，管理的主要内容为订购产品的交付、交货或过程检验；合同的变更或解除；支付结算管理；违约责任等。

（六）信息管理

努力掌握第一手资料，对来自各方面的信息及时进行分析、判断和整理上报。包括：

（1）监理工程师要记好监理日志并存档，以备公司检查。

（2）监理人员要认真提供监理月报、监理报告、简报、工作总结等资料。月报应按照单位的统一要求，真实反映工程现状和监理工作情况，要求数字准确、重点突出、文字简练。

（3）总监理工程师将收集到的月报、监理报告、简报等资料报送监理单位，并定期汇报监理工作。

（4）监理公司全面掌握工程进度、质量、资金到位等信息情况。

（5）监理人员发现工程建设项目中出现质量、进度、资金、合同等方面的重大问题，及时以简报或专题报告的形式上报。

（6）监理单位对各类文件及时上传下达，档案资料妥善保管。

（七）处理与协调关系

工程建设项目中涉及建设单位、监理单位、设计单位、施工单位等多种关系，处理和协调好各方面的关系，是做好监理工作的前提。

1. 项目监理机构内部的协调

包括内部人际关系、组织关系和需求关系的协调。

2. 项目监理机构与建设单位的协调

包括充分尊重建设单位、正确理解工程总目标和建设单位的意图、在授权范围内独立开展监理工作、经常主动向建设单位汇报监理工作、接受检查和监督等方面。

3. 项目监理机构与施工单位的协调

包括与施工项目经理关系的协调、施工进度和质量问题的协调、对施工单位违约行为的处理、施工合同的协调和对分包单位的管理等。

4. 项目监理机构与设计单位的协调

包括尊重设计单位的意见、施工中发现设计问题的处理、工程信息传递的及时性和程序性等。

5. 项目监理机构与政府部门及其他单位的协调

与政府部门的协调包括与工程质量监督机构的交流和协调；建设工程合同备案；协助建设单位在征地、拆迁、移民等方面的工作争取得到政府有关部门的支持；现场消防设施的配置得到消防部门检查认可；现场环境污染防治得到环保部门认可等。与社会团体、新闻媒介等的协调应在建设单位的主导下开展对项目的宣传，争取社会各界对建设工程的关心和支持。

（八）工程验收与移交

监理机构应按照国家和地方的有关规定做好各时段工程验收的监理工作，包括以下内容：

（1）协助发包人制订各时段验收工作计划。

（2）督促承包人提交验收报告和相关资料并协助发包人进行审核。

（3）开展各时段验收和单位工程预验收，编写验收监理工作报告，整理监理机构应提交和提供的验收资料。

（4）督促承包人对验收报告和竣工质量评估报告中所提问题进行整改，对整改效果提出处理建议。

（5）参加或受发包人委托主持部分工程验收，参加阶段验收、单位工程验收、竣工验收。

（6）验收通过后及时签发工程移交证书。

五、监理细则

监理实施细则是根据监理规划，由专业监理工程师编写，并经总监理工程师批准，针对工程项目中某一专业或某一方面监理工作编制的操作性文件。对中型及以上或专业性较强的工程项目，项目监理机构应编制监理实施细则。监理实施细则应结合工程项目的专业特点，做到详细具体、具有可操作性。

（一）监理实施细则的编制程序

首先，监理实施细则应根据监理规划的总要求，分阶段编写，在相应工程施工开始前编制完成，以指导专业监理的操作，确定专业监理的标准。

其次，监理实施细则是专门针对工程中一个具体的专业制定的，专业性较强，编制精度要求高，应由专业监理工程师组织项目监理机构中该专业监理人员编制，并须经总监理工程师批准。

第三，在监理工作过程中，监理实施细则应根据实际情况进行补充、修改和完善。

（二）监理实施细则的编制依据

包括已批准的监理规划，与专业相关的标准、设计文件和技术资料，建设单位下发的工程有关文件、通知、指令等。

（三）监理实施细则的主要内容

1. 专业工程的特点

应从专业工程施工的重点和难点、施工范围和施工顺序、施工工艺、施工工序等内容进行有针对性的阐述，体现为工程施工的特殊性、技术的复杂性，与其他专业的交叉和衔接以及各种环境约束条件。除了专业工程外，新材料、新工艺、新技术以及对工程质量、造价、进度应加以重点控制等特殊要求也需要在监理实施细则中体现。

2. 监理工作流程

结合工程相应专业制定具有可操作性和可实施性的流程图，流程包括：开工审核工作流程、施工质量控制流程、进度控制流程、造价（工程量计量）控制流程、安全生产和文明施工监理流程、测量监理流程、施工组织设计审核工作流程、分包单位资格审核流程、建筑材料审核流程、技术审核流程、工程质量问题处理审核流程、旁站检查工作流程、隐蔽工程验收流程、工程变更处理流程、信息资料管理流程等。

3. 监理工作的控制要点及目标值

对监理工作流程中工作内容进行增加和补充，应将流程图设置的相关监理控制点和判断点进行详细而全面的描述，将监理工作目标和检查点的控制指标、数据和频率等阐明清楚。

4. 监理工作的方法及措施

监理规划中的方法是针对工程总体概括要求的方法和措施，监理实施细则中的监理工作方法和措施是针对专业工程而言，必须加以详尽阐明，应更具体、更具有可操作性和可实施性。监理工作方法包括旁站、巡视、见证取样、平行检测等。另外，监理工程师还可采用指令文件、监理通知、支付控制手段等方法实施监理。监理工作措施通常有两种方式，一种方式是根据措施实施内容不同，将监理工作措施分为技术措施、经济措施、组织措施和合同措施，另一种方式是根据措施实施时间不同，将监理工作措施分为事前控制措施、事中控制措施及事后控制措施。

六、监理组织

监理组织是依法成立的从事工程项目建设监理的专业化的独立法人。它有自己的名称、组织机构和工作场所，拥有开展业务所需的资金、设备和技术经济管理人员。

监理单位在组织体系上实行“三层监理、两级管理”，三层监理是指公司、总监和监理工程师从不同层面进行监理，两级管理是指公司和监理部两级管理。

（一）监理部门设置

监理单位按委托合同对施工进行监理时，必须在施工现场设立专门的监理机构，在完成监理合同约定的监理工作后予以撤销。

工程项目建设监理实行总监理工程师负责制，由总监理工程师行使建设监理合同中规定的监理单位职责。总监理工程师及总监理工程师代表的人选由监理单位提出，报请建设单位确认后委任。

（二）监理职责分工

1. 监理单位

监理单位对工程项目监理工作实行统一领导，掌握建设工程质量、资金和进度等情况，并向建设单位负责；按监理合同的要求配齐监理人员，做到结构合理，持证上岗，并对监理人员进行考核和培训；督促检查总监和其他监理人员的工作，必要时组织总监进行巡查，总结交流经验。

2. 总监理工程师

监理单位设工程项目总监理工程师。总监是监理单位派驻地工程现场的全权代表，在单位的领导下，负责由若干监理人员组成的监理部，处理日常监理工作，向单位负责；定期收集各项目区监理工作阶段总结，定期向单位汇报工作；负责对监理工程师的考核工作；不定期组织本监理部监理工程师互相巡查，不断总结交流经验；参与处理工程中发生的重大质量事故、责任事故和安全事故；参与处理合同履行中的重大争议和纠纷；参与处理重大索赔等事项。

3. 监理工程师

监理工程师在总监的领导下，深入现场掌握工程质量、进度、施工管理和安全生产等情况，具体负责本项目区的监理工作。

（三）监督管理机制

监理单位对项目监理机构实行项目监督考核和奖惩制度，通过监督考核可以了解各项目监理部监理目标的控制情况；了解总监和监理人员遵纪守法、规范行为的程度；促进项目监理机构不断提高管理水平；推广先进的工作经验，提高监理人员和监理单位的整体素质。在考核中要注意项目监理机构之间的互相交流和提高。在评定标准上不断完善综合指标的考核，以利公平、公正、准确地进行测评。常用的监督考核方法有监理单位巡检、内部质量体系审核、交叉检查和绩效考核等。

（四）监理相关制度

一支精干的监理队伍，必须有严格的纪律约束和制度保证，这样才能不断提高工作效率，促使监理任务的顺利完成。一般监理制度主要包括以下几方面的内容：

（1）设计文件、图纸审查制度；开工报告审批制度；项目质量检查、监督制度；项目质量事故处理制度；投资监督制度；监理月报制度；竣工验收等各项制度。

（2）监理单位的主要活动实行登记台账制度和监理大事记制度。

（3）坚持监理例会制度，每月至少召开一次例会，汇报、研究监理工作，并形成会议纪要，遇重大问题随时开会。

（4）坚持考勤制度。项目监理机构和总监、监理工程师要设置考勤表，专人负责。监理人员的考勤表经总监签字后报单位，作为发放当月工资的依据。

（5）监理人员要认真、如实地填写监理日志。

（6）奖惩制度，对于全身心投入监理工作，尽职尽责，取得优异成绩的监理人员，应给予相应的奖励；对于不认真履行合同义务，无视监理工作纪律，失职、渎职或有其他违法行为，有损公司名誉和形象的监理人员，要依据有关规定给予适当处罚。

七、监理人员与岗位职责

监理人员包括总监理工程师、专业监理工程师和监理员，必要时可配备总监理工程师代表。总监理工程师是经监理单位法定代表人书面授权，全面负责委托监理合同的履行，主持项目监理机构工作的监理工程师。

（一）总监理工程师的岗位职责

（1）确定项目监理机构人员及其岗位职责。

（2）组织编制监理规划，审批监理实施细则。

（3）根据工程进展情况安排监理人员进场，检查监理人员工作，调换不称职监理人员。

（4）组织召开监理例会。

（5）组织审核分包单位资格。

（6）组织审查施工组织设计、（专项）施工方案、应急救援预案。

（7）审查开复工报审表，签发开工令、工程暂停令和复工令。

（8）组织检查施工单位现场质量、安全生产管理体系的建立及运行情况。

（9）组织审核施工单位的付款申请，签发工程款支付证书，组织审核竣工结算。

（10）组织审查和处理工程变更。

（11）调解建设单位与施工单位的合同争议，处理费用与工期索赔。

（12）组织验收分部工程，组织审查单位工程质量检验资料。

（13）审查施工单位的竣工申请，组织工程竣工预验收，组织编写工程质量评估报告，参与工程竣工验收。

（14）参与或配合工程质量安全事故的调查和处理。

（15）组织编写监理月报、监理工作总结，组织整理监理文件资料。

（二）监理工程师的岗位职责

（1）参与编制监理规划，负责编制监理实施细则。

（2）审查施工单位提交的涉及本专业的报审文件，并向总监理工程师报告。

（3）参与审核分包单位资格。

（4）指导、检查监理员工作，定期向总监理工程师报告本专业监理工作实施情况。

（5）检查进场的工程材料、设备、构配件的质量。

（6）验收检验批、隐蔽工程、分项工程。

（7）处置发现的质量问题和安全事故隐患。

（8）进行工程计量。

（9）参与工程变更的审查和处理。

（10）填写监理日志，参与编写监理月报。

（11）收集、汇总、参与整理监理文件资料。

（12）参与工程竣工预验收和竣工验收。

（三）监理员的岗位职责

监理员是第一线直接从事工程检查、计量、检测、试验、监督的监理人员，监理员应在监理工程师的领导下开展监理工作，也在监理工程师的授权范围内进行监督。具体职责如下：

（1）检查施工单位投入工程的人力、主要设备的使用及运行状况。

（2）进行见证取样。

（3）复核工程计量有关数据。

（4）检查和记录工艺过程或施工工序。

（5）处置发现的施工作业问题。

（6）记录施工现场监理工作情况。

八、项目的监管与控制

（一）监管单位与各方的关系

目前我国对建设工程的监管实行两个层次，即政府监管和社会监理。分别行使不同的职责和任务。政府监管：具有权威性和强制性。主要是从宏观上对建设工作进行监督和管理，一切工程项目的建设都必须接受政府建设主管部门对其工作的监督。社会监理：是指社会监理单位受建设单位的委托，对工程建设实施的监督管理。它具有营业性质，是自主经营的企业法人机构，是独立承担民事责任的主体。它也必须接受政府部门的监管。

在工程建设监理体系中，建设单位与监理单位是委托与被委托的合同关系，不是行政隶属关系。监理单位的职责，既代表建设单位对承包单位承担的工程进行深入有效的监督与管理，又要公正地维护建设单位和建设承包合同双方的利益，对合同双方进行监督，有着政府工程质量监督部门无法替代的作用。建设单位应尊重监理单位的独立地位，支持监理工作。

1. 政府工程质量监督部门与监理单位的区别

一是性质不同，工程质量监督部门是代表政府进行工程质量监督，是强制性的，具有工程质量的认证权。监理单位是按照建设单位的委托与授权，对工程项目建设进行全面的组织协调与监督，是服务性的，不具备工程质量的认证权。

二是工作的区域范围不同，工程质量监督机构只能在所辖行政区域内进行质量监督工作，而监理单位可以按照主管机构的规定，跨越所在行政区域甚至到国际上承揽监理业务。

三是工作的广度和深度不同，工程质量监督部门进行工程质量的抽查和等级认定，只把质量关，工作是阶段性的。而后者的工作是全程而又深入具体的、不间断的跟踪检查、控制。

四是工作依据和控制手段不同，工程质量监督部门主要使用行政手段，工程质量不合格，责令其返工、警告、通报、罚款、降级。监理单位主要使用合同约束的经济手段，工程质量不合格亦可令其返工、停工，否则拒绝签字认可或不同意支付工程款等。

2. 政府工程质量监督部门与建设单位关系的区别

按照法律规定，建设单位与监理单位是平等的，是一种协作关系，是授权与被授权的关系。同时也是一种经济合同关系，是可以选择的。而工程质量监督部门与建设单位关系是一种行政管理关系，具有管理与被管理的关系，是不能选择的。

3. 政府工程质量监督部门与承建单位（团体、个人）关系的区别

监理单位与承建商之间也是平等的，是监理与被监理的关系，但不属于管理关系。而工程质量监督部门与承建商的关系是政府管理部门与施工企业之间管理与被管理的关系。

（二）监理目标控制

所谓控制就是按照计划目标和组织系统，对系统各个部分进行跟踪检查，以保证协调地实现总体目标。控制的主要任务是把计划执行情况与计划目标进行比较，找出差异，对比较的结果进行分析，排除和预防产生差异的原因，使总体目标得以实现。项目控制是控制论与工程项目管理实践相结合的产物，具有很强的实用性。由于工程项目的一次性特点，将前馈控制、反馈控制、主动控制、被动控制等基本概念用到工程监理中是非常有效的，有助于提高监理人员的主动监理意识。

1. 前馈控制与反馈控制

项目中控制形式分为两种：一种是前馈控制，又称为开环控制。另一种是反馈控制，又称为闭环控制。两种控制形式的主要区别是有无信息反馈。就工程项目而言，控制器是工程项目的管理者。前馈控制对控制器的要求非常严格，即前馈控制系统中的人必须具有开发的意识。而反馈控制可以利用信息流的闭合，调整控制强度，因而对控制器的要求相对较低。

对于一个工程项目而言，理论上讲，从工程项目的特征考虑，在项目控制中均应采用前馈控制形式。但是，由于项目受本身的复杂性和人们预测能力局限性等因素的影响，使反馈控制形式在监理工程师的控制活动中显得同样重要和可行。工程项目实施中的反馈信息由于受各种因素影响将出现不稳定现象，即信息振荡现象，项目控制论中称之为负反馈现象。从工程项目控制理解，所谓负反馈就是反馈信息失真，管理者据此决策将影响工程进度、质量、费用三大目标的实现。因此，在工程施工过程中，监理人员必须避免负反馈现象的发生。

2. 动态控制

工程项目的动态控制是指一定的主体为实现一定的目标而采取的一种行为，其控制系统包括组织、程序、手段、措施、目标和信息六个分系统，控制方法分为两种情况：一是发现目标产生偏离，分析原因，采取措施，称为被动控制。另一种是预先分析，估计工程项目可能发生的偏离，采取预防措施进行控制，这称为主动控制。工程项目的一次性特点，要求监理单位具有较强的主动控制能力，而且工程合同和施工规范都给监理单位实施主动控制提供了条件。但工程项目是极为复杂的，涉及的因素多，跨越的范围广。因此，根据工程实际，在工程监理实施过程中，除采取主动控制外，也应辅以被动控制方法。主、被动控制合理使用，对被控系统进行全过程控制和对其所有要素进行全面控制是监理单位做好工作的保障之一，也反映了监理单位的水平高低。目标的动态控制是一个有限的循环过程，应贯穿于工程项目实施阶段的全过程。动态控制的过程可分为三个基本步骤：

确定目标、检查成效和纠正偏差。

九、监理机制

（一）信息送达机制

监理单位为拓展信息收集渠道，其一是向社会公开监理信箱；其二是在监理过程中通过走访群众，向施工单位等发放监理名片，宣传相关政策、法规，拓宽信息来源；其三是查阅有关资料，与工程管理、技术人员座谈，了解工程进展情况。监理单位应注重对信息的分析和处理，需要施工单位整改或纠正的，明确提出整改要求；需要向管理部门汇报的，以快报、专题汇报、月报等形式及时报告。信息送达机制的建立，为管理部门及时全面深入地掌握工程建设进展动态、总揽全局提供参考。

（二）回访机制

对监理过程中发现的所有问题，填写相应的情况登记表，在监理单位内“挂牌”，一方面要求整改单位向监理单位报告整改结果，另一方面派监理人员对整改结果进行回访，结合整改结果“摘牌”，提高监理工作成效。

（三）协同机制

对监理单位发现并通过《监理快报》报送的问题，建设方、施工方均应重视，及时督促工程的整改，尤其是建设方应非常重视，应及时发出整改函，加大整改力度。

十、工作日志

监理日志是驻施工现场的监理工程师或监理员在对工程建设项目实施监督管理的过程中所收集到的有关工程项目的质量、进度、投资及工程建设合同履行情况等原始资料信息，形成文字记录的重要监理文件。它所记载的内容详细、真实、广泛，为监理工程师实现目标控制提供了可靠的数据依据，对保障监督工程建设合同的实施和履行，达到减少合同纠纷的目的，或为各方提出各种索赔提供公正服务的依据。对真正体现监理的独立、公正、科学的实质，提高监理工作业务水平及进一步扩大监理成果，树立监理的新形象，促进监理事业的发展，具有重大意义。

监理单位应重视监理日志及其管理。监理日志要及时、认真填写，保证记录事项和数据的真实性和可靠性，并统一编号、编页，不得出现缺页码、撕页码，重抄、重写等情况。项目总监理工程师要定期抽查监理日志，安排专人做好管理，防止丢失。监理日志填写内容应包括与工程进度、质量、投资、合同有关的各方面内容，如天气，工程进展情况，质量状况，设备投入、检查和验收情况，各方联系情况，事故和事件处理情况，对监理员的指示、来访或会见，会议和口头洽商，与本工程有关的其他事宜等。为使监理日志的编写规范化、程序化，监理日志可以表格形式记录（表1-1）。

表 1-1　监理日志

（［　　　］监理日志　　号）

工程名称：________　合同编码：________
发 包 人：________　承 包 人：________
监理机构：________　总监理工程师：________

填写人：　　　　　　　日期：　　　年　　月　　日

天气	白天		夜晚	
施工部位、施工内容、施工情况				
施工质量检验、安全作业情况				
施工作业中存在的问题及处理情况				
承包人的管理人员及主要技术人员到位情况				
施工机械投入运行和设备完好情况				
其他				

说明：本表由监理机构指定专人填写，按月装订成册。

思考题

1. 工程项目建设程序的概念是什么？
2. 简述工程项目建设各阶段的工作内容。
3. 工程招标分类有哪几种？
4. 招标方式有哪几种？
5. 招标条件有哪些？
6. 简述招标程序。
7. 简述投标程序。
8. 什么是工程监理？
9. 简述监理的目标和意义。
10. 监理的原则包括哪些？
11. 监理的性质有哪些？
12. 简述监理的依据和内容。
13. 简述监理组织形式。
14. 监理的职责有哪些？
15. 简述施工阶段监理实施细则。
16. 简述监理单位与各方的关系。
17. 动态控制的要点有哪些？
18. 监理机制有哪些？
19. 监理人员的岗位职责有哪些？
20. 简述监理日志的作用。
21. 监理日志怎样记录？
22. 监理术语有哪些？

第二章 营造林工程监理职业道德与技能

营造林工程监理是具有相关资质的监理单位受甲方的委托，代表甲方对乙方的工程建设实施监控的一种专业化、技术性服务活动。从事这项活动的营造林工程监理人员在监理服务过程中不仅要遵守职业道德、执行职业守则，还要充分发挥专业技能，为工程建设提供优质服务。

第一节　监理员职业道德

一、职业道德

爱岗敬业、诚实守信、办事公道、服务群众、奉献社会。

二、职业守则

监理人员除了要遵守国家对监理单位和监理人员的规定和要求外，还应做到：

（1）服从监理机构的领导和管理，遵守各项监理规章制度，做到遵纪守法，恪尽职守，公正廉洁，树立科学、求实、严谨的工作作风。

（2）监理人员努力学习业务知识，不断提高自己的业务能力和监理水平。

（3）严格按照设计进行建设监理，不得自行变更或修改设计，对确需变更的，按有关规定程序报批后实施。

（4）在监理过程中，出差、离岗时，应按上级部门的有关规定办理相关手续，保证工作的正常交接，不得私自离岗。

（5）严格遵守注册上岗制度，定期接受主管部门的检查。

（6）监理人员不得在与工程有关的施工、材料供应等单位任职，或充当中介人。

（7）不得收受施工单位馈赠，不得参与其他影响监理工作和监理单位声誉的活动。

（8）严禁弄虚作假，如虚报工作进度，涂改或伪造试验、检验结果，随意变更抽样数量和抽样点，不按检测结果上报监理成果，隐瞒工程缺陷或事故，虚开计量支付凭证，不按规定标准评定工程质量等。

（9）在监理工作中不得泄露有关建设单位、设计、施工方申明的商务、技术秘密。

（10）能够公正、公平地处理施工中出现的各类矛盾和纠纷，经常深入施工现场，掌握第一手资料，及时发现问题、解决问题。

第二节　营造林基础知识

一、造林

（一）造林概述

1. 造林的概念

广义的造林指从林木种子起到林木达到成熟利用为止的全部培育过程；狭义的造林指按照一定的方案用人工种植的方法营造森林达到郁闭成林的生产过程。

2. 造林的基本技术措施

在适地适树的基础上，以良种壮苗和认真种植来保证树木个体优良健壮，以合理密度配置及合理组成来保证人工林群体有合理的结构，细致整地、抚育保护、可能条件下的施肥灌水（排水）以保证有良好的林地环境。

3. 适地适树

适地适树是指树种特性，尤其是其生态学特性与造林地的立地条件相适应，以充分发挥林地生产力，达到立地—树种组合在当前技术经济条件下的高产水平。

适地适树是相对的，允许地与树在一定范围内存在差异，即在主要矛盾相统一的基础上，次要矛盾的差异主要通过人为来改变，改地适树或改树适地。适地适树同时又是动态的，一般在早期是相适应的，但随着时间的推移树木的生长也渐不适地，所以应不断的适地适树，即通过人为活动来改地适树的情况。

（二）树种选择

1. 造林树种选择的意义和原则

造林树种选择的适当与否是造林工作成败的关键之一。如果造林树种选择不当，不但造林不易成活，徒费劳力、种苗和资金；而且即使能成活，人工林也可能长期生长不良，难于成林、成材，造林地的生产潜力在很长时间内不能充分发挥，也起不到森林的防护及美化等作用，使国家与人民蒙受巨大的损失。

选择造林树种的主要原则是：一方面造林树种要具备最有利于满足造林目的要求（生产木材、防护、美化等）的性状；另一方面又最能适应造林地的立地条件，即能达到适地适树的要求。除了上面两个基本原则以外，在选择造林树种时还要考虑其他一些次要因素，如种苗来源是否充裕、栽培技术有无困难、当地有无培育该树种的经验和习惯等。

2. 林种对造林树种的要求

选择造林树种要根据造林的目的要求，而林种就是反映这种目的要求的，因此要按不同林种对造林树种提出要求，进行比较，加以选定。

（1）用材林的树种选择。用材林对造林树种的要求集中反映在“速生、丰产、优质”三方面，另外还要了解如树种生长的稳定性如何、有没有毁灭性病虫害、除生产木材以外的其他林副产品及生态效益如何等。

（2）经济林的树种选择。经济林对造林树种的要求和用材林的要求是相似的，只是在含义上略有不同。发展经济林时，首先要根据市场需要及当地条件决定发展哪一类经济林最为有利，在经营方向确定以后，树种选择相对比较容易，更重要的应是品种或种类的选择。

（3）防护林的树种选择。对于防护林的树种，因其防护对象不同而有不同要求。

①农田防护林的树种选择。农田防护林的主要防治对象是害风及平流霜冻，它的主要使命是保证农田高产稳产，同时生产各种林产品和美化环境。因此，对农田防护林的树种要求有：

A. 生长迅速，树形高大，树叶繁茂，寿命相对较长，能较早及较长期地发挥防护效能。

B. 抗风力强，不易风倒、风折及风干枯梢，在次生盐渍化地区还要有较强的生物排水能力。

C. 树冠以窄冠型为好，根系不伸展过远，胁地影响小，没有和农作物共同的病虫害。

D. 本身具有较高的经济价值。

②水土保持林的树种选择。水土保持林的主要任务是减少、阻截及吸收地表径流，涵蓄水分，保持土壤免受各种水蚀。因此，对水土保持树种要求有：

A. 根系发达，固持土壤好，有些地方应采用根蘖性强的树种或蔓生树种。

B. 树冠浓密，落叶丰富，且易分解，具有改良土壤并提高土壤保水保肥能力的性状。

C. 生长迅速，郁闭稳定，避免雨点直接冲击地表，能在林下形成良好的枯枝落叶层，保护土壤。

D. 能适应不同特殊环境，具有耐干旱、瘠薄或耐水湿、防冲淘的能力。

③固沙林的树种选择。固沙林的主要任务是防止沙地风蚀，控制沙粒流动危及农田、城镇及各种设施，并合理利用沙地的生产能力。对于固沙林的树种要求有：

A. 根系伸展广，根蘖性强，能笼络地表沙粒，固定流沙。

B. 耐风吹及沙埋，有生长不定根的能力，耐沙粒撞击。

C. 落叶丰富，能改良土壤。能适应沙地干旱、瘠薄、地表高温的环境，或耐沙洼地的水湿盐碱。

（4）环境保护林和风景林的树种选择。要根据营造环保风景林的具体目的而提出不同的要求。如在大型疗养区周围营造以保健为主要目的的人工林，最好选用能挥发具有杀菌能力分泌物的树种；在大型厂矿周围，特别是在能产生有害气体的污染源周围造林时，要选择那些对污染抗性强而且能吸收这类污染气体的树种；在城市附近为了给人民群众提供旅游休息场所而造林时，除树种的保健性能外，还要考虑美化及休憩活动的需要。造林树种应具有四季常绿、树形美观、色彩鲜明、花果艳丽等特性。而且最好是不同树种交替配置，而不要形成单一呆板的环境。

（5）薪炭林及能源林的树种选择。薪炭林对选用树种有以下几方面的基本要求：

① 生长快，生物产量大，以期能及早获得数量较多的薪材。

② 干枝的木材容量大，产热量高，且有易燃、火旺、少烟的特点。

③ 具备萌蘖更新的能力，便于实行短期轮伐收获的经营制度。

④ 较能适应干旱瘠薄的立地条件，并能兼顾取得防护效益。

（6）四旁绿化树种的选择。四旁植树兼有生产、防护及美化的作用，只不过在不同场合下有不同的侧重点。城镇地区的四旁绿化包括植树、种花、养草在内，形成一个体系。其中植树部分实质上是环保风景林的组成部分，选择树种时要考虑景色构成及防止空气、噪音污染的要求。在农村地区的四旁植树，既是农田林网的组成部分，又是平原木材生产的重要来源，要兼顾防护及生产的要求。总之，四旁的条件相差很大，要求也就不同。

（三）人工林结构设计

1. 造林密度

单位面积造林地上的栽植株数或播种穴数。不同地区的造林密度可参考《造林技术规程》中的有关规定确定，但应用这些数据时还要结合本地区的具体情况加以分析选择，并且最好在当地进行一些补充调查来校正。

2. 种植点的配置

一定数量的播种或栽植点在造林地上的分布形式。

（1）行列状配置。也称行状配置。可分为正方形、长方形、三角形等配置方式。

正方形配置时，行距和株距相等，相邻株连线成正方形。

长方形配置时，行距大于株距，利于行内株间提前郁闭和进行机械化中耕除草及间作。

三角形配置时，要求相邻行的种植点彼此错开，成“品”字形排列，适用于山坡地形。

（2）群丛状配置。也称群状配置、植生组配置。植株在造林地上呈不均匀的群丛状分布，群内植株密集，而群间距离很大。特点是群内能尽早郁闭，有利于抵御外界不良环境因子的危害。

3. 树种组成

指构成林分的树种成分及其所占比例。由一种树种组成的人工林叫纯林，由两种或两种以上树种组成的人工林叫混交林。

（1）混交技术。

① 混交树种的选配。

A. 乔灌木混交类型：乔木与灌木混交，主要适用于在立地条件较差的地方营造防护林；条件适宜时也可用于用材林和经济林。

B. 主伴混交类型：第一林层的大乔木与居第二林层的一般较为耐阴的伴生小乔木混交，主要适用于在立地条件较好的地方营造用材林及水源涵养林。

C. 双主混交类型：两个第一林层大乔木树种混交，主要适用于营造用材林。

D. 综合性混交类型：主要树种和伴生树种、灌木树种一起混交，兼有前两种混交的特点，适用于南方热带地区，形成多层次结构的林分。

② 混交比例。指造林时各混交树种所占的百分比。在营造混交林时，应确定合理的混交比例，使混交林后期各阶段的树种组成符合造林的要求。

在确定混交林初期的组成时，必须保证主要树种在将来的林分中占优势。在大多数情况下，主要树种的混交比例都应在50%以上。竞争力强的主要树种混交比例可小些，竞争力弱的主要树种混交比例可大些。伴生树种经济价值高、作用大时，其比例可大些，否则宜小些。一般在混交林中起辅助作用的树种，其混交比例可在50%以下。灌木的混交比例和立地条件有密切关系，立地条件愈差灌木的比例应愈大。

③ 混交方法。混交方法是指各混交树种在林地上的配置和排列形式，各树种的配置、排列位置不同，种间关系也会发生变化。因此，混交方法不是对混交树种的简单排列组合，而是有其深刻的生物学和经济学意义的。常用的混交方法有以下几种：

A. 株间混交：又称行内混交。是在每一行内用不同树种彼此隔株或隔几株混交的方法。株间混交树种选择适当，能充分发挥树种混交的有益性能，但不同树种的种植点相距较近，种间矛盾发生早而激烈，调节困难，难于形成相对稳定的混交林，且施工比较麻烦。此法大多用于水土保持林、农田防护林及四旁绿化。深根性乔木和浅根性的灌木混交、喜光和耐阴树种混交及常绿树种与落叶树种混交时，也多采用此法，如松树与紫穗槐的株间混交。

B. 行间混交：又称隔行混交，即不同树种隔行交替混交的方法。行间混交种间矛盾比株间混交容易调节，施工也比较方便，适用于乔灌木混交或喜光和耐阴树种混交。常用于防护林的营造，如刺槐与杨树的行间混交，但在种间矛盾过大时，此法仍不理想。

C. 带状混交：即不同树种用三行以上组成带彼此交替混交的方法。一般不同树种带的行数可以相等，也可以不相等（主要树种应多于混交树种）。带状混交的种间关系容易调节，栽植管理也都比较方便。常用于种间矛盾比较尖锐和初期生长速度悬殊的乔木之间混交，借以缓和种间竞争达到混交目的。在营造用材、防风混交林时多用带状混交。

D. 块状混交：即不同树种以规则或不规则的块状进行混交的方法。规则的块状混交是将平坦或坡面整齐的造林地划为正方形或长方形的块状地，然后在每一块状地上按一定的株行距栽植同一树种，相邻的块状地栽植另一树种。通常相邻块呈“品”字形交错排列，每块面积原则上不应小于该树种达到成熟时单株所需要的平均营养面积（$25\sim50m^2$）。块状地面积过大，就成了纯林，失去混交意义。

E. 植生组混交：是一种群丛状配置的混交方法。同一植生组用同一树种，不同树种的植生组交叉排列。这种混交方法发挥混交作用较迟，但比较稳定。可用于治沙造林，林区人工更新及次生林改造。

④ 混交年龄。一般混交林中的主要树种和混交树种都是同时造林，终生相伴。但有的混交树种只在人工林发展前期起作用，也有的混交树种在人工林发展后期才引入。有些混交树种比主要树种早栽几年或晚栽几年，其目的是改变种间竞争态势，达到培育的目的。

（2）人工林的间作和轮作。

① 人工林的间作。间作和混交没有严格的界限。一般把树种之间的长期紧密的同地生长关系称为混交，而把树种和草本植物之间的短期较松散的同地生长关系称为间作。林农间作本来只作为一种以耕代抚的行间利用形式看待，但因其有很好的经济效益和生态效益而受到世界性的重视，作为一个学科分支加以研究。实质上，树种与间作农作物之间的关系和主要树种与混交树种之间的关系是属于同一类性质的问题，也要通过间作作物的选择、间作数量、配置方式和间距、间作时间等环节来调节种间关系，形成合理的群体结构，达到培育目标。

② 人工林的轮作。人工林的轮作是指不同时期在同一块地上栽培两个或两个以上树种的纯林。人工林轮作的方法一般是：长期培育同一树种的林地，可在采伐后进行短期休闲，使灌木杂草丛生，以便恢复地力；对恶化土壤的树种，尤其是某些针叶树种，在经过长期或一个世代栽培后，可换用某些有显著改良土壤作用、经济价值也较高的阔叶或针叶树种。

（四）人工造林技术

造林施工工序可分为三大阶段，即整地阶段、种植造林阶段及幼林抚育阶段。

1. 整地

又称造林地的整理、造林整地。整地是造林前清除造林地上的植被或采伐剩余物，并以翻垦土壤为主要内容的一项生产技术措施，有改善立地条件、保持水土、提高造林成活率、促进幼林生长及便于造林施工、提高造林质量等作用。

（1）造林地的清理。造林地的清理是造林整地翻垦土壤前的一道工序，把造林地上的灌木、杂草、竹类以及采伐迹地上的枝丫、梢头、站杆、倒木、伐根等清除掉。分为全面清理、带状清理和块状清理三种方式。

清理的方法可分为割除清理、火烧清理和用化学药剂清理。割除清理可以是人工清理，也可以用机具，如推土机、割灌机、切碎机等机具。清理后归堆和平铺，并用火烧方法清除。也可以采用喷洒化学除草剂的方法，杀死灌木和草类植物。

（2）造林整地的方式方法与时间。造林整地方式分为全面整地和局部整地。

全面整地是翻垦造林地全部土壤，主要用于平坦地区。

局部整地是翻垦造林地部分土壤的整地方式，包括带状整地和块状整地。

带状整地是呈长条状翻垦造林地的土壤。山地区域的带状整地方法有：水平带、水平阶、水平沟、反坡梯田、撩壕等；平坦地带状整地的方法有：犁沟、带状、高垄等。

块状整地是呈块状翻垦造林地的整地方法。山地应用的块状整地方法有：穴状、块状、鱼鳞坑；平原应用的块状整地方法有：坑状、块状、高台等。

对整地时间来说，除冬季土壤封冻期外，春、夏、秋三季均可，但以伏天为好，既有利于消灭杂草，又有利于蓄水保墒。

（3）造林整地技术规格及质量。造林整地技术规格主要是指整地的断面形式、深度、宽度、长度和间距等，这些指标都不同程度地影响着造林整地的质量。

在干旱和半干旱地区，由于整地的主要目的是为了更多拦蓄降水，增加土壤湿度，防止水土流失，整地深度对整地效果的影响最大，增加整地深度不仅有利于根系的生长发育，还有利于提高土壤的蓄水保墒能力，在立地条件较差的干旱地区更是如此。一般整地深度以 30~40cm 为宜（具体规格以造林设计为准），当苗木和林木根系较大时，则应根据实际情况适当加大整地深度，为了某种特殊需要还可增加至 50~60cm，有些甚至在 100cm 以上；在一定范围内整地宽度越大越有利于苗木成活和生长，其拦截的降水数量、水分入渗深度都明显提高，但整地平面规格过大也可能在造林初期引起土壤侵蚀。

整地的规格应该根据造林地的地形、坡度（坡度大则窄一些，坡度小则宽一些）和造林树种等条件合理确定，并在造林设计中作明确规定。

此外，整地规格还涉及土埂、横档、反坡等。一般都在整地带的外缘修筑土埂，带面形成反坡，以便拦水蓄泥；在带中修横档，以防水流集中。因此，要想实现造林整地的目标，一定要严格按照造林设计，严格按照深度、宽度、长度和断面等标准，保证整地质量。

（4）造林整地的季节。适宜的整地季节，对提高整质量、节省经费开支、减轻劳动强度、降低造林成本、充分发挥整地的作用具有重要的意义。

整地如果与造林同时进行，可随整随造。由于这种做法不能充分发挥整地的有利作用，所以应用不多。但是，如果在土壤深厚肥沃、杂草不多的熟耕地上，或土壤湿润、植被盖度不高的新采伐迹地上，以及风蚀比较严重的沙地或草原荒地上，随整随造也能收到较好的效果。这主要是因为这些造林地的立地条件优越，过早地进行整地往往导致整地部位大量贮水，土壤水分过多，冬春之交容易发生冻拔害；而沙地过早整地，经过冬季大风吹蚀容易造成土壤细粒散失，土壤肥力下降。

在造林季节之前进行的整地叫提前整地或预整地，一般提前1~2个季节。但提前时间不能过长，否则也发挥不了整地作用。在干旱半干旱地区，为了增加蓄水，整地一般在雨季之前进行，以利于尽可能地多拦截贮蓄水分。因此，秋季造林时，整地可提前到雨季前；春季造林时，整地时间可提前到头一年雨季前、雨季或至少头年秋季。因为在这些地区，雨季是整地的良好季节，除了可以大量蓄水外，土壤湿润松软，作业比较省力，工效高，能取得事半功倍的效果。

2. 造林施工

造林工作的具体实施，按所用的种苗材料，可分为播种造林、植苗造林及分殖造林三种方法。

（1）播种造林。又称直播造林。是将林木种子直接播种在造林地进行造林的方法。这种方法省去了育苗工序，而且施工容易，便于在大面积造林地上进行造林。但是这种方法对造林立地条件要求较严格，造林后的幼林抚育管理措施要求也较高。

播种造林的适用条件：适合于种粒大、发芽容易、种源充足的树种，如橡栎类、核桃、油茶、油桐和山杏等大粒种子。要求造林地土壤水分充足，各种灾害性因素较轻，对于边远且人烟稀少地区的造林更为适宜。

播种造林的方法有：块状播种、穴播、缝插、条播和撒播等。播种前的种子处理包括消毒、浸种和催芽等措施，对保证春播、早出芽、增强幼苗抗旱能力、减少鸟兽等危害极为重要。飞机播种造林也是人工播种造林方法之一，具有速度快、效率高、省劳力和收效大的特点，但必须首先进行调查设计，确定适宜的播区、播种期，并准备足够的良种。需要确定使用机型、机场，建立组织领导机构，播种时严格掌握飞播技术。播后进行效果检查，并加强保护管理。

（2）植苗造林。又称栽植造林、植树造林。是用根系相对完整的苗木作为造林材料进行造林的方法。其特点是对不良环境条件的抵抗力较强，生长稳定，对造林地立地条件的要求相对不严格。但是，在造林时苗木根系有可能受损伤或挤压变形和失水，栽植技术要求高，必须先育苗，却也节省种子。总之，植苗造林法在树种和造林地立地条件方面的限制较少，是应用最广泛的造林方法。

植苗造林应用的苗木主要有播种苗（又称原生苗）、营养繁殖苗和移植苗。有时在采伐迹地上进行人工更新时可以利用野生苗。近年来，有些地区发展容器苗造林，收到了较好的效果。植苗造林后，苗木能否成活，关键是苗木本身能否维持水分平衡，所以在造林过程中，从苗圃起苗、选苗、分级、包装到运输、假植、造林前修剪，直至定植，全过程都要保护苗木防止失水过多。最好是随起苗随栽植，尽量缩短时间，各环节要保持苗根湿润。

人工植苗造林的方法有：穴植、靠壁植和缝植等。穴植法即挖穴植苗，要做到深度适宜、不窝根，并做到“三埋两踩一提苗”。靠壁栽植类似穴植，但一壁要垂直，栽植工序同穴植。缝植法是用植苗锹或镐在植苗点上开缝栽植苗木的方法，从一侧覆土培根，工序同穴植。

（3）分殖造林。利用树木的营养器官（干、枝、根等）及竹子的地下茎作为造林材料直接进行造林的方法，主要用于适于营养繁殖的树种，如杨树、柳树、泡桐和竹类等。其特点是能够节省育苗时间和费用，造林技术简单，操作容易，成活率较高，幼树初期生长较快，而且在遗传性能上保持母本的优良性状。但要求有立地条件较高的造林地，同时分殖造林材料来源受母树数量与分布状况的限制。

分殖造林按照所用营养器官和具体的繁殖方法的不同，分为插条、插干、压条、埋干、分根、分墩、分蘖和地下茎造林等方法。插条造林法是利用树木枝条的一段作插穗，直接插于造林地的造林方法，要注意插穗的选取、插穗的规格和插穗的栽前处理，注意栽插深度和季节。插干造林法是利用树木的粗枝、幼树树干和苗干等直接栽植在造林地的造林方法。分根造林是用萌芽生根力强的树种的根作为根穗进行造林的方法。分蘖造林法是将从母树根系所生出的萌蘖苗连根挖出用来造林的方法。地下茎造林是竹类的主要造林方法。

3. 幼林抚育管理

人工幼林抚育管理是从造林后至郁闭以前这一时期所进行抚育管理技术的统称，包括土壤管理技术和林木抚育技术等。

（1）人工幼林的土壤管理措施。主要是对新造幼林地采取的包括松土、除草、施肥、灌溉和林农间作等在内的各种技术措施。

① 松土除草。造林后应及时进行松土除草，与扶苗、除蔓等结合进行，做到除早、除小、除了，对穴外影响幼树生长的高密杂草，要及时割除。连续进行3~5年，每年1~3次。有冻拔害的地区，第一年以除草为主，可减少松土次数。

松土除草应做到里浅外深，不伤害苗木根系，深度一般为5~10cm，干旱地区应深些，丘陵山区可结合抚育进行扩穴，增加营养面积。根据不同树种和灌草种类，可选用适宜的化学除草剂除草。

② 林地灌溉。林地灌溉的时间应与林木的生长发育节奏相协调。灌水次数较少的半湿润地区，可在树木发芽前后或速生期之前进行；灌水次数较多的干旱、半干旱地区，可在综合考虑林木生长规律和天气状况的基础上加以安排，除在树木发芽前后或速生期之前灌水并适当增加次数外，可实行间隔时间不要过长的定期灌水。

林地灌溉的方法有：漫灌、畦灌、沟灌、穴灌等，有条件的地方可滴灌，以利节水。

林地灌溉的特点是可以进行大水漫灌，造成较大的湿润深度，延长灌溉间隔期，减少灌溉次数。

③ 林地施肥。林地施肥可以在造林前结合整地或栽苗当时进行，但主要还是在造林后定期进行。施肥方法可用穴施、沟施，在林木郁闭后主要采用人工撒施及飞机撒施。

林地间种绿肥作物，以磷补氮、埋青肥地是一种很好的林地施肥方法。不但能补充养分，还能改良土壤物理性状，有条件时应尽量多采用这种方式。

④ 林农间作。实行林农间作，首先要根据间作地的不同情况，明确区分该地是以林为主，还是以农为主。以林为主的地方，要防止忽视培育人工林而只顾农业生产的倾向；以农业为主的地方，则应强调造林为发展农业生产服务。

以林为主方式：造林初期间种农作物，一般 2~5 年，以耕代抚，确保林木生长，要防止水土流失和土地沙化。林木郁闭后，停止间作。

以农为主方式：田间以行状、窄带状植树，长期实行间作。

林地间种农作物，以矮秆豆类为宜，不应种植高秆和攀缘作物；田间种树，应选择深根性、枝叶较稀疏和经济价值高的树种。

（2）人工幼林的林木抚育措施。林木抚育指在幼林时期对苗木、幼树个体及其营养器官进行调节的各种措施，内容包括间苗、平茬、除蘖、摘芽、整形和接干等。

① 平茬。对具有萌芽能力的树种，因干旱、冻害、机械损伤以及病虫兽危害造成生长不良的，应及时平茬复壮。

平茬一般在幼林时期进行，灌木平茬的期限可适当拖长。具体时间以在树木休眠季节为宜，平茬高度一般在地表以上 5~10cm 为宜。

② 除蘖。萌蘖力强的树种栽植后常在茎部发生萌条，分散养分利用，丧失主干的顶端生长优势，此时要及时除蘖，确保把主干培育成良材。

除蘖一般在造林后 1~2 年进行，但有时需要延续很长时间，反复进行多次，才能取得良好效果。

③ 间苗。间苗是通过调节小群体内部的密度，保证优势植株更好生长的一种措施。

间苗开始的时间、强度及次数，应根据小群体内林木植株的生长情况和密度而定。

人工林间苗要掌握去劣留优、去小留大的原则，注意尽量把生长比较高大、通直，并且树冠发育良好的优势株保留下来。

④ 整形修剪。整形是对幼树进行修剪的一种技术措施。

不同分枝类型的树种，应采取不同的整形修剪方法。单顶分枝类型的树种其顶芽发育饱满、良好，越冬后能够延续主梢的高向生长，一般不必修剪，但是，如果顶芽附近有竞争枝，则应在冬季剪除；合轴分枝的树种，其顶芽发育不饱满或越冬后死亡，翌年由接近枝梢上部的叶芽代替而萌发成新枝，因而主干弯曲低矮，分权较多，一般采用“冬打头，夏控制，轻修剪，重留冠”的修剪方法。

⑤ 接干。接干是对主干低矮的树种人为“接高”的一种措施。

接干有目伤接干和截头抹芽等多种方法。目伤接干一般在造林后 3~4 年进行，截头抹芽一般在树木春季发芽前进行。

(3) 人工幼林的保护。幼林保护是幼林抚育管理的重要内容，包括防气象灾害、防生物灾害、防火及防人畜危害等。

防气象灾害包括防寒、防霜冻、防冻拔、防日灼等内容；防生物灾害包括防病、防虫、防鸟兽害等；防止人畜危害指防止人们打柴割草伤及幼树和无控制放牧啃食践踏幼树等。

(五) 飞播造林

飞播造林是指在飞机上安装播种器（种子箱），利用飞机在飞行过程中将种子撒播到宜播地的一种造林方法。

1. 播区选择

我国湿润气候区是适宜飞播的主要地区，半湿润或干旱气候区亦有飞播造林（种草）的成功经验。飞播造林主要在宜播面积集中的荒山、荒地、沙漠和黄土丘陵沟壑区进行。山区宜播面积应占播区面积70%以上。北方山区和黄土丘陵沟壑区的播区应选在阴坡、半阴坡。不可排除阳坡时，其比例最多不应超过30%。播区的面积不少于1万亩[①]或飞机一架次的作业面积。播区的形状最好是长方形，其长边与航行的方向一致。地形地势起伏不能过大，要便于飞行。土质等条件适于播种树种的生长。自然植被覆盖度在30%~70%。

2. 飞播树种选择

飞播树种要具备适应性强、可天然下种更新、种源充足、生长快等特点，并有一定的经济价值和较高的综合效益。具体选择时，应根据播区条件和造林目的，因地制宜地按照“适地适树”的原则，以选用适宜飞播的乡土树种为主。要不断试验飞播新树种，根据不同地类积极开展针阔、乔灌、灌草混播，提倡培育混交林。一般飞播主要造林树种有：松类、侧柏、台湾相思、木荷、漆树、柠条、沙棘、花棒等。

3. 播区规划设计

根据调查区的自然条件和经营条件，结合飞播特点进行全面规划，并对飞播的航线和播种技术方案等都要做具体设计。

4. 播种期

飞播最佳时期应根据播区历年气象资料和当年气象预报，综合考虑降雨、气温、季风等主要因子加以确定。一般掌握在播种期有透雨，播后有足够的水分和适宜温度，保证种子发芽生长，幼苗当年生长期要达到2个月以上。天气少云雾、风速在三级以下时进行飞播，效果较为显著。

5. 播种量

播种量的确定，首先应在保证苗木株数和节约种子的原则下，根据种子质量、播区立地条件、林种、树种特性、鸟兽虫危害程度、经营程度等因素确定合理播量。计算合理的播种量可采用下列公式：

---

① 注：1亩 = 1/15 hm^2，下同。

$$S=\frac{N \cdot W \cdot 1000}{E \cdot R \cdot (1-A) \cdot G}$$

式中：S——单位面积播种量（g/m^2）；

N——单位面积成苗株树（株/m^2）；

W——种子千粒重（g）；

E——发芽率（%）；

R——种子净度（%）；

A——种子损失率（一般为25%）；

G——出苗率（%）。

我国各地飞播成功的主要树（草）种播量如表2-1所示。

表2-1　飞播主要造林树（草）种播量表　　　　单位：g/亩

树（草）种	飞播造林地区类型			
	荒山	偏远荒山	能萌生阔叶树地区	黄土丘陵区、沙区
马尾松	150~175	100~150	75~100	
云南松	200~250	100~150	100	
思茅松	150~200	100~150	100	
华山松	2000~2500	1500~2000	1000~1500	
油松	350~500	300~350	250~300	
黄山松	300~350	250~300		
侧柏、柏木	100~150（混）	100~150（混）	50~100（混）	
台湾相思	100~150（混）			
木荷	50~100（混）			
漆树	250（混）	250~500		
柠条				500~600
沙棘				500
踏郎				250~500
花棒				250~500
沙打旺				250

6. 植被处理

飞播是模拟天然更新的一种撒播方法。所以为提高播种成效应对有碍种子触土、发芽、成苗的植被进行处理。飞播造林地的植被覆盖，草类以0.3~0.7为宜；灌木在0.5以下为宜，超过时应采取人工割草、砍灌或药物除草，以及炼山等方式进行植被处理，为种子触土发芽成苗生长创造条件，同时也能减轻动物危害。植被盖度低于0.3的应提前封禁，以增加植被盖度。有条件时，可进行粗放整地，以提高出苗率。

7. 种子处理

种子是飞播造林的物质基础，飞播用的种子要以自采为主，外调为辅。播前要进行种子质量检验。用筛选或水选等方法，除去杂质和空粒，有蜡质种子（如漆树），要经脱蜡处理。此外，可根据需要进行包衣、拌药、消毒工作。飞播造林一般不进行浸种或催芽处理。

8. 航标设置

航标是导航的信号。飞播时划定播幅宽度，航标设置在播区的两端和中部。一般播幅宽度：华山松为40m，油松为60m，云南松、马尾松、侧柏为70m。在两个航标中间，设置接种样方点，以便检查播种量。

9. 飞播作业

飞播作业开始前，应由设计人员和机组共同编制作业方案。飞机进入播区后应严格保持航向，播种人员按作业图的标示和地面信号位置准时开关种子箱，并根据地面通讯联系，风向风速变化情况，掌握好定量盘开关，使播量准确、落种均匀。地面人员要做好烟雾或信号旗工作，做到信号明显、准确、及时。测量播幅及接种的人员，通过对接种样方落种统计和落种宽度的测量，计算落种量、播幅宽度。发现重播、漏播情况，应立即报告机组或机场及时纠正，以提高播种质量。

10. 飞播成效调查与经营管理

为了掌握播区出苗和苗木生长情况，当年秋季要进行出苗调查。调查采用成数抽样方法，主要统计有苗面积率和苗木株树，每亩有苗400株以上为合格面积。不合格的播区3年内要完成补播、补植工作。每个播区应设立经营管理机构，配备护林员；要实行封山育林、宣传和建立健全护林防火制度；飞播造林后5年左右要进行幼林验收，核实保存面积和保存率，并划分幼林经营区，制定抚育方案等。为总结飞播造林和经营管理经验，掌握飞播林的资源消长状况，应以播区为单位，建立技术档案。

（六）封山（沙）育林

封山（沙）育林（含育灌、育草）是对具有天然下种或萌蘖能力的疏林、灌丛、采伐迹地以及荒山、荒地、沙荒，通过封禁和人工辅助手段，使其成为森林或灌草植被的一项技术措施。

1. 封山（沙）育林的条件

（1）要尽量把有培育前途的疏林、灌木林列为封山育林对象，只有在当地荒山基本绿化，或营造速生丰产林没有适宜的荒山荒地的地方，才能用人工造林去改造疏林、灌木林。

（2）在荒山绿化任务大，劳力、资金有困难，在短期内不能完成绿化的地方，凡是有封山育林条件的荒山，都应实行封山育林。

（3）水库集水区范围内和主要江河中、上游两岸坡地，以涵养水源为主的疏林、灌木林地，应优先规划为封山育林地。

（4）人工造林达不到成林成材目的的荒山陡坡、岩石裸露地，以及为恢复地表植被，为以后造林创造条件的光山秃岭、沙荒沙滩等水土流失、风沙危害地区，应规划为封山育林育草地。

（5）疏林、灌木林中分布有珍贵树种的林地，应实行封山育林。

（6）各种老采伐迹地，如具有松树等可以飞籽繁殖的树种，并留有一定数量的母树，萌蘖性强的阔叶树种，都要优先考虑划为封山育林地。

（7）有历史习惯地区以培育风景林为目的，从保护植被环境出发，优先封好村庄、住宅前后的围屋山。

（8）石灰岩地区的“光秃山”，也应分期分批划作封山育林地。

2. 封山育林类型

通过封育，封育区预期能形成的森林植被类型，按其培养目的和目的树种比例分为乔木型、乔灌型、灌木型、灌草型和竹林型五个封育类型。

3. 封山育林方式

（1）全封。又叫死封。就是在封育初期禁止一切不利于树木生长、繁育的人为活动，特别要禁止放牧、砍柴、割草等。封育期限可根据成林年限加以确定，一般3~5年，有的可达8~10年。这种封育方式适于高山、远山、江河上游、水库附近，以及严重的水土流失和风沙危害地区的水源涵养林、水土保持林、防风固沙林和风景林。

（2）半封。又叫活封。就是在封育期内，在不影响森林植被恢复的前提下，可在一定季节（一般为植物停止生长的休眠期内），组织群众有计划有组织地上山放牧、割草、打柴和开展多种经营。但要坚持砍柴（或割草）留树的原则，把有发展前途的树木留下来。这种方式适用于封育用材林或薪炭林等。

（3）轮封。将整个封育区划片分段，实行轮流封育。在不影响育林和水土保持的前提下，划出一定范围，供群众樵采、放牧，其余地区实行封禁。轮封间隔期限有2~3年和3~5年不等，通过轮封，使整个封育区都达到恢复植被的目的。这种办法能较好地照顾和解决群众的目前利益和生产生活上的实际需要，特别适于封育薪炭林。

4. 封育设计

（1）外业调查。全面了解封山育林范围的自然、社会经济条件和植被状况，为封育设计提供依据。

自然条件调查：调查内容包括封山育林的地形、地势、气候、土壤、植被及森林火灾和病、虫、鼠害等。

社会经济调查：调查当地人口分布，交通条件，农业生产状况，人均收入水平，农村生产生活用材、能源和饲料供需条件及今后发展前景等。

宜林地调查：尽可能利用已有各类森林资源调查资料，不能满足需要时，应视情况作补充调查；如无小班调查资料，应对宜封地进行小班区划和调查。

（2）作业设计。封山育林作业以封育区为单位，设计应包括以下内容：

封育区范围：确定封育区面积与四至边界。

封育区概况：明确封育区自然条件、森林资源和封育区地类与规模等。

封育类型：根据封育区条件确定封育类型，以小班为单位按封育类型统计封育面积。

封育方式：根据当地群众生产、生活需要和封育条件，以及封育区的生态重要度确定封育方式。

封育年限：根据当地封育条件、封育类型和人工促进手段，因地制宜地确定封育年限。

封育组织和封育责任人：应予明确。

封育作业措施：包括以封育区为单位设计围栏、哨卡、标志等设施和巡护、护林防火、病虫鼠害防治措施；以小班为单位设计育林、培育管理等措施。

投资概算：根据封山（沙）育林设施建设规模和管护、育林、培育管理工作量进行投资概算，并提出资金来源和筹措办法。

封育效益：按封育目的，估测项目实施后的生态、经济与社会效益。

附图：按《林业地图图式》或其他有关规定标明图式，主要包括封育范围、林班和小班界线、封禁措施及育林措施等；附图比例尺应在 1∶5000 以上；在图面空白处列表注记小班因子主要内容。主要注记因子为小班号、小班面积、主要培育树种（乔、灌、竹）、封育类型、方式、年限等。

5. 封育作业

（1）封育组织管理。签订封育合同，制订封育制度、措施，落实管抚人员。封育期满后，建设单位管理部门及时负责组织检查及成效调查验收。

（2）封禁。

警示：封育单位应明文规定封育制度并采取适当措施进行公示。同时，在封育区周界明显处，如主要山口、沟口、主要交通路口等处树立坚固的标牌，标明工程名称、封区四至范围、面积、年限、方式、措施、责任人等内容。封育面积 $100hm^2$ 以上至少应设立 1 块固定标牌，人烟稀少的区域可相对减少。

人工巡护：根据封禁范围大小和人、畜危害程度，设置管护机构和专职或兼职护林员，每个护林员管护面积根据当地社会、经济和自然条件确定，一般为 1500 亩。在管护困难的封育区可在山口、沟口及交通要塞设置哨卡，加强封育区管护。

设置围栏：在人为活动频繁地区，可设置机械围栏、围壕（沟），或栽植乔、灌木设置生物围栏，进行围封。

界桩：封育区无明显边界或无区分标志物时，可设置界桩以示界线。

（3）人工辅助育林。根据小班调查资料，结合当地实际情况和林业经营水平，制订必要的育林措施。

对种源虽充足，但植被覆盖较厚影响种子与土壤接触的地区，可进行带状、块状除草、割灌、破土，粗放整地，实行人工促进天然更新。

对天然繁殖形成幼苗、幼树的数量不足或分布不均的空地，应按适地适树合理搭配的原则，适当引进一些针阔叶树种，使其形成针阔混交林。

对具有萌蘖能力的乔木、灌木林，可进行平茬复壮，以增强萌蘖能力，促进旺盛生长，时间可在冬季树木停止生长或早春树液开始流动前。

对天然更新良好、单位面积幼苗和幼树数量较多的地区，第一次间株应在林分产生分化时开始，可按留优去劣的原则进行。第一次间株保留 9000 株/hm^2左右，定株后保留 3000 株/hm^2左右。

对一些目的树种除进行松土除草、除蘖外，应进行修枝抚育，包括对珍贵树种实行集约经营、单株培育。萌生幼树的修枝一般在秋末至早春前进行，针叶树一般在郁闭后修枝。耐阴树种和常绿树种修枝强度和高度宜小，生态林原则上只修枯枝。喜光阔叶树种修枝强度可适当大一些，但郁闭前修枝高度不能大于树高的 1/3，剪口要平滑。

（4）灾害防护。在封育年限内，按照预防为主、因害设防、综合治理的原则，实施火、病、虫、鼠等灾害的防治措施，避免环境污染、破坏生物多样性，做好相应的预测、预防工作。

6. 封育区检查

（1）封山育林计划完成情况检查。包括封山育林的封育范围、四至面积、类型、林种、树种、林草生长情况、组织机构、承包合同、责任制、护林队伍、乡规民约、林木保护和管护设施等。

（2）封山育林成林成效面积检查。按封山育林计划期限，对封育成林成效面积进行验收。对已郁闭成林，符合标准的，按造林技术规程计算为有林地面积，列入森林资源档案。

（3）封山育林成效标准。

①成林成效标准。

针叶林：平均每亩 120 株以上，且分布均匀。

阔叶林：平均每亩 110 株以上，且分布均匀。

针阔混交林：平均每亩 110 株以上，且分布均匀。

乔灌混交林：平均每亩 150 株（丛）以上，且分布均匀。

灌木林：平均每亩 180 株以上，且分布均匀。

草类植被：覆盖度不小于 70%。

②调查方法。

抽样面积比：总面积 100 亩以下为 5%，500 亩以下为 3%，大于 500 亩为 2%。样方面积为 300m^2，随机抽样。

③计算方法。

$$\text{平均每亩株树}=\frac{1\text{ 号样方株树}+2\text{ 号样方株树}+n\text{ 号样方株树}}{n\times300}\times0.8\times666$$

0.8 为样方数（n）大于 30 个以上时的可靠性系数。

7. 建立档案

为了了解情况，检验效果，积累资料，摸索规律，要在封育区按不同封育类型，不同地段设置一定数量的标准地，进行定期观察记载。观察的内容包括：主要树种高度、胸径、生长状况、树种或草类组成、平均每亩株树（丛数）、林分郁闭度（或草类盖度），以及森林植被和鸟兽增减变化情况等，通过积累资料，从而认识和掌握封山育林的客观规律，更好地指导实践。

在取得固定标准地资料的同时，还须建立封山育林技术档案。将封育区封育前的自然概况，社会经济情况，封山育林规划、年度计划完成情况、检查验收总结和水保生态效益与经济效益等封山效果，以及有关图表资料及时汇总整理，立档归案，永久保存，以备进行查考和总结经验。

二、营林

造林或林地更新之后，直至森林主伐利用，整个时期对森林及林地采取的经营管理和保护措施，均属森林经营的范围。具体内容包括抚育采伐、主伐更新、中矮林经营、次生林经营和林副产品利用等。森林经营对提高森林生产力，充分发挥森林的生产、生态及防护效益等都有重要意义。由于本书主要偏重于森林营造，因此森林经营内容在此不再赘述。

第三节　监理员基本技能

一、实地踏查

（一）自然条件调查

1. 地理、地貌

包括地理位置、面积、地貌类型及其分布、海拔高度、地貌部位。应重点调查工程困难地段、附属加工厂等。这些资料可用于选择施工用地、布置施工平面图、规划临时设施、掌握障碍物及其数量等。

2. 土壤

包括土壤类型、质地、土层厚度、土壤的砂砾含量等。

3. 水文

调查地表、地下水水质及流量大小，并预计水源可供数量，以及由于施工扰动地表而增加的土壤侵蚀量，制订相应的防护措施。

4. 气象

对气温、降雨、风力风向等要有一定的调查了解，掌握施工前的一些最基本的资料，这样可以帮助确定施工季节。

5. 植被

调查作业区植被类型、种类、数量、覆盖率、郁闭度或盖度、有无珍稀保护植物、古树名木等，制订相应的保护措施。

（二）施工条件调查

1. 土地资源

土地资源调查包括土地利用现状、土地权属（土地的所有制性质和使用权属）及土地的变化情况。

2. 气候资源

（1）光能。包括太阳辐射、日照和太阳能利用。

（2）热量。包括气温、积温、地温和无霜期等。

（3）降水。包括降水量及分布、蒸发、干燥度、湿度等。

（4）风。包括风向、风速、主风向及相应月份等。

3. 施工材料

了解施工材料的供应地点、规格、单价、可供数量、运输方式、运距、费用等情况。

4. 交通运输条件

了解工地附近的铁路、公路、河流位置，装卸、运输费用标准等。

5. 劳动力、劳动机械及生活设施

了解当地可动用的劳动力数量，技术水平，当地的风俗习惯，劳动机械种类与数量，操作者操作技术水平，所在地的文化教育、生活、医疗、治安情况及其支援能力，当地的环境条件等。

6. 地下设施

向历史文物、电信通讯、天然气、环卫、电业等主管部门及相关行政村了解作业区地下文物保护情况，通讯光缆布设情况，天然气管道、排污管道、电缆电线等敷装情况，了解其在作业区内的走向及长度以及地下坟茔情况等。

7. 地上设施

踏查作业区现场，了解地上输电线路种类、电压等级、输电走向与长度，以及输电杆塔数量等；了解作业区内地上建筑种类、保护级别，制定保护、改迁、拆除等措施。

营造林工程施工涉及面较广，需要协调的问题复杂，且受季节因素影响很大。因此，有计划、有步骤地认真做好施工现场有关情况的调查，收集大量与工程施工相关的资料，认真调研和分析这些情况和资料，对施工组织设计乃至今后的工程实施监理都有很大益处。

二、测量

（一）罗盘仪测量技术

林业项目确定面积的方法通常有地形图勾绘、皮尺或测绳丈量、罗盘仪闭合导线测量以及GPS定位测量等。一般地形地物明显、面积较大的地块用地形图勾绘确定的面积误差较小，但地形图勾绘不适用于地形地物不明显的地块；皮尺或测绳丈量只适用于测量小块面积，在丈量时须进入地块内部，费工费时，且无法衡量丈量精度，难以知道它的可靠性，在建有GPS基站的情况下，GPS定位测量确定面积误差较小，但GPS基站建设投资较大，许多地方至今没有建站，故此方法的应用尚不十分普遍；罗盘仪闭合导线测量不受地形地物明显与否以及地块面积大小的限制，比用皮尺或测绳丈量面积节约时间，测量存在闭合误差，可以很直观地知道结果是否精确，是确定地块面积最常用的方法，但还有待改进和完善。

利用罗盘仪闭合导线测量确定地块面积应用已久，已形成一套系统、完整的方法，在地块面积确定中，许多操作步骤和要领必须沿用，但一些过程可以简化，繁琐的地方可以改进。改进后的方法如下：

1. 踏查、选点

在布设导线之前，需沿地块踏查一遍或俯视全测区的范围和概况，对导线点的布设有一个基本的构想和计划，在选择导线点时应注意：

（1）导线点应选择在地势开阔、视野良好、量距方便、能起控制作用，并尽量靠近地块拐点的地方；仪器位需便于安置仪器。

（2）相邻导线点之间要相互通视。

（3）导线边长 50~150m 为宜，各边长度尽量不要相差过大。

2. 测量、记录

常规的罗盘仪闭合导线测量在每个多边形地块拐点都必须定 1 次花杆、置 1 次罗盘仪，经对中、整平、瞄准和读数等测量环节，罗盘仪始终跟着花杆走，这对于一个地块形状的精确测量十分必要，对于测量地块面积的准确尤其重要，只要面积准确，测量形状与地块无异，地块拐点位选取稍有偏差不是大问题，基于上述原因闭合导线测量不必每个拐点都插 1 次花杆、置 1 次罗盘仪，而可按以下方法进行：

（1）在地块中任意选取 1 个拐点作为起始点，选取 1 个方向（顺时针或反时针）作为测量前进方向。

（2）在起始点安置罗盘仪，两侧拐点分插花杆，仪器整平后，瞄准花杆读取磁方位角、倾斜角，用测绳测量距离（亦可用视距测量）并记录。前进方向方位角读北端读数，反方向方位角读南端读数，反方向花杆插定不动，直至测量结束。

（3）沿前进方向越过花杆至另一拐点安置罗盘仪，测量身后花杆的反方位角、距离和倾斜角并记录，然后移走花杆沿前进方向越过罗盘仪至另一拐点定插花杆，读取方位角、倾斜角，测量距离，使罗盘仪和花杆交互越过前进，直至测量到不动花杆为结束，测量过程和仪器、花杆设置情况见图 2-1。

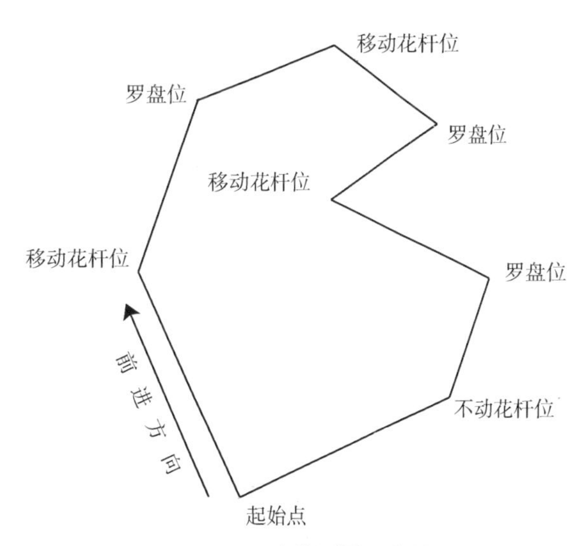

图 2-1　罗盘仪测量示意图

（二）GPS 定位技术

全球定位系统（GPS）是英文缩写词 NAVSTAR/GPS 的简称，全名为 Navigation System Timing and Ranging/Global Positioning System，即“授时与测距导航系统/全球定位

系统”。

全球定位系统是美国自20世纪60年代始，历经20多年的开发、部署完成的卫星导航系统。该系统由分布在6个轨道上的24颗定位导航卫星组成，提供全球每秒一次的定位讯号，使全球上任何地方在任何时候都能同时接收到至少4颗卫星的讯号。接收器根据讯号测出定位点到卫星的伪距，由此可实时得到定位点的三维位置和时间数据。虽受美国SA（Selective Availability，有选择可用性）或AS（Anit- Spoofing，反电子欺骗）政策的限制，经基准站校正后，其静态精度仍可达厘米级，动态RTK（Real Time Kinematics，实时动态系统）进行差分处理后也可达到米级精度。因其全球、全天候、快速、准确的定位特点，GPS在测绘、环境、工程及林业等领域得到广泛的应用。

1. GPS定位原理

利用GPS全球定位系统定位，是测量GPS卫星发射的电波的延迟时间及相位求得卫星与GPS接收机天线的距离，并根据与轨道上卫星的距离，求解设站点的位置。由于每个卫星都有以卫星为中心，以至接收站点距离为半径的一个球面，该球面与地球表面相交形成一个圆。有两个卫星和测站间的距离就能在地球上求出两个交点，若有三个以上卫星和测站间的距离就能最后确定该点的三维坐标。而且由于卫星能控制其天线的方向使得在上述两个交点之一无法接收到卫星所发射的信号，因而能确定唯一的点位。为了测定设站点与卫星的距离，在GPS卫星中搭载了铯原子钟和铷原子钟，其计时的精度达到了300000年差一秒，使得所有的卫星都能同时发射信号。与卫星相同，在GPS的接收机中也装备了高精度的石英振荡器的时钟，若知道卫星发射信号的时间，就能从卫星信号到达接收机的时间和电磁波的传输速度来计算卫星与接收机间的距离。GPS以接收到信号的两个时刻来决定设站点与卫星之间的距离，然后通过一系列方程的解算而得到设站点的坐标。

为了获得供计算距离用的卫星的广播星历，解决接收机中的石英钟与GPS卫星中的原子钟的误差，消除大气层对卫星信号的折射和接收站周围物体对电波的反射，得到正确的经度、纬度和高程，必须追加来自多于3颗卫星的距离，来消除误差寻求正确的时刻，求取正确的位置。一般进行GPS测量，利用至少3颗卫星计算二维坐标；利用至少4颗卫星计算三维坐标。坐标采用经纬度或统一横轴墨卡托投影（UTM）。该坐标系统可以方便地与高斯—克吕格投影坐标系统进行互相转换。

2. GPS系统的组成

GPS系统主要由空间部分、地面控制部分和用户部分组成。

（1）空间部分。GPS的空间部分由21颗工作卫星及3颗备用卫星组成，它们均匀分布在6个相对于赤道的倾角为55°的近似圆形轨道上，每个轨道上有4颗卫星运行，每两个轨道间的经度上相隔60°，它们距地面的平均高度为20200km，实际上目前有27颗GPS卫星（另有3颗备用星）在运行，运行周期11小时58分，这种布设能保证在全球任何地方任何时刻都能至少观测到4颗GPS卫星。GPS卫星向地面发送无线电信号，如图2-2。

（2）地面控制部分。地面控制部分由一个主控站、三个注入站和五个监测站组成（图2-3），均设在美国本土（图2-4）。主控站主要用于完成卫星轨迹和时钟修正参数的

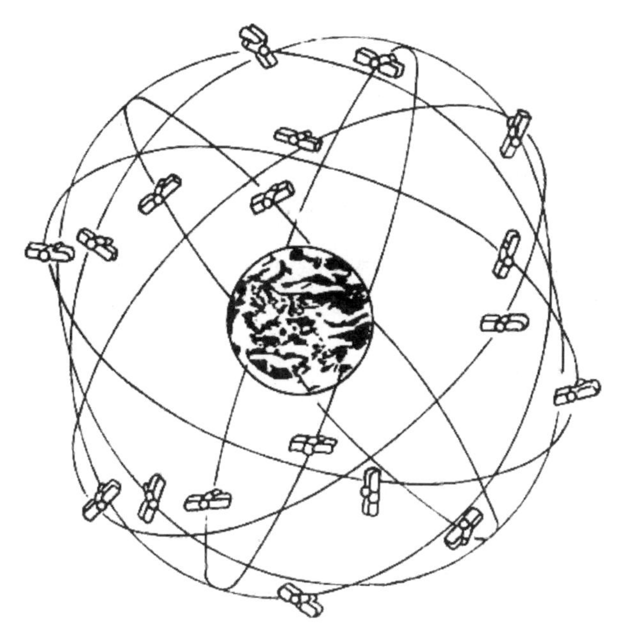

图 2-2　GPS 系统空间部分

计算。注入站主要用以向每颗卫星注入导航信息和其他控制参数。监测站在主控站控制下用于提高轨道预报精度和计算精密星历。

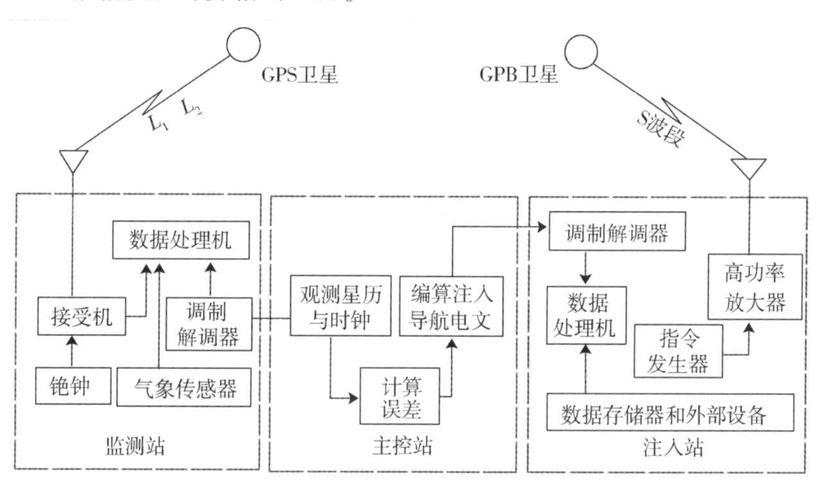

图 2-3　GPS 地面监控系统原理图

（3）用户部分。用户部分即 GPS 接收机，一般由天线、接收机、电源、控制或显示器组成。其主要任务是接收 GPS 卫星发射的信号，以获得导航及定位信息观测量（图 2-5）。

GPS 接收机分类：根据使用目的不同，用户要求的 GPS 信号机可分为静态定位和动态定位两大类；按照 GPS 信号的不同用途，GPS 信号接收机可分为三大类：导航型、测地型和定时型；按照 GPS 信号的应用场合不同，可以分为袖珍式、背负式、车载式、船用式、机载式、弹载式和星载式七种类型的 GPS 接收机。

图 2-4 GPS 系统地面控制部分位置图

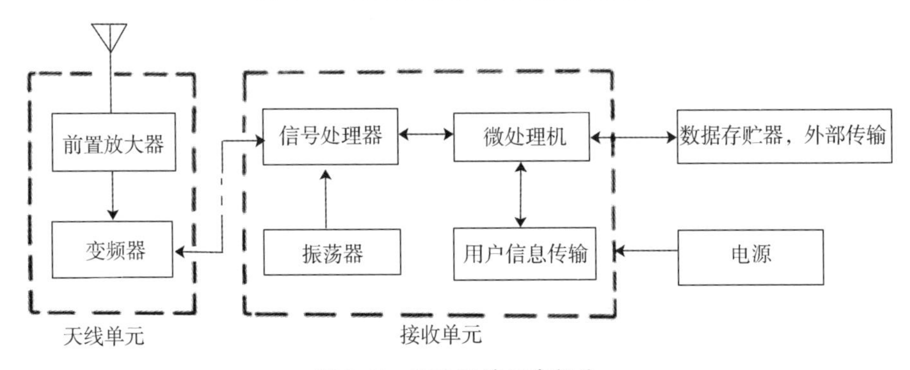

图 2-5 GPS 系统用户部分

3. GPS 相关术语、功能

（1）坐标（Coordinate）。坐标有二维和三维两种表示，当 GPS 能够收到 4 颗及以上卫星的信号时，它能计算出本地的三维坐标即经度、纬度和高度。若只能收到 3 颗卫星的信号，它只能计算出二维坐标精度和纬度，这时它可能还会显示高度数据，但这数据是无效的。大部分的 GPS 不仅能以经/纬度（Lat/Long）的方式显示坐标，还可以用大地公里网坐标系统显示。经纬度的显示方式一般是"hddd°mm′ss. s″"，地球子午线长是39940. 7km，纬度改变 1°合 110. 94km，1′合 1. 849km，1″合 30. 8m，赤道圈是 40075. 96km。以北京地区为例，其纬度为北纬 40°左右，纬度圈长为 40075 * sin（90-40），经度 1°合 276km，1′合 1. 42km，1″合 23. 69m。由于以经纬度坐标每秒的距离太大，林业生产中一般用公里坐标系统，可以精确到米。林业使用的地形图或林相图（比例尺 1∶2. 5 万，是将 1∶5 万地形图放大一倍）一般是 1∶5 万的比例尺，是按 6°带划分的。因此在设置 GPS 接收机的"标位格式"和"坐标系统"的参数时，一定要明确自己所在位置是属于几度带。

（2）航点（Landmark or Waypoint）。航点是 GPS 内存中保存的一个点的坐标值。在有 GPS 信号时，按一下保存键，就会把当前点记成一个航点，它默认的一般是"001"之类的数字名字，可以将其修改成一个容易辨识的名字，还可以给它选定一个图标。航点是 GPS 数据核心，是构成"航线"的基础。标记航点是 GPS 主要功能之一。也可从地图上读出一个地点的坐标，手工或通过计算机接口输入 GPS，成为一个航点，一般 GPS 能记录

500 个或以上的航点。

（3）航线（Route）。航线是 GPS 内存中存储的一组数据，包括一个起点和一个终点的坐标，还可以包括若干中间点的坐标，每两个坐标点之间的线段也叫一条“leg”。常见 GPS 能存储 20 条航线，每条航线 30 条“leg”。各坐标点可以从现有航线中选择，或是手工/计算机输入数值，输入的航线同时作为一个航点保存。实际上一条航线的所有点都是对某个航点的引用。

（4）前进方向（Heading）。GPS 没有指北针的功能，静止不动时它是不知道方向的。但是一旦被移动起来，它就能知道自己的运动方向。GPS 每隔 1 秒更新一次当前地点信息，每一点的坐标和上一点的坐标一比较，就可以知道前进的方向。不同 GPS 关于前进的算法是不同的，基本上是最近若干秒的前进方向，所以除非是已经走了一段仍然在走的直线，否则前进方向是准确的，尤其是在拐弯的时候数据在变个不停。GPS 同时还显示前进平均速度，也是根据最近一段的位移和时间计算的。

（5）导航（Bearing）。导航是一个技术门类的总称，它是引导飞机、船舶、车辆以及个人安全、准确地沿着选定的路线，准确到达目的地的一种手段。导航的基本功能是回答：我在哪里？我要去哪里？如何去？

导航功能在以下条件下起作用：一是已设定“航向”（GOTO）目标。从已存的航点表中选择航点。之后“导航”功能将导向此航点。二是目前有设定好的活动航线（Activity route）。如果目前有航线，那么“导航”的点是航线中第一个航点，每到达一个航点后，自动指到下一个航点。在“导航”页面上都会标有当前航点名称。它是根据当前位置，计算出导航目标的方向角，以与“前进航向”相同的角度值显示。同时显示离目标的距离等信息。有些 GPS 把前进方向和导航功能结合起来，只要用 GPS 的头指向前进方向，就会有一个指针箭头指向前进方向和目标方向的偏角，跟着这个箭头就能找到目标。

（6）日出日落时间（Sun set/Raise time）。大多数 GPS 能够显示当地的日出、日落时间，这个时间是 GPS 根据当地经度和日期计算得到的，是指平原地区的日出、日落时间，在山区因为有山脊遮挡，日照时间根据情况要早晚各少半个小时以上。GPS 的时间是从卫星信号得到的格林尼治时间，在设置菜单里可以设置本地的时间偏移，对中国来说，应设 +8 小时，此值只与时间的显示有关。

（7）航迹（Pilot trail）。GPS 每秒更新一次坐标信息，所以可以记载自己的运动轨迹。一般 GPS 能记录 1024 个以上航迹点。航迹点的采样有自动和定时两种方式，自动采样由 GPS 自动决定航迹点的采样方式，一般是只记录方向转折点，长距离直线行走时不记点；定时采样可以规定采样时间间隔，比如 30 秒、1 分钟等，每隔一定时间记一个航迹点。在航迹点页面上可以清楚地看到自己航迹的水平投影。“航迹”上的点都没有名字，不能单独引用，不能查看坐标，主要用来画路线图（计算机下载路线）和“回溯”。一条航迹可以转化为一条“航线”（Route），也可以把此航线激活供导航使用。

4. GPS 在林业中的应用

（1）在林业工程测量中的应用。在林业工程建设中，许多地方的森林铁路、公路的选线和建设都需要进行高精度的工程测量，测定其位置、距离和土方量，因林区常常是山高林密，交通和通视条件较差，而且国家控制网薄弱，因而运用三角测量、水准测量或导线测量等常规的测量方法进行外业测量非常困难，甚至根本无法进行。特别是在自然保护区的测量中，因林木都是保护对象绝不容许随意砍伐，而架高塔进行观测的成本又是绝大多数测量单位所难以承担的。运用 GPS 系统进行林业工程测量，不仅可以克服上述缺点，而且精度高、速度快。

（2）在森林资源一类调查中的应用。在森林资源一类调查中，需要根据样地点的坐标寻找样地点，应用常规方法寻找样地点的速度和精度都不尽如人意。利用 GPS 的导航模式，输入样地点的地理坐标，由 GPS 系统引导调查人员到达样地点，不仅定位速度快、精度高，而且可以将原有的明标改为暗标，甚至可以不设任何标志而只记录其坐标，复测时由 GPS 根据其坐标引导调查人员到达样地。其样地点坐标和其他调查数据还可以直接进入 GIS 地理信息系统，以便于数据汇总统计。

（3）在森林资源二类调查中的应用。在森林资源二类调查中，必须准确地划出调查范围，在地形图或航空相片上按既定的大小划分抽取观测和调查的样本单元，但这些样点必须落实到地面上进行量测和调查。在调查中由于要用这些抽出的样地推算总体，必须具有相当的精度。通常这些样地的定位方法是靠人工依据地形图、相片或相片平面图进行判读确定，或应用罗盘仪进行导线测量确定的。这些方法在平坦地区和经济发达有较多明显地形、地物的地区尚可，但是在山高林密地区就难以顺利进行。若采用 GPS 全球定位系统的导航模式进行测量定位，或应用准动态或动态定位模式，则可克服通视困难等不利条件，快速、高效、方便地进行测量定位。

（4）林区各种界线的勘定。利用导航功能可勘定林区内的各级界线，同时可确立标桩，较为精确地实现图面各种境界线的现地“落界”；利用更高精度的 DGPS（差分 GPS）或测量型 GPS 可进行线定位，线定位主要是区域界线勘定，样带长边定线，野生动物行踪跟踪调查定位等，反映在森林资源管理、调查、监测中，主要有林场界、林班界及小班界的勘定，通常是设置界线界址点，测定每一界址点坐标，为提高精度，在主要角点上定位观测时间可用 5~6（50~60 历元）分钟，记录每个界址点的属性后，形成一种矢量结构的数据文件，和微机接口连接后，可在 GIS 中很方便地建立拓扑关系，实现境界线的“落图”。手持式 GPS 的航迹记录功能与此法雷同，不过定位精度稍低。

（5）求测区域面积。手持式 GPS 和差分 GPS 均可实现对某一闭合区域面积的求测。利用差分 GPS 首先测闭合区域各界址点坐标，形成矢量数据文件，在 GIS 中建立拓扑关系后，可自动按多边形法求算面积；手持式 GPS 是利用其航迹记录功能来实现对闭合区域面积的求算，其实质还是线的定位。两种 GPS 求算面积的区别在于测算精度不同，一般来说，差分 GPS 量测大于 $7000m^2$ 的区域时，其量测误差可控制在 2% 以内；手持式 GPS 量测面积大于 $20000m^2$ 的区域时，其量测误差可控制在 3% 以内。目前这种精度可以满足森林资源调查的需要。但对于较小区域面积的测算，单靠 GPS 求算是不科学的。

三、测绘

（一）利用航（卫）片或地形图调绘技术

林业调查技术经历了目测调查、地面闭合导线测量调查、森林航空摄影与制图调查、卫星遥感资料调查等阶段，已经逐步形成了一个完善的体系。实践证明，随着遥感技术与林业调查结合的日趋紧密，利用卫星遥感资料进行森林调查已经成为一种行之有效的方法，是目前进行林业调查的主要技术手段。

1. 遥感卫星影像在森林调查中的应用

（1）利用卫片进行森林资源二类清查小班区划。根据所建立的目视解译标志，依照其影像特征，结合 1∶5 万地形图，参照二类清查小班划分条件，在卫片上进行区划。但区划后必须到现地核对，对不合理小班界线应进行修正；对于卫星过顶扫描期后发生变化的地段，野外调查时应进行现地调绘、划分。

（2）利用卫片进行地类划分。卫片在地类判别时较为准确，尤其对于无非林地的判别，如公路、铁路、河流、沼泽地、农田、高压输电线路，可在小班区划时直接划出；同时也可根据林区公路路网延伸情况设计外业调查路线。

（3）进行森林资源调查小班面积量算。在森林资源调查中，面积是调查的重要内容之一，面积精度的高低常常影响调查成果的质量。常规的面积量算方法是采用网格法、坐标纸或求积仪等。应用这些方法速度慢，劳动强度大，精度低，对面积精度要求高的勘察设计，无法满足要求。利用遥感资料结合地理信息系统能够提高面积量算效率、量算精度；改善作业条件，减轻劳动强度，降低生产成本，提高经济效益等。

（4）森林分层调查。根据林分的优势树种组、年龄组、郁闭度组的不同，对抽样调查对象进行分层，层名=优势树种组+林龄组代号+郁闭度组代号，例如：针成中、阔幼密等等。由于卫片的分辨率较低，可将中龄林和幼龄林都合并成一个幼龄林组；按优势树种组的不同划成针叶林组和阔叶林组两个层；郁闭度组的不同划为三个层，疏、中、密。疏林地可单独划为一层，每层建立目视解译标志。这样就可对卫片上区划好的森林小班和疏林地小班逐一落实到每一层中。

2. 利用遥感卫星影像资料进行森林资源二类调查的优越性

（1）宏观性好，时效新，更新快。卫片更新周期短，影像信息量丰富，时相选择方便，能够真实地反映调查地区的实际情况，将误差降低到最小。

（2）作为外业区划、调绘的底图。卫片经加工处理后颜色醒目、色种丰富，各主要地类差异明显，小班区划调绘具有较高的准确率。

（3）各地类位置、界线准确。卫片为连续的多中心投影，按高斯投影进行几何校正后，各地类位置、界线准确，形状真实、不变形。

（4）减少成图工作量，提高了成图质量。由于卫片与地形图的投影系统比航片更接近，省去了原来由航片中心投影体系向地形图垂直投影体系转换的大量工作。小班透绘变形小、精度高，从而减轻了成图工作量，提高了成图质量。

总之，利用遥感卫片资料进行调绘在林业上的应用已经相当普遍。而且在深入小班调查过程中辅助以 GPS 定位，可以解决小班现地定位，也可纠正同谱异物、同物异谱现象，同时也为调查人员准确深入小班调查布点提供准确信息，杜绝造林搬家等现象的发生。

（二）步测、目测技术

当没有测量工具或对测量结果要求不十分准确时，也可以用步测和目测的方法进行。

步测距离就是利用步幅量测距离。通常以复步（两步为一复步，每复步长约 1.5m）为单位进行实地量测。其计算公式为：距离（m）= 1.5m×复步数，也可简化为一句话，即复步加复步数之半，等于距离米数。由于各人的步幅大小不同，要测得准确就应经常练习，逐步形成每复步 1.5m 的标准步幅。如果自己的习惯步幅大于或小于标准步幅，也可按照自己的复步长按计算公式计算距离。步测过程中，要注意直线前进，步幅均匀，遇有起伏地面还应调整步幅。

在既没有测量工具，又没有步测可能的情况下，就需要进行目测。目测时要注意以下两点：

（1）定距离练习目测。在地面量出一段距离，每 10m 定一标记，观察、记忆近大远小的变化，然后观察不同的目标，目测后再实际测量，看二者的差距怎样。可以多练几次，使目测结果逐渐接近实际距离。

（2）注意观察近大远小的变化情况，掌握其规律，积累目测中个人的经验。

（三）施工放样技术

1. 测量资料收集与放样方案制定

（1）测量放样前，应从合法、有效的途径获取施工区已有的平面和高程控制成果资料。

（2）根据现场控制点标志是否稳定完好等情况，对已有的控制点资料进行分析，确定是否全部或部分对控制点进行检测。

（3）已有控制点不能满足精度要求应重新布设控制点，已有的控制点密度不能满足放样需要时应根据现有的控制点进行加密。

（4）必须按正式设计图纸、文件、修改通知进行测量放样，不得凭口头通知和未经批准的图纸放样。

（5）根据规范规定和设计的精度要求并结合人员及仪器设备情况制定测量放样方案。内容应包括：控制点检测与加密、放样依据、放样方法及精度估算、放样程序、人员及设备配置等。

2. 放样前准备

（1）阅读设计图纸，校算控制点数据和标注尺寸，记录审图结果。

（2）选定测量放样方法并计算放样数据或编写测量放样计算程序、绘制放样草图并由第二者进行独立校核。

（3）准备仪器和工具，使用的仪器必须在有效的检定周期内。给仪器充电，检查仪器常规设置，如单位、坐标方式、补偿方式、棱镜类型、棱镜常数、温度、气压等。

（4）使用有内存的全站仪时，可以提前将控制点（包括拟用的测站点、检查点）和放样点的坐标数据输入仪器内存，并进行检查。

3. 常用施工放样技术简介

（1）全站仪坐标法设站+极坐标法放点。

① 在控制点上架设全站仪并对准整平，初始化后检查仪器设置：气温、气压、棱镜常数；输入（调入）测站点的三维坐标，量取并输入仪器高，输入（调入）后视点坐标，照准后视点进行后视。如果后视点上有棱镜，输入棱镜高，可以马上测量后视点的坐标和高程并与已知数据检核。

② 瞄准另一控制点，检查方位角或坐标；在另一已知高程点上竖棱镜或尺子检查仪器的视线高。利用仪器自身计算功能进行计算时，记录员也应进行相应的对算，以检核输入数据的正确性。

③ 在各待定测站点上架设脚架和棱镜，量取、记录并输入棱镜高，测量、记录待定点的坐标和高程。以上步骤为测站点的测量。

④ 在测站点上按步骤①安置全站仪，照准另一立镜测站点检查坐标和高程。

⑤ 记录员根据测站点和拟放样点坐标反算出测站点至放样点的距离和方位角。

⑥ 观测员转动仪器至第一个放样点的方位角，指挥司镜员移动棱镜至仪器视线方向上，测量平距 D。

⑦ 计算实测距离 D 与放样距离 $D°$的差值：$\Delta D=D-D°$，指挥司镜员在视线上前进或后退 ΔD。

⑧ 重复过程⑦，直到 ΔD 小于放样限差（非坚硬地面时可以打桩）。

⑨ 检查仪器的方位角值，棱镜气泡严格居中（必要时架设三脚架），再测量一次，若 ΔD 小于限差要求，则可精确标定点位。

⑩ 测量并记录现场放样点的坐标和高程，与理论坐标比较检核。确认无误后在标志旁加注记。

⑪ 重复⑥~⑩的过程，放样出该测站上的所有待放样点。

⑫ 如果一站不能放样出所有待放样点，可以在另一测站点上设站继续放样，但开始放样前还需检测已放出的 2~3 个点位，其差值应不大于放样点的允许偏差。

⑬ 全部放样点放样完毕后，随机抽检规定数量的放样点并记录，其差值应不大于放样点的允许偏差值。

⑭ 作业结束后，观测员检查记录计算资料并签字。

⑮ 测量放样负责人逐一将标注数据与记录结果比对，同时检查点位间的几何尺寸关系及与有关结构边线的相对关系尺寸并记录，以验证标注数据和所放样点位无误。

⑯ 填写测量放样交样单。

（2）全站仪（测距仪）边角交会法设站+极坐标法放样。

① 在未知点 P 上架设全站仪（测距仪），整平；在已知点 A 上安置棱镜，量测棱镜高；在已知点 B、C 上安置照准标志。

② 测量 PA 间平距 D、高差 DH 和 PA 至 PB、PC 方向间的水平角 α、β。

③ 用 D、α 及 A、B 点的坐标计算 P 点的一组坐标；用 D、β 及 A、C 点的坐标计算 P 点的另一组坐标；两组坐标的差值不超过规定限差，取中数即为 P 点的最后坐标。

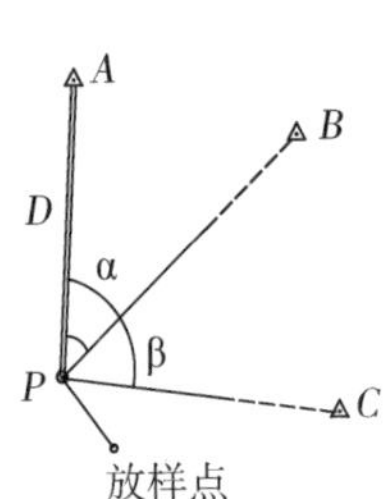

④ 根据 A 点的高程 HA 和高差 DH 计算仪器的视线高：H 视 $= HA-DH$。

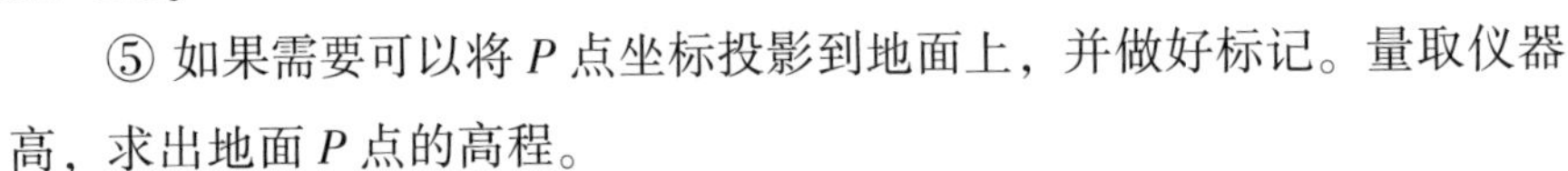

⑤ 如果需要可以将 P 点坐标投影到地面上，并做好标记。量取仪器高，求出地面 P 点的高程。

⑥ 用极坐标法开始放样，放样过程与“3.（1）④~⑯”步骤相同。

（3）经纬仪测角后方交会法+极坐标法放样。

① 在未知点上安置经纬仪（或全站仪，当已知点上不便安置棱镜时），整平；在已知点 A、B、C、D 上安置照准标志。

② 以四点中较远点 A 为零方向，用方向观测法测量 A、B、C、D，A 方向值两个测回。

③ 分两组数据用后方交会程序分别计算测站点 P 的坐标；两组坐标的差值不超过规定的限差，取中数作为 P 点最后坐标。

④ 如果测站周围 200m 以内有 2 个已知高程的平面控制点，且放样点高程精度要求不高（大于±5cm），可以观测仪器到两控制点的天顶距两个测回，分别用三角高程反算测站仪器的 2 个视线高（如果精度要求高或距离大于 200m 时，则要加入球气差改正）。如果差值不超过限差，可取中数作为仪器的视线高。

⑤ 如果需要，可以将仪器中心点坐标或高程投影到地面上，做好标记。

⑥ 用极坐标法开始放样，选择一较远的控制点作为后视方向配置度盘（配置成零方向或方位角方向），用另一控制点检查后视方向，差值不能超过限差要求。如果放样点的精度要求较高，且检核方向相差超过 20″时应对设置的方向进行改正。

⑦ 记录员根据测站点和放样点坐标反算出测站点至放样点的距离和方位角（或相对于后视方向的角度）。

⑧ 观测员转动经纬仪至第一个放样点的方向上，指挥司尺员用钢尺从测站点沿放样点的方向量取计算好的平距 D°，并标定下来。

⑨ 如果无法直接量取平距，可以用钢尺丈量从仪器中心至放样点的斜距，并测记天顶距（或立角），计算平距 D，与理论平距 D° 比较：$\Delta D=D-D^{\circ}$，用钢尺在经纬仪视线方向上量取 ΔD，标定放样点（非基岩和砼地面时可以打桩）。

⑩ 重复⑧、⑨步骤，放样出该测站的所有欲放样点位。

⑪ 照准控制点，检查后视方向。

⑫ 钢尺丈量放样点之间的间距，与理论值进行比较检核，其差值应不大于放样点的

允许误差值。

⑬ 测量放样负责人逐一将标注数据与记录结果比对，同时检查点位间的几何尺寸关系及与有关结构边线的相对关系尺寸并记录，以验证标注数据和所放样点位无误。

⑭ 如果一站不能放样出所有欲放样点，此时需在测站上利用极坐标法测设测站点，第二次设站，开始放样前还需检测已放出的 2~3 个点位，其差值应不大于放样点的允许误差，然后继续放样直至放样出所有需要放样的点位。

⑮ 作业结束后，观测员检查记录计算资料并签字。

⑯ 绘制测量放样交样单。

（4）方向交会法放样。

① 在两个平面控制点 A、B 上各安置一台经纬仪，盘左后视其他控制点，并对度盘进行坐标方位角配置。

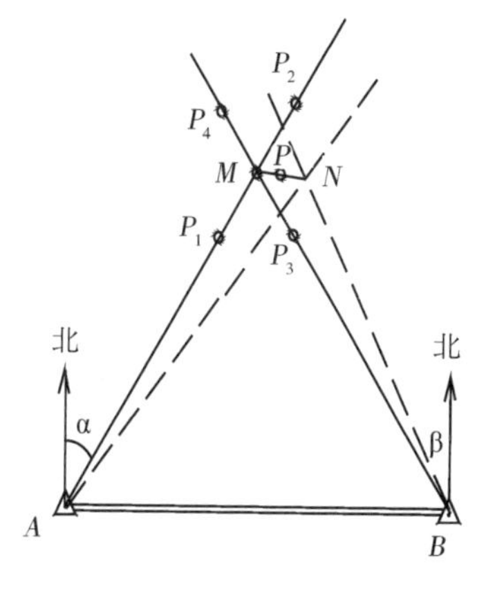

② 计算 A、B 点至拟放样点 P 的方位角 α、β。

③ 旋转经纬仪 A 使方位角为 α，观测员指挥画点人员在两视线交点附近画点 P_1、P_2。

④ 旋转经纬仪 B 使方位角为 β，观测员指挥画点人员在两视线交点附近画点 P_3、P_4。

⑤ 用拉紧的细线 P_1、P_2 与 P_3、P_4 定出交点 M 的位置。

⑥ 两仪器盘右后视控制点并配置度盘，重复③~⑤步骤得到交点 N。

⑦ 当 M、N 点间距离小于放样点限差要求时，以 M、N 连线中点作为放样点 P，并标定下来。

⑧ 重复上述过程放出其他放样点，丈量放样点之间的距离与计算值比较检核。

（5）正倒镜投点法单方向设站。

① 为了将仪器架设在已知点 A、B 间的直线上，用目估法将仪器大致架在 A、B 直线上的 O_1 点，整平仪器；估计 OA 近似距离。

② 正镜瞄准远端 A 点，纵转望远镜看到近点 B 附近，估计十字丝中心点 B_1 与 B 点的距离 BB_1；倒镜瞄准 A 点，纵转望远镜，估计十字丝中心与 B 点距离 BB_2；计算 BB_1 与 BB_2 的平均值为 $BB_中$。

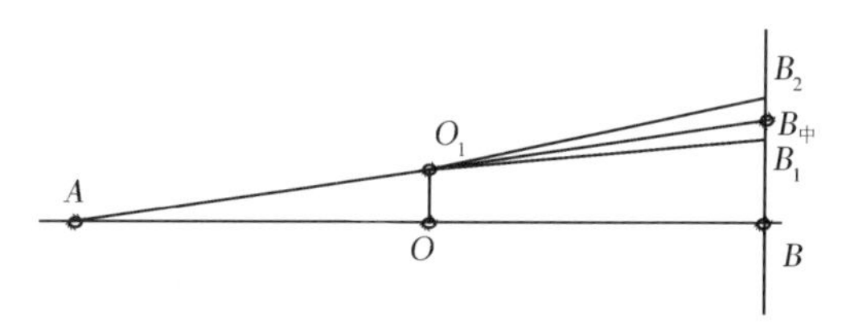

③ 计算 $OO_1 = OA \times BB_中 / AB$ 值，根据 B_1 偏离 B 方向，将仪器向 AB 线上移动 OO_1。

④ 整平仪器，重复②~③步骤，直到盘左、盘右的十字丝中心位置连线的中点 $B_中$ 与 B 点重合为止。

⑤ 正镜、倒镜瞄准 B 点，纵转望远镜，左、右十字丝中心的平均位置应落在 A 点上，将此时仪器中心点位 O 投影到地面上，并做好标记，则 O 点在 AB 直线上。

⑥ 后视 A 点便可放设单方向线了。还可在此基础上用轴线交会法求出 O 点的纵向

（横向）桩号值，以便放样纵向（横向）轴线。

（6）轴线交会法设站+方向线法放线。

① 先用正倒镜投点法（或方向线法）将仪器架设在已知点 A、B 间的连线上一点 O_1，整平仪器。

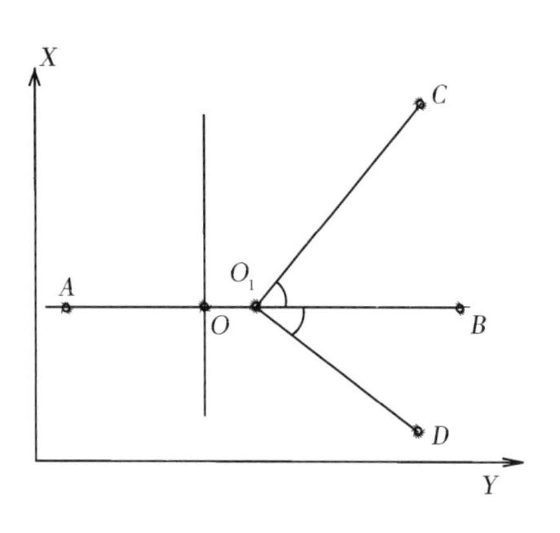

② 用方向观测法测量 A、C、B、D 控制点的水平方向 2 个测回，计算出角度 α、β。

③ 分别计算 O_1 点的横向（纵向）坐标：$YO_1'=YC-(XC-XB)/\tan\alpha$；$Y0_1''=YD-(XD-XB)/\tan\beta$。若 YO_1' 与 YO_1'' 之差不超过限差，取中数作为 O_1 点纵（横）坐标，并与 O 点纵（横）坐标比较，计算出差值 OO_1。

④ 观测员指挥作业员用钢尺在 AB 轴线上从 O_1 点量取 OO_1 距离，定出 O 点位置。

⑤ 在 O 点架仪器，后视 A 点（或 B 点），检查 B 点（或 A 点）后，旋转 90°，放出 O 点所在的纵（横）轴线。

（7）方向线平移法放线。为了放样某方向线 PY，用自由设站法不可能直接将仪器架设在 P 点上，或者 P 点上不便于直接架站，此时在尽可能接近 P 点的 P_1 上架设仪器，用后方交会等自由设站法测量 P_1 点的坐标（如果 P_1 点坐标已知可省此步骤），然后用方向线平移法放样 PY 方向线。

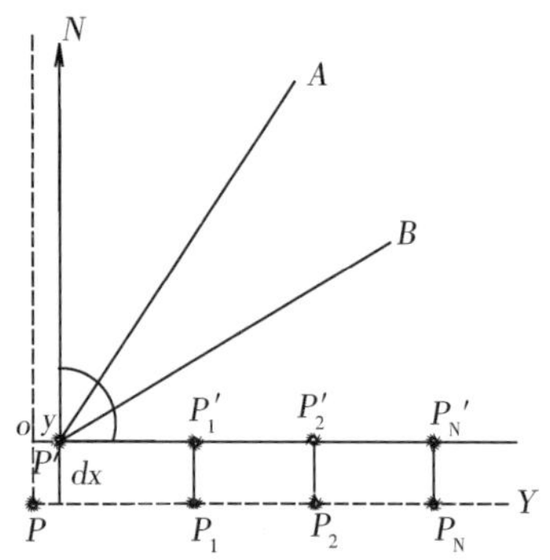

① 在 P' 点上安置仪器，后视控制点 A，用控制点 B 检核方位角。

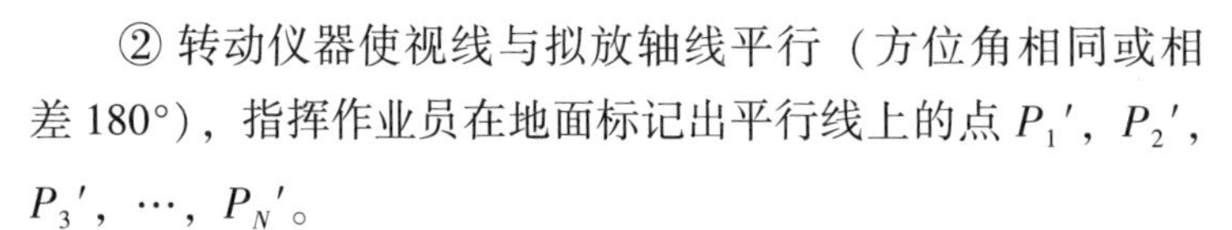

② 转动仪器使视线与拟放轴线平行（方位角相同或相差 180°），指挥作业员在地面标记出平行线上的点 P_1'，P_2'，P_3'，…，P_N'。

③ 分别从 P_1'，P_2'，P_3'，…，P_N' 上用小钢尺向 PY 方向线一侧垂直量取距离 dx，得到 P_1，P_2，P_3，…，P_N，则 P_1，P_2，P_3，…，P_N 即为 PY 方向线上的点。标注单方向点，并注记桩号。

④ 检查后视方位角，量取所放方向线与建筑物已有的结构线间尺寸进行检核。

（8）导线法（极坐标法）设站。

① 在控制点 A 上安置全站仪（测距仪），在控制点 B、C 上安置照准标识，在待定点 P 上安置脚架和棱镜，量取仪器高、棱镜高。

② 选择 B、C 中一点作为零方向，另一点作为检查方向，用方向观测法测量至 P 点水平角 2 个测回。

③ 测量仪器至 P 点天顶距（垂直角）2 个测回。

④ 测量往测的斜距、平距、高差、温度、气压。

⑤ A 点和 P 点的脚架不动，交换仪器和棱镜，测量 P 点仪器至 A 点天顶距（垂直角）

2 个测回，测量返测的斜距、平距、高差、温度、气压。

⑥ 利用斜距、天顶距、温度、气压、仪器高、棱镜高及仪器的加、乘常数计算平距、高差，用观测平距和高差进行检核。

⑦ 用 A 点坐标和测量的方位角、平距中数、高差中数计算 P 点坐标和高程。

⑧ 如果要测设的待定点不止一个，则应将几个点组成一条导线，进行往返观测，经过平差计算得到各点坐标和高程。

（9）GPS 动态测量建测站点。

① 基准站设置。

A. 将脚架架设到基准站测量点上（有标墩直接将仪器架设在标墩上），脚架的顶部应在可视范围内粗略水平。

B. 将三角基座和 GPS 接收机系统联结在一起，安放在脚架（或标墩）上，并固定连接螺丝。

C. 将 GPS 接收机和供电系统联接（如干电池、电瓶等）。

D. 将 GPS 接收机和接收天线系统联接（接收机内含天线系统的不需此步骤）。

E. 对相位中心不在接收机中心的应将 GPS 接收机的指示标识指向磁北方向。

F. 连接电台发射系统和 GPS 接收机，电台主机和电台天线，电台主机和电台后备电源。

G. 联接接收机和记录用测量手簿或便携式计算机。

H. 将脚架精确整平和对中于基准点。

I. 量取并记录天线高度，记录基站测量点的名称、GPS 接收机编号、开始测量时间等资料。

J. 依次打开接收机主机、电台、测量手簿或便携式计算机。

K. 用测量手簿或便携式计算机设置基准站。

② 流动站设置。

A. 在流动站上用脚架或对中杆架设接收机。

B. 联接流动站主机和供电电源。

C. 联接流动站主机和接收电台及接收电台天线（含内电台的可省去本步骤）。

D. 联接流动站主机和测量手簿或便携式计算机。

E. 用手簿或便携式计算机配置流动站。

F. 流动站的初始化。

G. 在已知点上架设流动站。

H. 整平对中接收机，量取天线高度。

I. 用手簿或便携式计算机控制流动站做点位校正。

J. 开始执行动态测量任务。

思考题

1. 监理人员的职业守则有哪些?
2. 简述造林的概念。
3. 各林种对造林树种的要求有哪些?
4. 简述种植点的配置方式。
5. 简述营造混交林的技术。
6. 论述人工造林技术。
7. 简述飞播造林设计的要求。
8. 封山育林方式有哪些?
9. 简述封禁措施。
10. 怎样进行实地踏查?
11. 简述罗盘仪测量技术。
12. 简述 GPS 定位技术。
13. 测绘包括哪些技术?
14. 简述步测、目测技术。
15. 怎样进行施工放样?

第三章 营造林工程质量控制

营造林工程是功在当代、利在千秋的宏伟事业，其质量保证是最基础性的工作。为此，国家林业局提出了“严管林、慎用钱、质为先”的指导方针，发布了《造林质量管理暂行办法》《关于造林质量事故行政责任追究制度的规定》《林业生态工程建设监理实施办法》等，坚持在退耕还林、天然林资源保护等六大林业重点生态工程和其他工程建设中质量第一原则，积极推行营造林工程监理制，提升营造林质量，提高工程建设水平，使有限的工程资金发挥最大的投资效益。

第一节 营造林工程质量控制概述

一、质量控制概念

工程项目质量控制是指为达到工程项目质量要求所采取的作业技术和活动。法律法规、工程合同、设计文件、技术规范规定的质量标准，以及建设单位针对项目建设下发的文件和指令性要求反映了对工程项目质量的要求。

工程项目质量控制按其实施者不同，由四方面组成：建设单位方面的质量控制、勘察设计方面的质量控制、监理方面的质量控制、承建商方面的质量控制。

质量控制是通过建立和实施质量控制基本制度实现的，一是设计及施工图会审制度，对用于指导现场施工的人工造林、封山育林、飞播造林等各种作业设计图纸进行审查，针对可能会出现的问题，事先做预防和控制；二是有关技术的交底制度，由监理工程师向有关监理员对设计要求交底、施工要求交底、质量标准交底、技术措施交底，使其做到心中有数；三是施工组织设计审查制度，专业监理工程师及相关监理人员于开工前对施工单位申报的人工造林、封山育林、飞播造林等施工组织设计进行审查，提出意见后，总监理工程师审核签认；四材料物资检验制度，对项目所需的大量苗木、种子、肥料、农药、土壤、生根粉、固水剂、农用薄膜等进行抽检，不合格的禁止在工程上使用；五是工程验收制度，检验批、分项分部工程、单位工程、单项工程完成后，对施工质量进行查检验收，不合格工程立即整改；六是工程质量整改制度，对施工过程存在的质量问题应及时向施工队指出，要求整改；七是设计变更制度，营造林建设工程的设计文件一般到设计阶段就已结束，有许多工程是典型设计，在实地施工中会出现与现场不完全相符的情况，对设计进行变更是经常性的，因此审核设计变更是监理员协助监理工程师的重要工作之一；八是工程例会制度，定期召开监理例会，对前段施工与监理情况进行总结，提出问题，研究改进措施，制定下一步工作计划。

二、质量控制原则

质量控制遵守的主要原则有：

1. 质量第一，三控共管

“严管林、慎用钱、质为先”，营造林质量不仅关系到工程建设的投资效果，而且还关系到人民群众生命财产安全，项目监理机构在进行三大目标控制时，应坚持“质量第一”。在工程建设中自始至终把“质量第一”作为对工程质量控制的基本原则。

2. 预防为主，过程控制

以质量预控为重点，采取主动控制为主，辅以被动控制的方法，重点做好事先控制和事中控制，减少事后控制，加强对工程项目实施全过程的质量控制。

3. 按标准断事，按程序办事

在监理过程中，监理人员要严格按照营造林技术标准规范，人工造林、封山育林、飞播造林等作业设计和施工合同要求验收，评定工程质量。未经监理人员检验或经检验不合格的材料、设备不准在工程上使用；未按监理程序，未经监理人员检验或经验收不合格的工序不予签认，且承包单位不准转入下一道工序施工；未经监理人员审核或审核其承包资格不合格的承包单位、供货单位、人员不准承接施工、供货任务。

三、质量控制依据

监理工程师或监理员进行施工质量控制的主要依据有：

1. 有关设计文件和图纸

经批准后的人工造林、封山育林、飞播造林等设计文件应是控制质量的主要依据。对营造林工程项目而言，大多是直接用设计文件指导施工。对施工图与现场情况不符，监理工程师与监理员应要求设计人员按程序做补充设计或设计变更。

2. 施工组织设计文件

在营造林施工开工前，对施工队提出的施工人员、机械的组织，营造林施工方法和工艺、工序，营造林质量检查等技术文件，监理应进行审查，批准后进场施工。

3. 合同中规定的其他质量依据

如：施工遵循的规程规范、技术标准、检验方法等。

4. 作业设计变更材料

由于作业设计出现失误或存在缺陷，建设单位对某个部位提出更高要求，营造林用地未能征用等原因出现作业设计变更，经建设单位、监理单位、作业设计单位、施工单位会签确认后，可作为施工单位施工的指导性文件和监理单位质量控制的依据。

5. 建设单位针对工程建设所下发的文件、通知等

在营造林工程建设实施阶段，建设单位会针对所建工程下发各种指令性文件、通知等，召开营造林工程建设会议，下发会议纪要等。这些文件、会函也是施工单位必须遵循的，更是监理单位质量控制的依据之一。

四、施工质量控制内容

（一）事前质量控制

一项营造林工程在正式开工建设之前，有许多准备工作直接影响到工程的质量。主要有以下工作内容：

1. 设计图纸及文件

正式开工前，主要技术措施的设计图纸应完成。按照《造林技术规程》的规定，分别做典型设计，按照营造林项目作业设计规定，做相应设计，以能指导现场施工为基本要求。

2. 施工现场布设

营造林工程建设项目施工面大，同一时段施工点多，需要工程技术人员提前在现场进

行勘测，以满足工程建设的需要。

3. 施工队伍及人员的培训

由于营造林工程建设的施工队伍大多不是正规的工程局或工程队，而是当地的农民，为保证项目建设质量，在正式开工前应进行农民骨干队伍的技术培训，进行现场观摩和学习，培养一批农民技术员，以指导其他农民施工。

国家林业局提出了推行专业施工队或公司承包造林。造林专业施工队或公司必须具备三项条件：一是具有独立法人资格，并取得法人营业执照（企业法人）；二是有从事营造林工作3年以上经历，且具有林业中级以上技术职称或相当学历的人员2名以上；三是取得造林、更新等林业行业职业资格鉴定证书的技术工人3名以上。

4. 种苗、肥料、农药等材料供应单位资质审查

供应单位提供相应的工商营业执照、生产经营许可证等证明材料。必要时可去供应单位实地考察。

5. 施工组织设计审核

施工组织设计、施工方法科学，施工顺序合理，可操作性强。

6. 施工测量器准备

性能良好、精度较高，工程定位及控制点经复核准确无误。

（二）事中质量控制

在施工过程中，应主要做好以下工作：

1. 施工工序控制

各项技术措施应严格按施工方法和要求进行施工，要求施工单位建立自身的质量“三检”制度。在工序控制方面，应严格执行工序交接检验，对上一道工序未检验或检验不合格的，不得进入下一道工序。

2. 隐蔽工程控制

主要控制造林整地、施肥、客土、生根粉、固水剂等施工结束后被掩埋到地下部位，不易直接从外观进行评定的工程。监理员要在施工现场进行验收，检查整地栽植规格是否符合设计要求、表土回填是否到位、施肥种类与数量是否达标，客土土壤类型与数量是否符合苗木生长需求，生根粉、固水剂的用量是否满足根部生长需求等。

3. 进场材料物资检验

重点是苗木、种子等材料和施肥、客土土壤、生根粉、固水剂、抑制蒸腾剂、农药等物资的质量检验。对于进场材料的检验主要是检查苗木的品种、胸径、地径、冠幅、轮枝层数、截干高度、根幅、土球直径与高度等；检查种子品种纯度、发芽率、含水量、生活力、千粒重等是否符合设计要求，有无“两证一签”，检查苗木机械损伤程度、病虫害等情况。不合格、不达要求的苗木禁止进入施工场地。携带和染有重点检疫对象的苗木就地销毁。对于进行物资的检验主要是检查物资的种类、数量、产品质量合格证等，以及施工单位的试用试验报告。对无产品质量合格证的或试用试验不成功的，不得用于工程建设。

4. 质量监督整改

在施工过程中，出现关键工序间，未经检验就进入下一道工序，采用了未经批准的造林材料，工程质量下降而没有有效控制，未按设计施工或随意更改设计，擅自将工程分包给另一个单位并进场作业，没有质量保障措施而自行施工等情况时，监理工程师应及时下达停工令进行整改，监理员必须严格遵照执行。根据监理员的职责，对施工现场出现的问题进行协调解决，记载监理日志。对不符合质量要求的不予签证，出现质量事故，应及时进行处理。

（三）事后质量控制

主要是参与竣工预验、协助监理工程师对施工质量检验报告及有关技术文件进行审核，整理监理管理资料、施工监理资料、竣工验收资料和其他与工程有关的监理资料，建立营造林监理纸质档案、电子档案，对工程质量进行评定等。另外，督促、指导施工单位整理施工资料并存档。

五、质量控制方式

（一）旁站

由于营造林建设项目施工点多而且分散，采用旁站式检查主要在关键工序和关键工程点，进行现场质量控制。对于营造林工程的关键部位、关键工序现没有明文规定，但根据《建设工程监理规范》条文及说明对旁站及关键部位或关键工序的解释“项目监理机构应将影响工程主体结构安全的、完工后无法检测其质量的或返工会造成较大损失的部位及其施工过程作为旁站的关键部位、关键工序”，可以将营造林工程的栽植穴、栽植穴内土壤改良（种植土更换）、苗木进场、栽植、大树移植、种子撒播等作为旁站的关键工序和关键部位。另外，业主或设计单位特别要求的工序和部位，也可以作为旁站工序。

（二）巡视

项目监理人员对施工现场进行的定期或不定期的监督检查活动，是项目监理机构对工程实施建设监理的方式之一。巡视的主要内容：一是施工单位是否按营造林工程设计文件、营造林工程建设标准和批准的营造林施工组织设计、（专项）施工方案施工；二是使用种子、苗木、肥料、客土土壤、生根粉、固水剂、农药等工程材料，以及割草机、喷雾器、树木整形修剪器具等设备是否合格；三是施工现场管理人员，特别是施工质量管理人员是否到位，对其是否到位及履职情况做好检查和记录；四是检查施工单位电工、高处作业、爆破整地、起重机操作，以及《建筑施工特种作业人员管理规定》规定的特种作业人员，以及经省级以上人民政府建设主管部门认定的其他特种作业人员持证上岗情况，无相关证件的，不得上岗。

（三）平行检验

是指项目监理机构在施工单位自检的同时，按有关规定、建设工程监理合同约定对同一检验项目进行的检测试验活动。项目监理机构应根据各营造林工程的特点、营造林方式的要求，以及营造林工程监理合同的约定，对施工质量进行平行检验。平行检验的项目、数量、频率和费用等应符合建设工程监理合同的约定和各营造林技术规程的规定。未经检验的不得进入下一道工序，经检验不合格的，项目监理机构要下发监理通知单，责成施工单位整改，按期整改合格后重新报验。

（四）见证取样

是指项目监理机构对施工单位进行的涉及结构安全的试块、试件及工程材料现场取样、封样、送检工作的监督活动。

六、质量控制程序

一项建设工程都由许多个单项工程组成，监理员协助监理工程师控制工程的整体质量，必须做好每个单项工程的质量控制。主要对三个步骤进行控制。

1. 开工条件的审核

如果一个项目的开工条件尚不具备就仓促开工，会造成工程的先天不足，对后续工作造成较大影响。准备工作主要是施工组织设计、设备及人员、造林苗木、肥料等材料准备、技术保障等。

2. 施工过程中的检查和检验

对工程的每一道工序，监理员应督促施工单位建立质量自检的“三检”制度，首先由施工队进行质量控制，监理员再进行检查、认证，有的要进行现场抽检。该工序达到合格标准的，监理员协助监理工程师签发该工序的质量合格证，准许进入下一工序施工。不合格的工序要求做局部修理，甚至返工。此环节是控制质量的最基础一环，要尽量做到一次合格，避免返工。营造林工程项目返工的条件是受自然条件限制的，如果返工工序和项目增多，就会直接影响到整个工程的工期。

3. 工程完工后的中间交工签认

各个工序均取得质量合格证后，监理工程师再进行检查，组织建设方代表、施工队负责人、质量监督部门的代表对单项工程进行全面的检查，质量合格者签发《中间交工证书》，准许进入下一个单项工程的建设。

第二节　营造林工程质量验收与评定

一、质量验收

（一）营造林工程质量检验

工程质量检验是对工程或其中的特性进行测量、检查、试验、度量等工作，是监理工程师和监理员的重要工作之一。通过质量检验，判断材料质量、产品质量是否符合规定标准和要求，检查工序是否符合规定，评定工程质量等级。

1. 基本条件

有一定的检验技术力量；建立完善的质量检验制度，包括对检验人员的培训和考核等；有必需的测量、度量、检测、试验等仪器设备；具备检验场地，如实验室、控制水、电、温度、湿度的条件等。

2. 基本制度

一是工程项目所用材料必须征得监理工程师同意，进场材料需进行试验后才能用于工程建设，不合格材料必须运离施工现场；二是单项工程开工前，施工队必须申报单项工程开工申请单，经监理工程师批准后才能开工；三是对关键工序和重要工作，必须在监理员在场的情况下进行施工，经同意后进入下一工序；四是对监理工程师提出的整改处理意见，施工队应在要求的时间内改进，不合格的工程不予计量；五是施工队必须建立质量“三检”制，对施工的每个过程进行质量控制、记录。

3. 检验体系

（1）项目建设方和监理工程师、监理员的质量检验。此类检验是站在项目建设方的立场和角度上，以满足合同要求为目的而进行的检验，也是对施工队的监督、控制措施之一。

（2）第三方的质量检验。根据国家的有关规定，为保证工程质量，要求由第三方对工程进行独立、公正的检验，为国家提供技术旁证依据。

（3）施工队伍的质量检验。监理员、监理工程师对工程质量的检验，是建立在施工单位“三检”基础上的检验，如果施工单位没有建立质量检验制度、机构、手段，其“三检”不健全、不完善、不严格，质量自检工作差，就会大大增加工程质量的隐患，质量很难控制。遇到这种情况，监理工程师和监理员有权拒绝对工程进行检查、验收和签证。施工单位的质量“三检”是指：“第一检”为施工班组的质量初检，即每一道工序完成后，由施工班组的兼职质检员填写初检记录，班组长复核签字，有多个工序时做好班组交接记录，由最后一个班组填写初检记录。只有初检合格后，才能进入下一检验。“第二检”为施工队的质检员复检，由施工单位的专（兼）职质检员与施工技术人员一起进行复检，填写复检意见。复检合格的，才能进入终检。“第三检”是施工单位的专职质检员的终检，签署终检意见。只有“三检”都合格后，才能填写《工程质量报验单》，报监理工程师进行检查、认证。施工单位的“三检”对保证营造林工程的质量是十分重要的。

4. 内容和方式

常规的检验有巡视检验、工序交接检验、竣工验收检验和施工预先检验。检验的方法分为全数检验和抽样检验。对质量不太稳定的工序和环节，对工程安全性、可靠性起决定作用的环节，对下道工序有较大影响的项目应进行全数检验，即逐一进行检验。对工程原材料等大批量的产品，一般难以进行全面检验，只有按规定的比例、方法进行抽样检验。营造林建设工程多采用抽样检验方法。

（二）质量检验点

由于工程的每个工序、工点都要进行质量检验，对监理员来说工作量太大也不现实。

因此，将需检验的工序和环节分为两类进行检验，一类是必须在监理工程师和监理员到场的情况下，施工单位才能进行的检验，称之为“待检点”。另一类为监理工程师和监理员可以到场、也可以不到场进行的检验，称之为“见证点”。

1. 待检点

营造林建设工程的待检点主要有：施工放线，苗木、种子、农药、肥料的进场检验，种植穴检验，客土、施肥等隐蔽工程。

2. 见证点

营造林建设工程面广量大，有许多工序和工点可按见证点进行检查：场地整理工程，苗木种植工程，支架、浇水、涂白、修枝、抹芽、除草、树盘松土、围防护栏、遮阴等管护工程，大面积造林工程，幼林抚育工程等。

对见证点的检验，要求施工单位在 24 小时前书面通知监理工程师或监理员，收到后应签注收到时间，监理工程师或监理员在现场应仔细观察、检查该检验点的实施过程，并做好详细记录和签字。如果监理工程师或监理员未到场，施工单位可以继续进行施工，但需对检验和施工过程做好记录。

二、质量评定

（一）营造林工程质量评定意义

评定工程质量是监理工程师的工作之一，也就是根据国家或地方的工程质量标准，对施工项目确定其质量等级，作为政府主管部门最终确定工程质量的重要参考依据。

1. 工程质量评定是工程项目单项验收、阶段验收和竣工验收的重要依据

监理工程师提出的工程质量评估意见或报告，是各级质量监督机构核定质量等级的最基本、最基础的方法，而质量监督机构所做的质量等级评定，又是各级行政主管部门验收工程的基础。质量评定是一项技术性很强、操作十分明确具体的工作，它不同于质量验收。行政主管部门所做的质量验收或工程验收，是一种行政程序、宏观评价。前者是为后者服务的。

2. 工程质量评定是对工程质量的全过程、系统的监控

质量评定从工程开工建设就开始进行，对工程的每一个组成部分、每一个施工工序、每一项完工项目，都要进行质量评定，以决定上阶段完成的工程是否合格、能否进入下阶段施工。监理工程师则是整个质量控制过程的重要把关者。

3. 工程质量评定是施工单位质量控制的重要手段

根据对施工单位或承包商质量“三检”的要求，施工质量的初检、复检和终检，都要按规定进行质量自检，只有全部合格才能提交监理工程师检验。

（二）工程质量评定项目划分和质量等级

1. 项目划分

工程质量的评定必须根据国家和有关行业颁布的标准进行。营造林工程质量评定按单元工程、分部工程和单位工程进行评定。单元工程是指组成分部工程，由一个或几个工程

施工完成的最小综合体，是日常质量考核的最基本单位。如营造分部工程可划分为剪梢、截干、修根、剪叶、摘芽、苗根浸水、蘸泥浆、植苗造林等单元工程构成。可见，单元工程质量是评定工程总体质量的最基本单位。分部工程是指组成单位工程的各个部分。如长江防护林工程的营造工程就由林地清理、挖穴、营造、补植等分部工程组成。单位工程是指能独立发挥作用或具有独立施工条件的工程，一般是在若干个分部工程完成后才能运行使用或发挥一种功能的工程。如长江防护林工程由种苗工程、营造工程、管护工程三个单位工程组成。对营造林工程的整体质量评定，由若干个单位工程质量评定结果决定。

2. 质量等级

参照国家颁布的《建筑安装工程质量检验评定标准》和其他建设工程质量检验评定标准，营造林工程质量应分为“合格”和“优良”两个等级。达不到合格标准的，不得验收和投入使用，属不合格工程，必须返工，直至合格。不合格的单元工程其质量不予评定等级，所在的分部工程、单位工程也不予评定质量等级。

（三）工程质量评定要素

根据国家规定，单元工程质量评定要素由保证项目、基本项目和允许偏差项目三部分组成。

1. 保证项目

指在工程质量检验评定中必须全部达到的指标内容，无论单元工程质量等级是合格还是优良，这些指标都必须满足规定的质量标准。它是保证工程安全并发挥功能的重要检验项目。如苗木质量必须符合设计要求和规范规定。

2. 基本项目

指在质量检验评定中应基本符合规定要求的指标内容。对于合格、优良不同等级的单元工程，其基本项目在质和量上均有差别，一般用“基本符合”和“符合”区别“合格”和“优良”。它是保证工程安全或使用性能的基本检验项目。

3. 允许偏差项目

指在质量检验评定中允许有一定偏差范围的指标，在单元工程施工工序过程中或工序完成后，实测检验时规定允许的偏差。由于单元工程是工程施工质量考核的最基本单位，而且每一个单元工程必须在前一个单元工程的检验项目全部合格后才能进行施工。因此，每一个单元工程的保证项目和基本项目必须全部合格，允许偏差项目的合格率也必须在规定的范围内。

（四）工程质量评定基本规定

1. 质量检验评定基本规定

根据有关规定，单元工程、分部工程、单位工程质量检验“合格”和“优良”具体参照行业标准。

单元工程（或工序）质量达不到合格规定的要求时，必须及时处理。单元工程质量全部合格，分部工程质量才能评为合格；当单元工程总数中有50%以上定为质量优良时，分部工程质量才能评为优良。

分部工程质量全部合格，单位工程才能评为合格；当分部工程总数中有50%以上定为质量优良时，单位工程才能评为优良。

所有的单位工程全部合格，整个工程项目才能评为合格；当单位工程总数中有50%以上达到质量优良，且主要项目单位工程为优良时，工程项目才能评为优良。

2. 工程质量验收方法

根据国家林业局的有关规定，对于营造林工程的质量验收方法根据《造林技术规程》和造林质量有关管理办法的要求和方法进行。

3. 工程项目优良率计算

单元工程优良率=单元工程优良个数/单元工程总个数×100%

分部工程优良率=分部工程优良个数/分部工程总个数×100%

单位工程优良率=单位工程优良个数/单位工程总数×100%

（五）工程施工质量要求

营造林工程涉及工程类型多，工程点多而分散。根据国家林业局有关规定和《造林技术规程》要求，本着能有效控制质量，又便于实际操作的原则，提出造林质量的基本要求。工程总体布局要合理，造林地块选择要得当，根据立地条件确定相应的林种、树种，造林的株行距符合设计要求。造林整地工程应与实地情况相符，工程的规格尺寸及施工质量达到设计要求。在树种的选择上，要做到适地适树。造水土保持林，要求造林成活率达到85%以上，3年后的保存率在80%以上。

第三节　营造林工程质量事故处理

一、营造林工程质量事故及其界定

（一）营造林工程质量事故

工程质量事故是指在工程建设过程中或竣工后，由于工程设计、施工、材料、设备等原因造成的工程质量未达到国家规范、规程和技术标准规定，影响工程使用寿命或正常发挥效益的意外情况。出现工程质量事故，轻者造成停工、返工、影响整个工程建设；严重者会不断恶化，导致整个工程建设失败，个别的还会造成重大人身伤亡事故。

（二）造林工程质量事故界定

除不可抗拒的自然灾害原因外，有下列情形之一的，视为发生造林质量事故：

（1）连续两年未完成更新造林任务。

（2）当年更新造林面积未达到应更新造林面积的50%。

（3）除国家特别规定的干旱、半干旱地区以及沙荒风口、严重水土流失区外，更新造林经第二年补植成活率仍未达到85%的。

（4）植树造林责任单位未按照所在地人民政府的要求按时完成造林任务。

（5）宜林地当年造林成活率低于40%的；年均降水量在400mm以上地区及灌溉造林，当年成活率在41%~84%，第二年补植仍未达到85%的；年均降水量在400mm以下地区，当年成活率在41%~69%，第二年补植仍未达到70%的。

此外，对工程建设中出现的可以不作处理或一般处理就能达到规范、规程和标准要求的，不作为工程质量事故，就定为质量缺陷。在单元工程质量检查验收表中做记录备案，施工质量评定中进行统计分析。

上述造林是指连片0.67hm^2以上的人工造林、采伐更新造林、补植造林等。

二、营造林工程质量事故分类

营造林工程质量事故标准分为三级：一般质量事故、重大质量事故和特大质量事故。

1. 特大质量事故

国家重点林业工程连片造林质量事故面积66.8hm^2以上；其他连片造林质量事故面积在333.4hm^2以上。

2. 重大质量事故

国家重点林业工程连片造林质量事故面积33.4~66.7hm^2；其他连片造林质量事故面积66.8~333.3hm^2。

3. 一般质量事故

国家重点林业工程连片造林质量事故面积33.3hm^2以下；其他连片造林质量事故面积66.7hm^2以下。

三、工程质量原因分析及处理

（一）工程质量事故原因分析

1. 设计失误

由于多方面的原因，设计人员在设计时可能出现失误，也可能勘察不细存在设计缺陷。如营造林方式的选择不符合“宜封则封、宜造则造、宜飞则飞”原则，设计树种不能“适地适树”，采用的概算定额或概算指标和各项取费标准不完全符合营造林所在地区的规定和实际，调查营造林地质、地形地貌不详细，出现地上高压电线、地下通讯光缆等勘察漏项等。

2. 施工违章

一是施工顺序不合理，没有按国家规定、作业设计的施工工序要求进行施工，如苗木的保湿、造林前的整地、造林后的管护等；二是工序质量把关不严，上道工序未经验收就进入下道工序的施工，留下了隐患；三是施工时间不符合设计要求，特别是造林工程，未在适宜的时间和季节进行；四是客土量不够；五是未按设计要求或产品说明施肥、喷洒农药；六是抚育灌溉不及时，浇水量不能满足苗木成活与生长需求，水质未达到农用水灌溉标准。

3. 材料不合格

营造林工程建设中的材料质量问题十分突出，许多造林成活率、保存率未达到标准，直接原因是种苗质量不合格。另外，客土土质未达到为保障农林生产和植物正常生长的土壤临界值，所用农药、肥料等质量不合格。

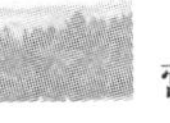

4. 管理不严格

如无设计先施工，设计未经审查就施工，未经监理审查同意擅自修改设计；施工组织混乱，施工队伍技术素质低下，施工方质量保障体系不健全，等等。

5. 管护不到位

未制定管护措施、安排专门人员对新植幼林进行看管，未采取补植措施。

（二）质量事故处理

出现工程质量事故，监理工程师及监理员通常的做法是：

1. 停工整顿

监理工程师下达施工暂停令，调查并分析事故原因，提出处理意见。

2. 事故处理

出现工程质量事故，要坚持三个严格：一是严查事故原因，找出真正的原因，以利于今后改正；二是按有关规定，对事故主要责任者严肃处理；三是严格落实补救措施，不把工程质量问题留给后人。根据国家林业局造林质量事故责任追究制度，由有关机关对立项审批单位、规划设计单位、组织实施单位、检查验收单位的法人、主管领导、直接责任人给予行政处分；构成犯罪的，依法追究刑事责任。

监理后续工作主要是要求修补，有的工程要求返工，直到达到国家规范、规程和标准规定为止。

思考题

1. 简述质量控制的概念。
2. 质量控制的基本制度有哪些？
3. 简述质量控制的原则。
4. 论述质量控制的内容。
5. 质量控制的依据有哪些？
6. 质量控制方法有几种？
7. 论述质量控制程序。
8. 质量检验点有哪些？
9. 简述工程质量评定划分及项目划分。
10. 工程质量评定有哪些？
11. 简述质量评定规定。
12. 工程质量验收的方法有哪些？
13. 怎样界定营造林工程质量事故？
14. 怎样进行营造林工程质量事故分类？
15. 质量事故处理的办法有哪些？
16. 监理员在监理过程中的主要任务是什么？

第四章
营造林工程进度控制

营造林工程进度控制的对象是各项营造林活动，包括林地清理、挖坑整地、土壤改良、苗木栽植、围堰修整、浇水扶正、抚育管护等。项目监理机构于工程建设项目开工前，应采用科学的方法确定进度目标，编制进度计划与资源供应计划；在工程建设项目实施过程中，要不断掌握计划的实施状况，并将实际情况与计划进行对比分析，必要时采取有效措施，促使项目进度按预定的目标进行，确保目标的实现。

第一节　施工进度控制

一、进度控制概述

（一）概念

进度控制是指对工程项目建设各阶段的工作内容、工作程序、持续时间和衔接关系根据进度总目标及资源优化配置的原则编制计划并付诸实施，然后在进度计划的实施过程中经常检查实际进度是否按计划要求进行，对出现的偏差情况进行分析，采取补救措施或调整、修改原计划后再付诸实施，如此循环，直到营造林工程竣工验收交付使用的管理活动。营造林工程进度控制的最终目的是确保建设项目按预定的时间动用或提前交付使用，进度控制的总目标是建设工期。

（二）任务

进度控制是监理工作的主要任务之一。控制工程项目进度不仅是施工进度，还应该包括工程项目前期的进度，但由于目前我国实行的营造林工程监理多是工程实施阶段中的监理，因此着重的是如何控制工程施工进度。工程项目进度控制是一个系统工程，它是按照进度计划目标和组织系统，对系统各个方面的行为进行检查，以保证目标的实现。为此，工程项目进度控制的主要任务是：

1. 进度计划编制

由于在工程建设过程中存在着许多影响进度的因素，这些因素往往来自不同的部门和不同的时期，它们对营造林工程进度产生着复杂的影响。因此，进度控制人员必须事先对影响营造林工程进度的各种因素进行调查分析，预测它们对营造林工程进度的影响程度，确定合理的进度控制目标，编制可行的进度计划，使工程建设工作始终按计划进行。

2. 实际进度情况检查

不管进度计划的周密程度如何，毕竟是人们的主观设想，在其实施过程中，必然会因为新情况的产生、各种干扰因素和风险因素的作用而发生变化，使人们难以执行原定的进度计划。为此，进度控制人员必须掌握动态控制原理，在计划执行过程中不断检查营造林工程实际进展情况，并将实际状况与计划安排进行对比，从中得出偏离计划的信息。

3. 进度计划的实施与调整

把工程项目的实际进度情况与计划目标进行比较，然后在分析偏差及其产生原因的基础上，通过采取组织、技术、经济等措施，维持原计划，使之能正常实施。如果采取措施后不能维持原计划，则需要对原进度计划进行调整或修正，再按新的进度计划实施。这样在进度计划的执行过程中进行不断地检查和调整，以保证营造林工程进度总目标得到有效控制。

4. 与建设单位的协调

监理单位还应经常向建设单位提供有关工程项目进度的信息，协助建设单位确定进度的总目标。

（三）职责

在控制工程施工进度中，监理单位的职责概括说是督促、协调和服务，具体包括以下内容：

（1）控制工程总进度，审批承建单位提交的施工进度计划。

（2）监督承建单位执行进度计划，根据各阶段的主要控制目标做好进度控制，并根据承建单位完成进度的实际情况，签署月进度支付凭证。

（3）协调建设单位向承建单位及时提供施工图、规范标准以及有关技术资料。

（4）督促并协调承建单位做好材料、施工机具与设备等物资的供应工作。

（5）定期向建设单位提交工程进度报告，组织召开工程进度协调会议，解决进度控制中的重大问题，签发会议纪要。

（6）在执行合同中，做好工程施工进度计划实施中的记录，并保管与整理各种报告、批示、指令及其他有关资料。

（7）组织阶段验收与竣工验收。

二、进度控制原则

1. 主动控制原则

在工程建设过程中，监理人员应针对工程建设特点和周围建设环境（包括天气、地理、地貌等自然环境，区域经济、人文、交通、产业结构等社会环境），提前分析可能对工程进度产生负面影响的因素，并采取相应措施消除影响。除主动控制外，还可辅以被动控制，对新因素干扰下产生的进度影响实行控制，两者结合达到进度控制的理想效果。

2. 动态控制原则

影响施工进度的因素并不是一成不变的，在工程建设过程中，有些因素作用力会突然加大，而有些因素作用力可能会减少，还可能有些因素会消失，有些未预见的新因素又会出现。因此，在进度控制时应采取动态控制原则，时时采集工程进度有关信息，分类归纳、统计分析，得出准确数据进行实际进度与计划进度比较，及时发现进度偏差，分析原因，找准解决问题的关键，制定并采取措施进行调整。

3. 系统原则

建设单位和施工单位正式签订的工程总承包合同中所确定的工程工期是进度控制的总目标。施工单位依据“合同”工期总目标编制工程施工组织设计，制定年、季、月实施计划。总目标与分期目标是一个完整系统，总目标是各分期目标制定的依据，分期目标不能与总目标相违背，反过来讲分期目标的实施又影响总目标的实现。一个分期目标实施的好坏不仅影响与之相邻的另一分期目标的实施，还会影响更大一级分期目标和总目标的实现。这就要求监理人员在进度控制过程中，系统地考虑问题，系统地执行控制活动，达到分期目标与总目标间的协调统一。

三、进度控制内容

监理工程师在建设工程进度控制工作中，从审核承包单位提交的施工进度计划开始，直到建设工程保修期满为止，其工作内容主要有：编制施工进度控制工作细则，编制或审核施工进度计划，按年、季、月编制工程综合计划，下达工程开工令，协助承包单位实施进度计划，监督施工进度计划的实施，组织现场协调会，签发工程进度款支付凭证，审批工程延期，向建设单位提供进度报告，督促承包单位整理技术措施，签署工程竣工报验单，提交质量评估报告，整理工程进度资料，工程移交等。

四、施工进度控制措施

为了实施进度控制，监理单位必须根据营造林工程的具体情况，认真制定进度控制措施，以确保营造林工程进度控制目标的实现。进度控制的措施应包括组织措施、技术措施、经济措施及合同措施。

（一）组织措施

进度控制的组织措施主要包括：审查施工单位施工管理组织机构、人员配备、资质、业务水平是否适应工程的需要，并提出意见；建立进度控制目标体系，明确营造林工程现场监理组织机构中进度控制人员及其职责分工；建立工程进度报告制度及进度信息沟通网络；建立进度计划审核制度和进度计划实施中的检查分析制度；建立进度协调会议制度，包括协调会议举行的时间、地点，协调会议的参加人员；建立图纸审查、工程变更和设计变更管理制度等。

（二）技术措施

进度控制的技术措施主要包括：审核施工单位提出的工程项目总进度计划、季度的进度计划，并督促其执行，要求施工单位每月报下月的月进度计划和本月的完成工程量报表，监理单位审核月报进度计划和月工程量报表作为结算和付款依据；编制进度控制工作细则，指导监理人员实施进度控制；采用网络计划技术及其他科学适用的计划方法，并结合电子计算机的应用，对营造林工程进度实施动态控制；监理单位对进度计划和实际完成计划定期进行比较，找出影响进度的原因，并报总监理工程师，对客观原因造成进度拖期的应及时调整进度并备案，对影响进度的主要因素进行统计和分析，以便从总体判定是否属于正常状态。

（三）经济措施

进度控制的经济措施主要包括：及时办理工程预付款及工程进度款支付手续；对应急赶工给予优厚的赶工费用；对施工单位提前完成计划，并没有发生质量、安全事故的应建议建设单位予以奖励；因施工单位主观原因造成工期拖后，应建议建设单位予以适当罚款。

（四）合同措施

进度控制的合同措施主要包括：推行承发包模式；加强合同管理，协调合同工期与进度计划之间的关系，保证合同中进度目标的实现；严格控制合同变更，对各方提出的工程变更和设计变更，监理单位应严格审查后再补入合同文件之中；加强风险管理，在合同中应充分考虑风险因素及其对进度的影响以及相应的处理方法；加强索赔管理，公正地处理索赔。

五、工程进度控制方法

工程进度控制方法有横道图法、网络图法、S 曲线法、斜条图法等很多种，常用的有横道图和网络图两种方法。

（一）横道图

将营造林划分成林地清理、挖坑整地、土壤改良、苗木栽植、围堰修整、浇水扶正等若干工作程序，按工作先后顺序依次编制每个程序的计划进度和持续时间，然后绘制图表，用横线表示持续时间，横线越长表示持续时间越长。每个程序结束后，将检查实际进度收集到的数据加工整理并在相应程序原计划的横道线处下方平行绘横道线，进行实际进度与计划进度的比较。如出现偏差，应查找原因，制订赶工计划或适当缩短后续程序的进度计划。此方法称为横道图比较法，可以形象、直观地反映实际进度与计划进度的比较情况，如图 4-1 所示。

工作名称	持续时间	进度计划（周）																	
		1	2	3	4	5	6	7	8	9	10	11	12	13	14	15	16	17	18
林地清理	计划 1																		
	实际 1																		
挖坑整地	计划 3																		
	实际 3																		
土壤改良	计划 1																		
	实际 1																		
苗木栽植	计划 4																		
	实际 4																		
围堰修整	计划 1																		
	实际 1																		
浇水扶正	计划 2																		
	实际 2																		
…																			

▲检查日期

图 4-1　×××造林工程横道比较图

(二) 网络图

网络图是由箭线和节点组成，用来表示工作流程的有向、有序网状图形。一个网络图表示一项计划任务。网络图中的工作是计划任务按需要粗细程度划分而成的、消耗时间或同时也消耗资源的一个子项目或子任务。工作可以是单位工程，也可以是分部工程、分项工程；一个施工过程也可以作为一项工作。网络图有双代号网络图和单代号网络图两种。双代号网络图又称箭线式网络图，它是以箭线及其两端节点的编号表示工作，同时，节点表示工作的开始或结束以及工作之间的连接状态，如图4-2所示。单代号网络图又称节点式网络图，它是以节点及其编号表示工作，箭线表示工作之间的逻辑关系，如图4-3所示。

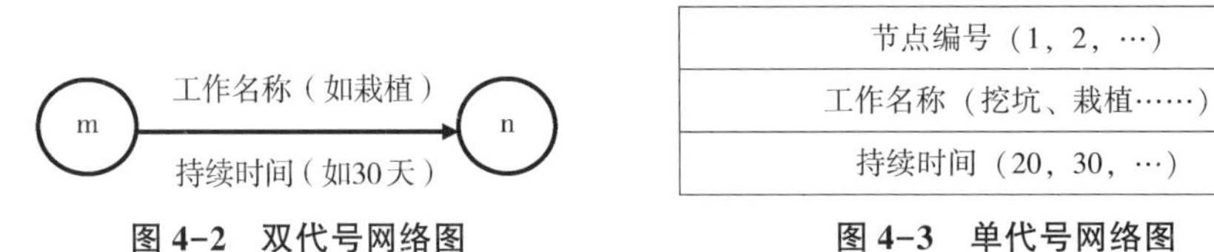

图4-2 双代号网络图　　**图4-3 单代号网络图**

六、影响营造林工程施工进度的因素

为了对营造林工程施工进度进行有效的控制，监理人员必须在施工进度计划实施之前对影响营造林工程施工进度的因素进行分析，进而提出保证施工进度计划实施成功的措施，以实现对工程施工进度的主动控制。影响工程施工进度的因素有很多，归纳起来，主要有以下几个方面：

(一) 参建单位的影响

影响营造林工程施工进度的单位不只是施工承包单位。事实上，只要是与工程建设有关的单位（如政府部门、建设单位、设计单位、物资供应单位、资金贷款单位，以及运输、通讯、供电部门等），其工作进度的拖后必将对施工进度产生影响。因此，控制施工进度仅仅考虑施工承包单位是不够的，必须充分发挥监理的作用，协调各相关单位之间的进度关系。对那些无法进行协调控制的进度关系，在进度计划的安排中应留有足够的机动时间。

(二) 设计变更因素的影响

设计变更往往是实施进度计划的最大干扰因素之一。营造林工程在施工过程中会遇到设计变更，可能是由于原设计有问题需要修改，或者是由于建设单位提出了新的要求。监理单位应加强图纸审查，严格控制随意变更，特别应对建设单位的变更要求进行制约。

(三) 施工组织的影响

施工现场的情况千变万化，如果承包单位的施工方案不当；计划不周，管理不善；劳动力或机具调配不当；解决问题不及时等，都会影响营造林工程的施工进度。承包单位应通过分析总结吸取教训，及时改进。而监理单位应提供服务，协助承包单位解决问题，以确保施工进度控制目标的实现。

(四) 资金投放进度的影响

施工准备期间，往往需要动用大量资金用于材料的采购、设备的订购与加工，如资金不足，必然影响施工进度。工程施工要顺利进行必须有足够的资金作保障。一般来说，资金的影响主要来自建设单位，或者是由于没有及时给足工程预付款，或者是由于拖欠了工程进度款，这些都会影响到承包单位流动资金的周转，进而殃及施工进度。监理单位应根据建设单位的资金供应能力，安排好施工进度计划，并督促建设单位及时拨付工程预付款和工程进度款，以免因资金供应不足拖延进度，导致工期索赔。

(五) 材料物资供应进度的影响

施工中往往发生需要使用的材料不能按期运抵施工现场，或运到现场后发现其质量不符合合同规定的技术标准，从而造成现场停工待料，影响施工进度的情况。因此，监理单位应严格把关，采取有效的措施控制好物资供应进度。

(六) 技术原因的影响

技术原因往往也是造成工程进度拖延的一个因素。特别是承建单位对某些施工技术过度低估其难度时或对设计意图及技术规范未完全领会而导致工程质量出现问题，这些都会影响工程施工进度。

(七) 不利施工条件的影响

在工程施工中，往往遇到比设计和合同条件中所预计的施工条件更为困难的情况，一旦遇到气候、水文、地质及周围环境等方面的不利因素，必然会影响到施工进度。此时，承包单位应利用自身的技术组织能力予以克服。监理单位应积极疏通关系，协助承包单位解决那些自身不能解决的问题。

(八) 不可预见因素的影响

涉及政治、经济、技术及自然等方面的各种可预见或不可预见的因素。政治方面的有战争、内乱、罢工、拒付债务、制裁等；经济方面的有延迟付款、汇率浮动、换汇控制、通货膨胀、分包单位违约等；技术方面的有工程事故、试验失败、标准变化等；自然方面的有恶劣天气、地震、洪水等自然灾害。监理单位必须对各种风险因素进行分析，提出控制风险、减少风险损失及对施工进度影响的措施，并对发生的风险事件给予恰当的处理。

正是由于上述因素的影响，才使得施工阶段的进度控制显得非常重要。在施工进度计划的实施过程中，监理单位一旦掌握了工程的实际进展情况以及产生问题的原因之后，其影响是可以得到控制的。当然，上述某些影响因素，如自然灾害等是无法避免的，但在大多数情况下，其损失是可以通过有效的进度控制而得到弥补的。

七、工程进度计划调整

确定营造林工程进度目标，编制一个科学、合理的进度计划是监理单位实现进度控制的首要前提。但是在工程项目的实施过程中，由于外部环境和条件的变化，进度计划的编制者很难事先对项目在实施过程中可能出现的问题进行全面的估计。气候的变化、不可预见事件的发生以及其他条件的变化均会对工程进度计划的实施产生影响，从而造成实际进度偏离计划进度，如果实际进度与计划进度的偏差得不到及时纠正，势必影响进度总目标的实现。为此，在进度计划的执行过程中，必须采取有效的监测手段对进度计划的实施过程进行监控，以便及时发现问题，并运用行之有效的进度调整方法来解决问题。

(一) 进度监测的系统过程

在营造林工程实施过程中，监理单位应经常地、定期地对进度计划的执行情况进行跟踪检查，发现问题后，及时采取措施加以解决。进度监测系统过程如图 4-4 所示。

1. 进度计划执行中的跟踪检查

对进度计划的执行情况进行跟踪检查是计划执行信息的主要来源，是进度分析和调整的依据，也是进度控制的关键步骤。跟踪检查的主要工作是定期收集反映工程实际进度的有关数据，收集的数据应当全面、真实、可靠，不完整或不正确的进度数据将导致判断不准确或决策失误。为了全面、准确地掌握进度计划的执行情况，监理单位应认真做好三个

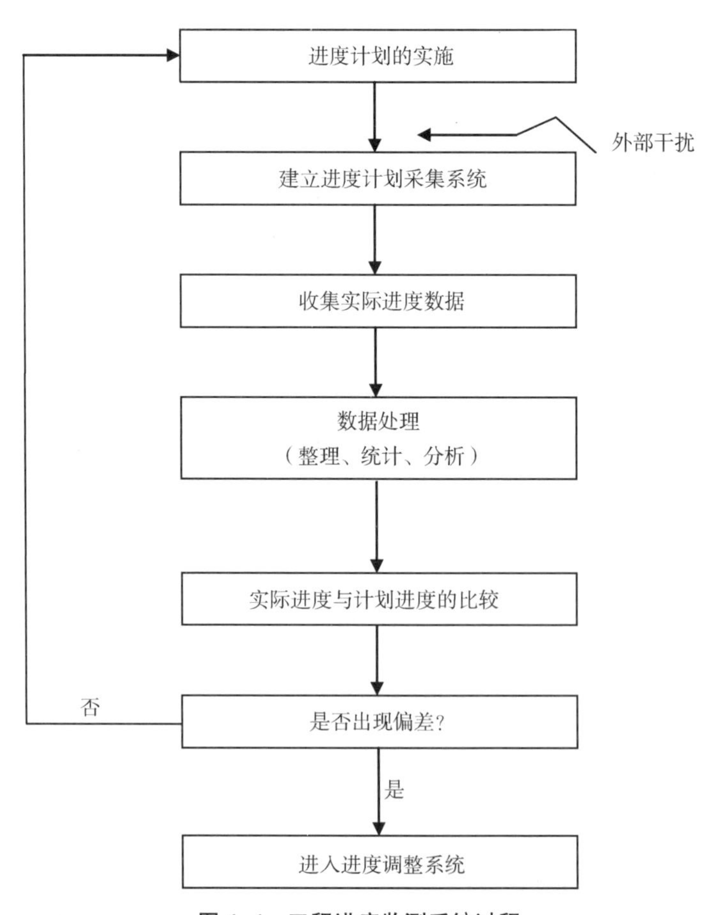

图 4-4　工程进度监测系统过程

方面的工作：一是按照进度监理制度规定的时间和报表内容，收集进度报表资料掌握工程实际进展情况，定期填写进度报表。二是现场实地检查工程进展情况，派监理人员常驻现场，随时检查进度计划的实际执行情况，这样可以加强进度监测工作，掌握工程实际进度的第一手资料，更加及时、准确地获取数据。三是定期召开现场会议，监理单位通过与进度计划执行单位的有关人员面对面的交谈，既可以了解工程实际进度状况，同时也可以协调有关方面的进度关系。一般来说，进度控制的效果与收集数据资料的时间间隔有关。究竟多长时间进行一次进度检查，这是监理单位应当考虑的问题。如果不经常地、定期地收集实际进度数据，就难以有效地控制实际进度。进度检查的时间间隔与工程项目的类型、规模、监理对象及有关条件等多方面因素相关，可视工程的具体情况，每月、每半月或每周进行一次检查。在特殊情况下，甚至需要每日进行一次进度检查。

2. 实际进度数据的加工处理

为了进行实际进度与计划进度的比较，必须对收集到的实际进度数据进行加工处理，形成与计划进度具有可比性的数据。例如，对检查时段实际完成工作量的进度数据进行整理、统计和分析，确定本期累计完成的工作量、本期已完成的工作量占计划总工作量的百分比等。

3. 实际进度与计划进度的对比分析

将实际进度数据与计划进度数据进行比较，可以确定营造林工程实际执行状况与计划目标之间的差距。为了直观地反映实际进度偏差，通常采用表格或图形进行实际进度与计划进度的对比分析，从而得出实际进度比计划进度超前、滞后还是一致的结论。实际进度与计划进度的比较是营造林工程进度监测的主要环节。常用比较方法有横道图、S 曲线、香蕉曲线、前锋线和列表比较法。

（二）进度调整的系统过程

在营造林工程实施进度监测过程中，一旦发现实际进度偏离计划进度，即出现进度偏差时，必须认真分析产生偏差的原因及其对后续工作和总工期的影响，必要时采取合理、有效的进度计划调整措施，确保进度总目标的实现。进度调整的系统过程如图 4-5 所示。

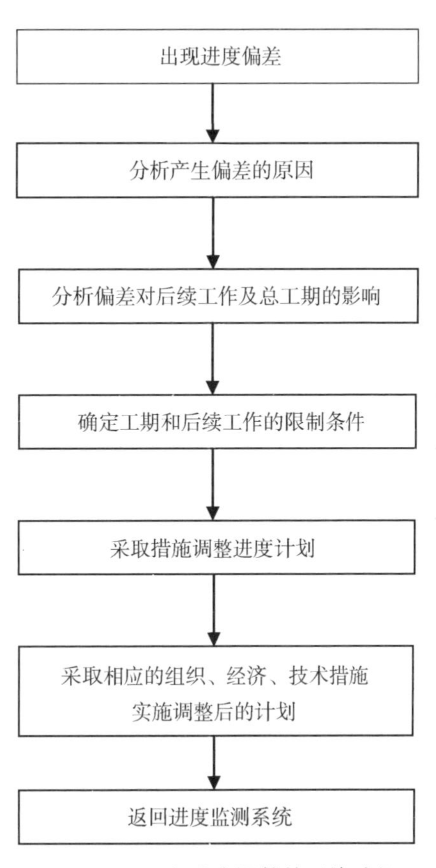

图 4-5　工程进度调整的系统过程

1. 分析进度偏差产生的原因

通过实际进度与计划进度的比较，发现进度偏差时，为了采取有效措施调整进度计划，必须深入现场进行调查，分析产生进度偏差的原因。

2. 分析进度偏差对后续工作和总工期的影响

当查明进度偏差产生的原因之后，要分析进度偏差对后续工作和总工期的影响程度，以确定是否应采取措施调整进度计划。在工程项目实施过程中，当通过实际进度与计划进度的比较，发现有进度偏差时，需要分析该偏差对后续工作及总工期的影响，从而采取相应的调整措施对原进度计划进行调整，以确保工期目标的顺利实现。进度偏差的大小及其所处的位置不同，对后续工作和总工期的影响程度是不同的，分析时需要利用网络计划中工作总时差和自由时差的概念进行判断。分析步骤如下：

首先，分析出现进度偏差的工作是否为关键工作。如果出现进度偏差的工作位于关键线路上，即该工作为关键工作，则无论其偏差有多大，都将对后续工作和总工期产生影响，必须采取相应的调整措施；如果出现偏差的工作是非关键工作，则需要根据进度偏差值与总时差和自由时差的关系作进一步分析。

其次，分析进度偏差是否超过总时差。如果工作的进度偏差大于该工作的总时差，则此进度偏差必将影响后续工作和总工期，必须采取相应的调整措施；如果工作的进度偏差未超过该工作的总时差，则此进度偏差不影响总工期。至于对后续工作的影响程度，还需要根据偏差值与其自由时差的关系作进一步分析。

最后，分析进度偏差是否超过自由时差。如果工作的进度偏差大于该工作的自由时差，则此进度偏差将对其后续工作产生影响，此时应根据后续工作的限制条件确定调整方法；如果工作的进度偏差未超过该工作的自由时差，则此进度偏差不影响后续工作，因此，原进度计划可以不作调整。

3. 确定后续工作和总工期的限制条件

当出现的进度偏差影响到后续工作或总工期而需要采取进度调整措施时，应当首先确定可调整进度的范围，主要指关键节点、后续工作的限制条件以及总工期允许变化的范围。这些限制条件往往与合同条件有关，需要认真分析后确定。

4. 采取措施调整进度计划

当实际进度偏差影响到后续工作、总工期而需要调整进度计划时，采取进度调整措施，应以后续工作和总工期的限制条件为依据，确保要求的进度目标得到实现。其调整方法主要有两种：一种是改变某些工作间的逻辑关系，当工程项目实施中产生的进度偏差影响到总工期，且有关工作的逻辑关系允许改变时，可以改变关键线路和超过计划工期的非关键线路上的有关工作之间的逻辑关系，达到缩短工期的目的。例如，将顺序进行的工作改为平行作业、搭接作业以及分段组织流水作业等，都可以有效地缩短工期。另一种是缩短某些工作的持续时间。这种方法是不改变工程项目中各项工作之间的逻辑关系，而通过采取增加资源投入、提高劳动效率等措施来缩短某些工作的持续时间，使工程进度加快，以保证按计划工期完成该工程项目。这些被压缩持续时间的工作是位于关键线路和超过计划工期的非关键线路上的工作。同时，这些工作又是其持续时间可被压缩的工作。

5. 实施调整后的进度计划

进度计划调整之后，应采取相应的组织、经济、技术措施执行它，并继续监测其执行情况。

第二节　工程材料物资供应进度控制

营造林工程物资供应是实现营造林工程投资、进度和质量三大目标控制的物质基础。正确的物资供应渠道与合理的供应方式可以降低工程费用，有利于投资目标的实现。完善合理的物资供应计划是实现进度目标的根本保证；严格的物资供应检查制度是实现质量目标的前提。因此，保证营造林工程物资及时而且合理供应，是监理单位必须重视的问题。

一、物资供应进度控制概述

（一）物资供应进度控制的含义

营造林工程物资供应进度控制是指在一定的资源（人力、物力、财力）条件下，为实现工程项目一次性特定目标而对物资的需求进行计划、组织、协调和控制的过程。其中，计划是将营造林工程所需物资的供给纳入计划轨道，进行预测、预控，使整个供给有序地进行；组织是划清供给过程中诸方的责任、权力和利益，通过一定的形式和制度，建立高效率的组织保证体系，确保物资供应计划的顺利实施；协调主要是针对供应的不同阶段，沟通不同单位和部门之间的情况，协调其步调，使物资供应的整个过程均衡而有节奏地进行；控制是对物资供应过程的动态管理，需要经常地、定期地将实际供应情况与计划进行对比，发现问题，及时进行调整，使物资供应计划的实施始终处在动态循环控制过程中，以确保营造林工程所需物资按时供给，最终实现供应目标。

根据营造林工程项目的特点，在物资供应进度控制中应注意三个方面的问题：一是由于营造林工程的特殊性和复杂性，从而使物资的供应存在一定的风险性，因此要编制周密的计划并采用科学的管理方法；二是由于营造林工程项目的局部的系统性和整体的局部性，要求对物资的供应建立保证体系，并处理好物资供应与投资、进度、质量之间的关系；三是物资的供应涉及众多不同的单位和部门，因而给物资供应管理工作带来一定的复杂性，这就要求与有关的供应部门认真签订合同，明确供求双方的权利和义务，并加强各单位、各部门之间的协调。

（二）物资供应进度控制目标

营造林工程物资供应是一个复杂的系统过程，为了确保这个系统过程的顺利实施，必须首先确定这个系统的目标（包括系统的分目标），并为此目标制定不同时期和不同阶段的物资供应计划，用以指导实施。物资供应的总目标就是按照物资需求适时、适地、按质、按量以及成套齐备地提供给使用部门，以保证项目投资目标、进度目标和质量目标的实现。为了总目标的实现，还应确定相应的分目标。在确定目标和编制计划时，应着重考虑能否按施工进度计划的需要及时供应材料、资金能否得到保证、物资的需求是否超出市场供应能力、物资可能的供应渠道和供应方式、物资的供应有无特殊要求、已建成的同类或相似营造林工程的物资供应目标和计划实施情况等因素，及其他因素，如市场条件、气候条件、运输条件等。目标一经确定，应通过一定的形式落实到各有关的物资供应部门，并以此作为考核和评价其工作的依据。

（三）物资供应的基本要求

一要确保按照计划所规定的时间供应各种物资，如果供应时间过早，将会增大仓库和施工场地的使用面积，尤其是不利于种苗成活；如果供应时间过晚，则会造成停工待料，影响施工进度计划的实施。二要确保按照规定的地点供应物资，由于营造林工程施工人员多、场地范围大，如果卸货地点不适当，则会造成二次搬运，增加费用。三要确保按规定的质量标准供应物资，如果不符合标准，则会降低工程质量或拖延工期。四要确保按规定的数量供应物资。如果数量过多，则会造成超储积压、占用流动资金；如果数量过少，则会出现停工待料，影响施工进度，延误工期。五要确保按规定的要求使所需物资齐全、配套、零配件齐备，符合工程需要，成套齐备地供应施工机械和设备，充分发挥其生产效率。

事实上，物资供应进度与工程实施进度是相互衔接的。营造林工程实施过程中经常遇到的问题，就是由于物资的到货日期推迟而影响施工进度。而且在大多数情况下，引起到货日期推迟的因素是不可避免的，也是难以控制的。但是，如果控制人员随时掌握物资供应的动态信息，并能及时地采取相应的补救措施，就可以避免因到货日期推迟所造成的损失或者把损失减少到最低程度。

二、物资供应进度控制的内容

（一）物资供应计划的编制

营造林工程物资供应计划是对营造林工程施工及安装所需物资的预测和安排，是指导和组织营造林工程物资采购、储备、供货和使用的依据。其根本作用是保障营造林工程的物资需要，保证营造林工程按施工进度计划组织施工。编制物资供应计划的一般程序分为：准备阶段和编制阶段。准备阶段主要是调查研究，收集有关资料，进行需求预测和购买决策。编制阶段主要是核算需要、确定储备、优化平衡、审查评价和上报或交付执行。

在编制物资供应计划的准备阶段，监理单位必须明确物资的供应方式。按供应单位划分，物资供应可分为：建设单位采购供应、专门物资采购部门供应、施工单位自行采购或共同协作分头采购供应。

物资供应计划按其内容和用途分类，主要包括：物资需求计划、物资供应计划、物资储备计划、申请与订货计划、采购计划。

通常，监理单位除编制建设单位负责供应的物资计划外，还需对施工单位和专门物资采购供应部门提交的物资供应计划进行审核。因此，负责物资供应的监理人员应具有编制物资供应计划的能力。

1. 物资需求计划的编制

物资需求计划是指反映完成营造林工程所需物资情况的计划。它的编制依据主要有：

施工图纸、预算文件、工程合同、项目总进度计划和各分包工程提交的材料需求计划等。物资需求计划的主要作用是确认需求，施工过程中所涉及的大量苗木、肥料、农药、机具和设备，应确定其需求的品种、质量、规格、数量和时间，为组织备料、确定仓库与堆场面积和组织运输等提供依据。物资需求计划一般包括一次性需求计划和各计划期需求计划。编制需求计划的关键是确定需求量。

营造林工程一次性需求量的确定。一次性需求计划反映整个工程项目及各分部、分项工程材料的需用量，亦称工程项目材料分析，主要用于组织货源和专用特殊材料、制品的落实。其计算程序可分为三步：第一步，根据设计文件、施工方案和技术措施计算或直接套用施工预算中营造林工程各分部、分项的工程量；第二步，根据各分部、分项的施工方法套取相应的材料消耗定额，求得各分部、分项工程各种材料的需求量；第三步，汇总各分部、分项工程的材料需求量，求得整个营造林工程各种材料的总需求量。

营造林工程各计划期需求量的确定。计划期物资需求量一般是指年、季、月度物资需求计划，主要用于组织物资采购、订货和供应。主要依据已分解的各年度施工进度计划，按季、月作业计划确定相应时段的需求量。其编制方式有两种：计算法和卡段法。计算法是根据计划期施工进度计划中的各分部、分项工程量，套取相应的物资消耗定额，求得各分部、分项工程的物资需求量，然后再汇总求得计划期各种物资的总需求量。卡段法是根据计划期施工进度的形象部位，从工程项目一次性计划中摘出与施工计划相应部位的需求量，然后汇总求得计划期各种物资总需求量。物资需求量计划的参考格式如表 4-1、表 4-2、表 4-3 所示。

表 4-1　主要材料需求量计划表

序号	材料名称	规格	需求量		需要时间	备注
			单位	数量		

表 4-2　施工机具需求量计划表

序号	机械名称	规格型号	需求量		来源	使用起止日期	备注
			单位	数量			

表 4-3　主要设备需求量计划表

序号	设备名称	规格型号	需求量		产地	额定功率	用于施工部位	备注
			数量	年限				

2. 物资储备计划的编制

物资储备计划是用来反映营造林工程施工过程中所需各类材料储备时间及储备量的计划。它的编制依据是物资需求计划、储备定额、储备方式、供应方式和场地条件等。材料储备计划如表4-4所示。它的作用是为保证施工所需材料的连续供应而确定的材料合理储备。尤其是苗木必要的假植用地的准备。

表4-4 材料储备计划表

序号	材料名称	规格质量	计量单位	全年计划	平均日耗	储备天数	经常储备	保险储备	储备量	
									最高	最低

3. 物资供应计划的编制

物资供应计划是反映物资的需要与供应的平衡、挖潜利库，安排供应的计划。它的编制依据是需求计划、储备计划和货源资料等。它的作用是组织指导物资供应工作。物资供应计划的编制，是在确定计划需求量的基础上，经过综合平衡后，提出申请量和采购量。因此，供应计划的编制过程也是一个平衡过程，包括数量、时间的平衡。在实际工作中，首先考虑的是数量的平衡，因为计划期的需用量还不是申请量或采购量，还必须扣除库存量，并考虑为保证下一期施工所必需的储备量。

4. 申请、订货计划的编制

申请、订货计划是指向上级要求分配材料的计划和分配指标下达后组织订货的计划。它的编制依据是有关材料供应政策法令，预测任务、概算定额、分配指标、材料规格比例和供应计划。它的主要作用是根据需求组织订货。物资供应计划确定后，即可以确定主要物资的申请计划，如表4-5所示。

表4-5 年主要物资申请计划表

物资名称	规格质量	计算单位	年申请计划				备注
			合计	上半年	下半年	分项申请数	

5. 采购、加工计划的编制

采购、加工计划是指向市场采购或专门加工订货的计划。它的编制依据是需求计划、市场供应信息、加工能力及分布。它的作用是组织和指导采购与加工工作。加工、订货计划要附加工详图。

（二）物资供应计划实施中的动态控制

1. 物资供应进度监测与调整的系统过程

物资供应计划经监理单位审批后便开始执行，在计划执行过程中，应不断将实际供应情况与计划供应情况进行比较，找出差异、及时调整与控制计划的执行。在物资供应计划执行过程中，内外部条件的变化可能对其产生影响。例如，施工进度的变化（提前或拖延）、设计变更、价格变化、市场各供应部门突然出现的供货中断以及一些意外情况的发生，都会使物资供应的实际情况与计划不符。因此，在物资供应计划的执行过程中，进度控制人员必须经常地、定期地进行检查，认真收集反映物资供应实际状况的数据资料，并将其与计划数据进行比较，一旦发现实际与计划不符，要及时分析产生问题的原因并提出相应调整措施。

2. 物资供应计划的检查

物资供应计划实施中的检查通常包括定期检查（一般在计划期中、期末）和临时检查两种。通过检查收集实际数据，在统计分析和比较的基础上提出物资供应报告。控制人员在检查过程中的一项重要工作就是获得真实的供应报告。在物资供应计划实施过程中进行检查的主要有三个作用：一是发现实际供应偏离计划的情况，以利进行有效的调整和控制；二是发现计划脱离实际的情况，据此修订计划的有关部分，使之更切合实际情况；三是反馈计划执行结果，作为下一期决策和调整供应计划的依据。

由于物资供应计划在执行过程中发生变化的可能性始终存在，且难以预估，因此，必须加强计划执行过程中的跟踪检查，以保证物资可靠、经济、及时地供应到现场。一般地，对重要的设备要经常地、定期地进行实地检查。如亲临设备苗圃，亲自了解苗木生长情况，检查核对苗木质量，起苗以及实际供货状况。物资供应过程经检查后，需提出供应情况报告，主要是对报告期间实际收到材料数量与材料订购数量以及预计的数量进行比较，从中发现问题，预测其对后期工程实施的影响，并根据存在的问题，提出相应的补救措施。

3. 物资供应计划的调整

在物资供应计划的执行过程中，当发现物资供应过程的某一环节出现拖延现象时，其调整方法与进度计划的调整方法类似，一般采取以下措施进行处理：

如果这种拖延不致影响施工进度计划的执行，则可采取措施加快供货过程的有关环节，以减少此拖延对供货过程本身的影响；如果这种拖延对供货过程本身产生的影响不大，则可直接将实际数据代入，并对供应计划作相应的调整，不必采取加快供货进度的措施。

如果这种拖延将影响施工进度计划的执行，则应首先分析这种拖延是否允许（通常的判别条件是受影响的施工活动是否处在施工进度计划的关键路上或是否影响到分包合同的执行）。若允许，则可采用所述调整方法进行调整；若不允许，则必须采取措施加快供应速度，尽可能避免此拖延对执行施工进度计划产生的影响。如果采取加快供货速度的措施后，仍不能避免对施工速度的影响，则可考虑同时加快其他工作施工进度的措施，并尽可能将此拖延对整个施工进度的影响降低到最低程度。

（三）监理单位控制物资供应进度的工作内容

监理单位受建设单位的委托，对营造林工程投资、进度和质量三大目标进行控制的同时，可以根据监理合同要求对物资供应进行控制和管理。根据物资供应的方式不同，监理单位的主要工作内容也有所不同，其基本内容包括：

1. 协助建设单位进行物资供应的决策

包括根据设计图纸和进度计划确定物资供应要求；提出物资供应分包方式及分包合同清单，并获得建设单位认可；与建设单位协商提出对物资供应单位的要求以及在财务方面应负的责任等。

2. 组织物资供应招标工作

包括组织编制物资供应招标文件；受理物资供应单位的投标文件；推荐物资供应单位及进行有关工作。

3. 编制、审核和控制物资供应计划

一是编制物资供应计划，监理单位编制由建设单位负责（或建设单位委托监理单位负责）的物资供应计划，并控制其执行。二是审核物资供应计划，主要从供应计划是否能按营造林工程施工进度计划的需要及时供应材料和设备，物资的库存量安排是否经济、合理，物资采购安排在时间上和数量上是否经济、合理，由于物资供应紧张或不足而使施工进度拖延现象发生的可能性等四个方面进行审核。三是监督检查订货情况。四是控制物资供应计划的实施，掌握物资供应全过程的情况，分析是否存在潜在的问题；对可能导致营造林工程拖期的急需材料、设备采取有效措施，促使其及时运到施工现场，保证急需物资的供应；审查和签署物资供应单位的材料设备供应情况分析报告；协调好物资供应涉及的建设、设计、材料供应和施工等单位之间的关系。

思考题

1. 简述进度控制的概念、任务。
2. 进度控制的原则有哪些？
3. 论述进度控制的内容。
4. 施工进度控制的措施有哪些？
5. 简述进度控制的方法。
6. 简述影响营造林进度控制的因素。
7. 简述进度监测的系统过程。
8. 简述进度调整的系统过程。
9. 物质供应进度控制的含义是什么？
10. 简述物质进度控制的工作内容。

第五章
营造林工程投资控制

通过投资控制可以监视实际成本执行情况，对照投资计划找出正负偏差及其原因，运用各种控制的方法和技术，使项目质量在达到建设单位要求的同时，实现项目的目标投资成本。

第一节　投资控制概述

一、投资控制概念

所谓投资控制就是在投资决策阶段、设计阶段、招投标（发包）阶段、施工阶段以及竣工阶段，把建设工程投资控制在批准的投资限额以内，随时纠正发生的偏差，以保证项目投资管理目标的实现，以求在建设工程中能合理使用人力、物力、财力，取得较好的投资效益和社会生态效益。

在项目实施过程中，进行工程投资动态控制，应着重做好四项工作：一是对项目计划目标值的论证和分析；二是收集项目投资的实际数据，及时对工程进展做出评估；三是进行项目计划值与实际值的比较，以判断是否存在偏差；四是对出现的偏差予以调整，以确保工程投资目标的实现。

二、投资控制目标

营造林工程项目建设过程是一个周期长、投入大的生产过程，建设者受科学条件和技术条件的限制，也受到客观过程的发展及其表现程度的限制，不可能在工程建设伊始，就设置一个科学的、一成不变的投资控制目标，只能设置一个大致的投资控制目标，这就是投资估算。随着工程建设的深入实施，工程建设的规模逐步形成、内容业已丰富，投资控制目标才一步步清晰、准确，编制的设计概算、施工图预算、承包合同价等才更加精确、合理，符合实际。也就是说，投资控制目标的设置应是随着工程项目建设实践的不断深入而分阶段设置，具体来讲，投资估算应是建设工程设计方案选择和进行初步设计的投资控制目标；设计概算应是进行技术设计和施工图设计的投资控制目标；施工图预算或工程承包合同价则应是施工阶段投资控制的目标。鉴于我国营造林工程监理多属于施工阶段，因此施工合同价是营造林工程建设投资控制的目标。

三、投资控制原则

（一）先期预付原则

建设单位与施工单位签订合同后，根据合同规定的时间、比例、币种和支付方式等条款支付施工单位工程预付款，以解决施工单位因采购工程所需物资、设备等产生的周转资金短缺问题或作为合同履行的诚意。对于无合同规定的物资款支付采用以下原则：

（1）种子苗木按发票价的50%签署种子、苗木支付凭证。

（2）肥料、药剂及其他工程施工材料款按70%签署支付凭证。

（二）按进度支付原则

工程正式开工后，随着工程进度的推进，建设单位应按合同的约定履行支付工程进度款的义务。监理单位要按照施工合同约定的时间、程序和方法，检查核对已完工程合格量，根据合格的工程计量办理期中价款结算，签署进度款支付证书。工程计量和付款周期可采用分段或按月结算的方式，但应与合同约定的工程计量周期一致。随拨付的工程进度款数额不断增加，工程所需主要材料、构件的储备逐步减少，原已支付的预付款应以抵扣的方式从工程进度款中予以陆续扣回。预付款应从每一个支付期应支付给承包人的工程进度款中扣回，直到扣回的金额达到合同约定的预付款金额为止。工程完工并经竣工验收合格后按合同规定签署最终支付证书，结清剩余款项。工程出现设计变更或价格调整的，经建设单位、设计单位、监理单位、施工单位共同签署生效导致工程款增加或减少的，应在原合同约定工程款的基础上相应增加或扣减。

四、投资控制内容

投资控制含检查纠正偏差和支付两方面内容。检查纠正偏差主要包括是否按工程合同单价实施；施工地点是否在设计范围内，建设规模是否与设计一致；施工过程各工序的质量是否达到工程作业设计的技术要求；所签署的工程款是否与验收合格的进度相一致等。支付工程款主要包括预付款是否按施工承包合同条款执行；苗木种子肥料等营林物资款按合同规定的比例进行支付；工序验收合格中途劳务款的支付；竣工验收工程款结算；支付控制期使用的符合设计要求并合格的种子、苗木和肥料药剂的款项等。

第二节　施工阶段投资控制

营造林工程建设投资主要用于工程实体建设，因此，施工阶段的投资控制是营造林工程建设投资控制的主要阶段。

一、主要工作

（一）工程计量和付款签证

（1）专业监理工程师对施工单位在工程款支付报审表中提交的工程量和支付金额进行复核，确定实际完成的工程量，提出到期应支付给施工单位的金额，并提出相应的支持性材料。

（2）总监理工程师对专业监理工程师的审查意见进行审核，签认后报建设单位审批。

（3）总监理工程师根据建设单位的审批意见，向施工单位签发工程款支付证书。

（二）对完成工程量进行偏差分析

项目监理机构应建立月完成工程量统计表，对实际完成量与计划完成量进行比较分析，发现偏差的，应提出调整建议，并应在监理月报中向建设单位报告。

（三）审核竣工结算款

（1）专业监理工程师审查施工单位提交的竣工结算款支付申请，提出审查意见。

（2）总监理工程师对专业监理工程师的审查意见进行审核，签认后报建设单位审批，同时抄送施工单位，并就工程竣工结算事宜与建设单位、施工单位协商；达成一致意见的，根据建设单位审批意见向施工单位签发竣工结算款支付证书；不能达成一致意见的，应按施工合同约定处理。

（四）处理施工单位提出的工程变更费用

（1）总监理工程师组织专业监理工程师对工程变更费用及工期影响做出评估。

（2）总监理工程师组织建设单位、施工单位等共同协商确定工程变更费用及工期变化，会签工程变更单。

（3）项目监理机构可在工程变更实施前与建设单位、施工单位等协商确定工程变更的计价原则、计价方法或价款。

（4）建设单位与施工单位未能就工程变更费用达成协议时，项目监理机构可提出一个暂定价格并经建设单位同意，作为临时支付工程款的依据。工程变更款项最终结算时，应以建设单位与施工单位达成的协议为依据。

（五）处理费用索赔

（1）项目监理机构应及时收集、整理有关工程费用的原始资料，为处理费用索赔提供证据。

（2）审查费用索赔报审表。需要施工单位进一步提交详细资料时，应在施工合同约定的期限内发出通知。

（3）与建设单位和施工单位协商一致后，在施工合同约定的期限内签发费用索赔报审表，并报建设单位。

（4）当施工单位的费用索赔要求与工程延期要求相关联时，项目监理机构可提出费用索赔和工程延期的综合处理意见，并应与建设单位和施工单位协商。

（5）因施工单位原因造成建设单位损失，建设单位提出索赔时，项目监理机构应与建设单位和施工单位协商处理。

二、控制措施

要有效地控制项目投资，应从组织、技术、经济、合同与信息管理等多方面采取措施，而营造林工程技术与经济相结合是控制项目投资最有效的手段。

（一）组织措施

建立健全项目监理组织，完善职责分工及有关制度，落实投资控制的责任，编制本阶段投资控制工作计划和详细的工作流程图。

（二）技术措施

审核施工组织设计和施工方案，对主要施工方案进行技术经济分析，以及按合理工期组织施工，避免不必要的赶工费；对设计变更进行技术经济比较，严格控制设计变更。

（三）经济措施

一是编制资金使用计划，确定、分解投资控制目标。对工程项目造价目标进行风险分析，并制定防范性对策。二是进行工程计量。三是复核工程付款账单，签发付款证书。四是在施工过程中进行投资跟踪控制，定期进行投资实际支出值与计划目标值的比较；发现偏差，分析产生偏差的原因，采取纠偏措施。五是尽量减少设计变更，避免不必要的投资增加，变更的协商确定工程变更的价款。六是审核竣工结算。七是对工程施工过程中的投资支出做好分析与预测，经常或定期向建设单位提交项目投资控制及其存在问题的报告。

（四）合同措施

按合同条款支付工程款，防止过早、过量的现金支付，遵照合同法全面履约，减少对方提出索赔的条件和机会，正确地处理索赔等。

三、偏差分析

在确定了投资控制目标之后，为了有效地进行投资控制，监理工程师就必须定期地进行投资计划值与实际值的比较，如果没有偏差，则项目继续进展，继续投入人力、物力和财力等。如果实际值偏离计划值时，分析产生偏差的原因，采取适当的纠正措施，以使投资超支尽可能小。

（一）投资偏差的概念

在工程项目投资中，把投资的实际值与计划值的差异叫做投资偏差。即：

投资偏差=已完工程实际投资-已完工程计划投资

结果为正，表示投资超支；结果为负，表示投资节约。但进度偏差对投资偏差分析的结果有重要影响，如果不考虑就不能正确对待反映投资偏差的实际情况。如某一阶段的投资超支，可能由于进度超前导致的，也可能由于物价上涨导致，因此，必须引入进度偏差的概念。

进度偏差=已完工程实际时间-已完成工程计划时间

为了与投资偏差联系起来，进度偏差也可表示为：

进度偏差=拟完工程计划投资-已完成工程计划投资

所谓拟完工程计划投资，是指根据进度计划安排在某一确定时间内所完成的工程内容的计划投资。即：

拟完工程计划投资=拟完工程量（计划工程量）×计划单价

若进度偏差为正值，表示工期拖延；结果为负值表示工期提前。

（二）偏差分析方法

偏差分析一般常用的方法，有横道图法、表格法和曲线法三种。

1. 横道图法

也称甘特法。用横道图法进行投资偏差分析，是用不同的横道标识已完工程计划投资、拟完工程计划投资和已完工程实际投资，横道的长度与其金额成正比。

横道图法具有形象、直观，一目了然的优点，能够准确表达出投资绝对偏差，而能一眼感受到偏差的严重性。由于反映的信息量少，一般用在项目的较高管理层。

2. 表格法

表格法是进行偏差分析最常用的一种方法。它将项目编号、名称、投资参数以及投资偏差数综合归纳在一张表格中，直接在表中进行比较（表5-1）。

表5-1　某一工程造林工序投资偏差分析表

项目编码	(1)	001	002	003	004
项目名称	(2)	清山	挖坎	回坎	种植
单位	(3)				
计划单价	(4)				
拟完工程量	(5)				
拟完工程计划投资	(6) = (4) * (5)				
已完工程量	(7)				
已完工程计划投资	(8) = (4) * (7)				
实际单价	(9)				
其他款项	(10)				
已完工程实际投资	(11) = (7) * (9) + (10)				
投资局部偏差	(12) = (11) - (8)				
投资局部偏差程度	(13) = (11) / (8)				
投资累计偏差	(14) = (12)				
偏差程度投资累计	累加/ (8) 累加 (15) = (11)				
进度局部偏差	(16) = (6) - (8)				
进度局部偏差程度	(17) = (6) / (8)				
进度累计偏差	累加 (18) = (16)				
进度累计偏差程度	累加/ (8) 累加 (19) = (6)				

优点：灵活，适应性强，可根据项目实际需要设计表格，进行增减项；信息量大，可反映偏差分析所需的资料，从而有利于投资控制人员及时采取针对性措施，加强控制；表格处理还可借助于计算机，从而节约大量数据处理所需的人力，大大提高速度。

3. 曲线法

用投资累计曲线（S曲线）进行投资偏差分析的方法，在林业项目中尚较少使用。

四、计划调整

（一）项目开工前投资计划的调整方法

国家或省、自治区、直辖市重点林业项目的投资计划需调整或增或减时，需重新下达批文，并通知相应项目单位。这种情况下，各项目单位应立即对相应项目投资计划做出调整。

（二）项目开工后的施工过程中计划的调整方法

项目开工实施工程中可能遇到的变化或变更，包括工程建设规模是否变更、项目工序是否增减、技术要求是否更改、合同条款是否变化等。如计划任务各项措施改变，则需在建设、施工与设计三方同意后，通知监理工程师下令进行变更调整，投资要与完成的工程量相吻合。

思考题

1. 简述投资控制的概念。
2. 投资控制的原则包括哪些？
3. 投资控制的内容有哪些？
4. 投资控制的措施有哪些？
5. 投资控制的技术措施包括哪些？
6. 投资控制的经济措施包括哪些？
7. 投资偏差的概念。
8. 投资偏差的分析方法有哪些？
9. 论述投资计划调整方法。

第六章
营造林工程监理合同管理

营造林工程项目从招标、投标、施工到竣工交付使用，涉及建设单位、设计单位、材料设备供应商、施工单位、工程监理单位等。怎样使工程项目各有关单位之间建立有机的联系，相互协调，默契配合，共同实现进度、质量、投资三大目标，一个重要的措施就是利用合同手段，通过经济与法律相结合的方法，使工程项目所涉及的各单位在平等互利的原则上建立起多方的权利义务关系，以保证工程项目目标的顺利实现。

第一节　合同知识概述

一、合同概念

(一) 合同

又称契约。它是当事人双方或数方设立、变更和终止相互权利和义务的协议，协议应在平等互利的原则下签订。基于一定的标准，可将合同划分为不同的类型：根据合同法或者其他法律是否对合同规定有确定的名称与调整规则为标准，可将合同分为有名合同与无名合同；根据合同当事人是否相互负有对价义务为标准，可将合同分为单务合同与双务合同；根据合同当事人是否因给付取得对价为标准，可将合同分为有偿合同与无偿合同；根据合同成立除当事人的意思表示以外，是否还要其他现实给付为标准，可以将合同分为诺成合同与实践合同；根据合同的成立是否必须符合一定的形式为标准，可将合同分为要式合同与不要式合同；根据两个或者多个合同相互间的主从关系为标准，可将合同分为主合同与从合同。合同作为一种法律手段，是法律规范在具体问题中的应用，签订合同属于一种法律行为，因此，依法成立的合同具有法律约束力。

(二) 营造林工程合同

营造林工程合同是指发包人与承包人之间为完成商定的营造林工程确定双方权利和义务的协议。依据签订内容，可将其分为营造林工程勘察设计合同、营造林工程施工合同、营造林工程材料物资采购合同、营造林工程监理合同等。由于目前我国营造林工程监理多为施工阶段监理，因此，监理人员涉及较多的为营造林工程施工合同和营造林工程监理合同。

营造林工程施工合同即营造林工程承包合同，是发包人和承包人为完成商定的营造林工程，明确相互权利、义务关系的协议。依据合同，承包方完成一定的种植、营造林工程任务，发包人应提供必要的施工条件并支付工程价款。

营造林工程监理合同是指委托人（建设单位）与监理人（工程监理单位）就委托的营造林工程监理与相关服务内容签订的明确双方义务和责任的协议。其中，委托人是指委托营造林工程监理与相关服务的一方及其合法的继承人或受让人；监理人是提供营造林监理与相关服务的一方及其合法的继承人；服务内容是营造林工程监理单位受建设单位委托，根据法律法规、工程建设标准、工程勘察设计文件及合同，在施工阶段对营造林工程的质量、造价、进度进行控制，对合同、信息进行管理，对工程建设相关方的关系进行协调，并履行安全生产管理法定职责的服务活动。

二、工程合同的特点

建设工程合同一般具有合同主体的严格性、合同标的的特殊性、合同履行期限的长期性、计划与程序的严格性、合同形式的特殊要求等五种共同特征。营造林工程合同除了具有上述五种特征外，还具有不同于其他建设工程合同的以下特征：

（一）工程合同的风险性

营造林工程容易受自然因素的影响，会存在一定的自然风险，如干旱、洪涝、冰冻、雪灾、森林火灾、病虫害等。有些自然因素可以采取措施进行控制，如干旱、病虫、森林火险等，有些自然因素不可控，如洪涝、冰冻、雪灾以及等级较大的森林大火、大风、严重的病虫害等。除了自然风险外，营造林工程还具有一定的安全风险，如山坡作业、农药喷洒、大树移植时树木倒伏、吊绳断裂等。因此，合同双方需慎重分析风险可能产生的各种因素，制订平等严格的风险条款，以避免各种风险因素对工程项目造成的不利影响。

（二）履行期限的超长性

与建筑工程相比，营造林工程建设合同履行期限一般多为3年，第一年为施工期，后两年为保养管护期。此外，在工程的施工过程中，还可能因为不可抗自然环境因素、工程变更、材料供应不及时等原因而导致工期顺延。所有这些情况，决定了工程合同的履行期限更长于其他建设工程。

（三）经济法律关系的多元性

工程合同是合同双方或多方的法律行为，是合同双方或多方意向一致的表示。经济法律关系的多元性主要表现在合同签订和实施过程中会涉及建设单位、监理工程师、承包人、分包人、材料供应、设备供应、银行、保险公司等有关单位，因而产生纵横交错的复杂关系，这些复杂关系都要用合同予以联结和约束。

（四）合同内容的多样性

营造林工程合同除了应具备合同的一般内容外，还应对安全施工、工程分包、不可抗外力、工程设计变更、材料设备的供应、运输、验收等内容做出规定。在工程合同的履行过程中，除施工企业与发包人的合同关系外，还应涉及与劳务人员的劳动关系、与保险公司的保险关系、与材料设备供应商的买卖关系、与运输企业的运输关系等。所有这些，都决定了工程合同的内容具有多样性和复杂性的特点。由于经济法律关系的多元性，以及工程项目的一次性特点所决定的每一工程项目的特殊性，工程项目在实施过程中受到各方面、诸条件的制约和影响，而这些影响均应以合同条款的形式反映到工程合同文件中去。

三、工程合同的作用

社会主义市场经济体制为工程建设市场的建立和完善提供了有利条件，工程合同的普遍实行，将更加有利于工程建设市场的规范与发展，加速推进营造林工程施工监理制度。工程合同的科学性、公平性和法律效力使合同各方自觉遵守，有章可循，其具体作用有：

（一）工程合同有利于工程建设的科学管理

工程建设活动投资大，涉及面广，要求有科学的管理体系，工程合同充分地反映了这种管理的科学性。工程合同规定：工程施工过程中合同各方办事要有根据，验收要有数据，变更要有指令，支付要有凭证，即建设单位、承包人、监理工程师必须工作扎扎实实，以科学的态度，按客观规律办事，搞好工程项目的建设。

（二）工程合同可以公正地维护合同双方利益

工程合同详细规定了合同双方的职责、权利和义务，既保证了建设单位的投资利益，同时也保护了承包人的合法权益。如合同中有关违约管理的条款、索赔条款等，使合同双方的矛盾可以在比较合理的基础上得到解决。

（三）工程合同可以保证工程质量

根据合同规定，承包人必须严格按照工程施工技术规范进行施工。技术规范详细地规定了各项工程和各种材料的质量标准，监理单位可按合同要求对承包人的施工方案、工艺、材料、施工机械设备等质量进行全面控制管理。质量不符合要求，监理单位不予计量，承包人则得不到相应的工程款项。因此，工程合同是保证质量的有力措施之一。

（四）工程合同可以有效管理工程进度

为了保障施工顺利进行，工程合同对各种可能影响工程进度的情况均作了相应的规定，承包人和监理单位都将按合同规定的分项工程和整个工程的工期要求，合理地组织施工和实施监理。如果工程进度计划受到影响，监理单位将按合同规定，要求承包人修改计划，采取各种措施，确保在合同工期内完成工程施工任务。

四、工程合同的常见类型

营造林工程施工合同一般有两种分类方法，一种方法是按照承包方式分为总承包合同、分承包合同、分包合同；另一种方法是按合同支付方式的不同分为总价合同、单价合同及成本补偿合同。在实际工作中，营造林工程的建设单位与施工单位签订合同时多采用第二种分类方法。

（一）总价合同

总价合同也称总价固定合同或总价不变合同。这种合同要求投标者按照招标文件的要求报一个总价。根据完成设计图纸和说明书上规定的所有项目，建设单位不管承包商获得多少利润，均按合同规定的总价分批付款，所以有时也简称包干制。

1. 总价合同订立条件

（1）在招标时，能详细而全面地准备好设计图纸和说明书，以便投标者能准确地计算工程量。

（2）工程风险不大。

（3）在合同条件允许范围内给承包商以各种方便。

2. 总价合同形式

（1）固定总价合同。承包商的报价以准确的设计图纸及计算为基础，并考虑到一些费用的上升因素，如图纸不变则总价固定。但当施工中图纸有变更，则总价也要变更。

（2）调值总价合同。在报价及订合同时，以设计图纸、工程量及当时价格计算签订总价合同，但在合同条款中双方商定，如果在执行合同中，由于通货膨胀引起工料成本增加时，合同总价做相应调整。一般工期较长的工程，适合采用这种形式。

（3）固定工程量总合同。即建设单位要求投标者在投标时按单价合同方法分别填报分项工程单价，从而计算出工程总价，据之签订合同。

（4）管理费总价合同。建设单位雇用某一公司的管理专家对发包合同的工程项目进行施工管理和协调，由建设单位付给一笔总的管理费用。

（二）单价合同

1. 单价合同订立条件

当准备发包的工程项目的内容和设计指标一时不能确定，或工程量可能出入较大，则采用单价合同形式为宜。单价合同分以下两种形式。

2. 单价合同形式

（1）估计工程量单价合同。以工程量表为基础，以工程量表中填入的单价为依据来计算合同价格，作为报价之用。结账时以实际完成的工程量为准，按月结账，最后以实际竣工结算工程总价格。

（2）纯单价合同。招标文件只向投标者给出各分项工程内的工作项目一览表、工程范围及必要的说明，而不提供工程量，承包商只要给出各项目的单价即可，将来施工时按实际工程量计算。

（三）单价与总价混合制合同

以单价合同为基础，但对其中某些不易计算工程量的分项工程，则采用包干方式。即对能用某种单位计算工程量的，均要求报单价，按实际完成工程量及合同上的单价结账；对不易算出工程量的，按项目完成大致程度结账，项目全部完成后，此项目的包干款额全部付给。

（四）成本补偿合同

成本补偿合同也称成本加酬金合同，即建设单位向承包商支付实际工程成本、管理费以及利润的一种合同方式。成本补偿合同有多种形式，一般有成本加固定费用合同、承包加定比费用合同、成本加奖金合同、工时及材料补偿合同等。

五、合同的签订与履行

（一）合同签订

1. 签订营造林工程合同应具备的条件

包括：造林作业设计已经批准、工程项目已经列入年度建设计划、有能够满足工程施工需要的设计文件和有关技术资料、建设资金已经落实、招标工程的中标通知书已经下达等。

2. 签订营造林工程合同应遵守的原则

（1）遵守法律、法规和计划的原则。订立工程合同，必须遵守国家法律、行政法规；

对营造林工程建设的特殊要求与规定，也应遵守国家的建设计划。由于工程施工对当地经济发展、社会环境与人们生活有多方面的影响，国家或地方有许多强制性的管理规定，工程合同人必须遵守。

（2）平等、自愿、公平的原则。签订工程合同的当事人双方具有平等的法律地位，任何一方都不得强迫对方接受不平等的合同条件。当事人有权决定是否订立合同和合同的内容，合同内容应当是双方当事人真实意思的体现，其内容应当是公平的，不能损害一方的利益，对于显失公平的合同，当事人一方有权申请人民法院或者仲裁机构予以变更或者撤销。

（3）诚实信用的原则。在订立工程合同时要诚实，不得有欺诈行为，合同当事人应当如实将自身和工程的情况介绍给对方在履行合同时，施工当事人要守信用、严格履行合同。

3. 签订营造林工程合同的程序

营造林工程合同的签订要经过要约和承诺两个阶段。要约是指合同当事人一方向另一方提出订立合同的要求，并列出合同的条款，以及限定其在一定期限内做出承诺的意思表示。承诺是指当事人一方对另一方提出的要约，在要约有效期限内，做出完全同意要约条款的意思表示。对于必须进行招标的营造林工程项目的施工应通过招标投标确定工程施工企业。同其他合同一样，营造林工程合同的签订受严格的时限约束，要求中标通知书发出后，中标的营造林工程施工企业应与建设单位及时签订合同。依据招标投标法的规定，中标通知书发出30天内签订合同工作必须完成。签订合同人必须是中标施工企业的法人代表或委托代理人。投标书中已确定的合同条款在签订时一般不得更改，合同价应与中标价相一致。如果中标施工企业在规定的有效期限内拒绝与建设单位签订合同，则建设单位可不再返还其投标时在投资银行的保证金。建设行政主管部门或其授权机构还可视情况给予一定的行政处罚。对于国家规定必须进行招标的营造林工程项目以外的工程项目，可以进行招标，也可以直接发包，采用招标的，应执行国家招标投标法的有关规定。

4. 工程合同的示范文本

双方共同签订的协议书是营造林工程合同示范文本的主要内容，又是营造林工程合同文本中总纲性的文件，它既规定了当事人双方最主要的权利和义务，又规定了组成合同的文件及合同当事人履行合同义务的承诺，并要求合同当事人在这份文件上签字盖章，具有法律效力。协议书的内容包括工程概况、工程承包范围、合同工期、质量标准、合同价款、组成合同的文件及双方的承诺等。

营造林工程合同协议一般包括通用条款、专用条款和合同文本附件三部分。其中，通用条款是根据合同法等法律对承发包双方的权利义务做出的规定，除双方协商一致对其中的某些条款作了修改、补充或取消外，双方都必须履行；专用条款是考虑不同营造林工程的内容、工期、造价、承发包商各自的能力、施工现场的环境和条件等因素各不相同，通用条款不能完全适用于各个具体营造林工程，必须对其做必要的修改和补充而形成双方统一意愿体现的条款；合同文本的附件则是对工程合同当事人的权利义务的进一步明确，并使得工程合同当事人一目了然，便于执行和管理。

（二）合同的履行

1. 工程合同履行的概念

营造林工程合同履行是指合同当事人双方依据合同条款的规定，实现各自享有的权利，并承担各自负有的义务。就其实质来说，是合同当事人在合同生效后，全面地、适时地完成合同义务的行为。

合同的履行是合同法的核心内容，也是合同当事人订立合同的根本目的。当事人双方在履行合同时，必须全面地、善始善终地履行各自承担的义务，使当事人的权利得以实现，从而为各社会组织及自然人之间的生产经营及其他交易活动的顺利进行创造条件。

2. 合同履行的原则

依照合同法的规定，合同当事人双方应当按照合同约定全面履行自己的义务，包括履行义务的主体、标底、数量、质量、价款或报酬以及履行的方式、地点、期限等，都应当按照合同的约定全面履行。

（1）诚实信用原则。该原则贯穿于合同的订立、履行、变更、终止等全过程。基本内容是指合同当事人善意的心理状况，它要求当事人在进行民事活动中不得有欺诈行为，要恪守信用，尊重交易习惯，不得回避法律和歪曲合同条款，正当竞争，反对垄断，尊重社会公共利益和不得滥用职权等。

（2）公平合理原则。合同当事人双方自订立合同起，直到合同的履行、变更、转让以及发生争议时对纠纷的解决，都应当依据公平合理的原则，按照合同法的规定，履行其义务。

（3）依法变更原则。合同依法成立，即具有法律约束力，因此，合同当事人不得单方擅自变更合同。合同的变更，必须按合同法中有关规定进行，否则就是违法行为。

第二节　合同管理

一、合同管理的目的

（一）发展和完善社会主义营造林工程市场经济

我国经济体制改革的目标是建立社会主义市场经济，以利于进一步解放和发展生产力，增强经济实力，参与国际市场经济活动。因此，培育和发展营造林工程市场，是我国林业系统建立社会主义市场体制的一项十分重要的工作。在营造林工程建设领域中，首先要加强营造林工程市场的法制建设，健全市场法规体系，以保障营造林工程市场的繁荣和林业行业的发展。欲达到此目的，必须加强对营造林工程建设合同的法律调整和管理，认真做好营造林工程合同管理工作。

（二）促使营造林工程施工企业的发展

现代企业制度的建立，要求营造林工程施工企业必须认真地、更多地考虑市场的需求变化，调整企业发展方向和工程承包方式，依据招标投标法的规定，通过工程招标投标签订营造林工程合同，以求实现与其他企业、经济组织在工程项目建设活动中的协作与竞争。营造林工程合同是项目法人单位与营造林工程施工企业进行承包、发包的主要法律形式，是进行工程施工、监理和验收的主要法律依据，是营造林工程施工企业走向市场经济的桥梁和纽带。订立和履行营造林工程合同，直接关系到建设单位和营造林工程施工企业的根本利益。因此，加强营造林工程合同的管理，已成为在营造林工程施工企业中推行现代企业制度的重要内容。

（三）规范营造林工程施工的市场主体、市场价格和市场交易

建立完善的营造林工程施工市场体系，是一项复杂的系统工程。它要求对市场主体、市场价格和市场交易等方面的经济关系加以法律调整，而合同管理正是一种法律调整手段。通对合同管理能够在营造林工程各项建设中做到公开、公正、公平，特别是营造林工程合同的招标投标制度，能够有效地规范市场主体的交易行为，完善市场价格透明机制，避免和克服建设领域的违法犯罪行为。

（四）加强合同管理，提高营造林工程合同的履约率

牢固树立合同法制观念，加强工程建设项目合同管理，必须从项目法人、项目经理、项目工程师做起，坚决执行合同法和营造林工程合同的相关规定，从而保证营造林工程建设项目的顺利建成。

二、合同管理的任务

营造林工程合同管理有四项基本任务：

1. 扶持我国营造林施工环境

要发展和培育营造林工程施工，振兴我国的营造林工程施工质量，就必须建立现代化的营造林工程施工环境。为了形成高质量的营造林工程施工的市场环境，必须培育合格的市场主体，建立市场价格机制，强化市场竞争意识，推动营造林工程项目招标投标，确保工程质量，严格履行营造林工程合同。

2. 努力推行法人责任制、招标投标制、工程监理制和合同管理制

认真完善和实施“四制”，并作好协调关系，是摆在营造林工程建设管理工作面前的重要任务。现代营造林工程管理中的“四制”，是一个相互促进、相互制约的有机组合体，是主体运用现代管理手段和法制手段，实现营造林工程施工市场经济发展和促进社会进步的统一体。因此，工程建设管理者必须学会正确运用合同管理手段，为推动项目法人负责制服务；工程师依据合同实施规范性监理，落实工程招标与合同管理一体化的科学管理。

3. 全面提高营造林工程管理水平

全面提高营造林工程管理水平，培育和发展营造林工程市场经济是一项综合的系统工程，其中合同管理只是一项子工程。但是，工程合同管理是营造林工程科学管理的重要组成部分和特定的法律形式。它贯穿于营造林工程施工市场交易活动的全过程，众多营造林工程合同的全部履行，是建立一个完善的营造林工程施工市场的基本条件。因此，加强营造林工程合同管理，全面提高工程建设管理水平，必将在建立统一的、开放的、现代化的、机制健全的社会主义营造林工程施工市场经济体制中，发挥重要的作用。

4. 营造林工程合同管理是控制工程质量、进度和造价的重要依据

营造林工程合同管理，是对营造林工程建设项目有关的各类合同，从条件的拟定、协商、签署、履行情况的检查和分析等环节进行的科学管理，以期通过合同管理实现营造林工程项目“三大控制”的任务要求，维护当事人双方的合法权益。

三、合同管理的主要内容

我国实行营造林工程项目管理制度以来，工程合同条件得到了广泛的应用，尤其在引入外资项目上更是如此。几年的实践证明：营造林工程施工监理的关键是熟悉合同、掌握合同、利用合同对工程施工过程的进度、质量、费用实施管理。合同管理的主要内容包括：工程变更、工程延期、费用索赔、争端与仲裁、违约、工程分包、工程保险等方面。理解和熟悉合同的主要内容，对项目监理机构、建设单位、承包单位都十分重要。下面结合我国营造林工程施工监理实践，对合同管理的主要内容作概括性介绍。

（一）工程变更

1. 合同变更的概念

合同变更是指合同依法成立后，在尚未履行或尚未完全履行时，当事人依法经过协商，对合同的内容进行修改或调整所达成的协议。

合同变更时，当事人应当通过协商，对原合同的部分内容条款做出修改、补充或增加新的条款。例如，对原合同中规定的标底数量、质量、履行期限、地点和方式、违约责任、解决争议的办法等做出变更。当事人对合同内容变更取得一致意见时方为有效。

工程施工过程中，工程变更可以引起合同变更。工程变更会对工程费用、工期产生影响，涉及建设单位和承包人的利益，因而监理单位应谨慎地按合同条款实施工程变更管理。一般来讲，工程变更要求可以由建设单位、监理单位、承包人提出，但必须经过监理单位的批准才能生效。监理单位认为有必要根据合同有关规定变更工程时，应经建设单位同意；建设单位提出变更时，监理单位应根据合同有关规定办理；承包人请求变更时，监理单位必须审查，必要时报建设单位同意后，根据合同有关规定办理。监理单位应就颁布工程变更令而引起的费用增减，与建设单位和承包人协商，确定变更费用。

2. 合同变更的法律规定

合同法规定：“当事人协商一致，可以变更合同。”法律、行政法规规定变更合同应当办理批准、登记手续的，依照其规定办理。当事人因重大误解、显失公平、欺诈、胁迫或乘人之危而订立的合同，受损害一方有权请求人民法院或者仲裁机构做出变更或撤销合同中的相关内容的决定。

3. 必须遵守法定的程序

合同法、行政法规规定变更合同应当办理批准、登记等手续，必须依据其规定办理。因此，当事人要变更有关合同时，必须按照规定办理批准、登记手续，否则合同变更不发生效力。工程变更程序一般包括：

（1）意向通知。监理单位决定根据有关规定对工程进行变更时，向承包人发出变更意向通知，内容主要包括：变更的工程项目、部位或合同某文件内容；变更的原因、依据及

有关的文件、图纸、资料；要求承包人据此安排变更工程的施工或合同文件修订的事宜；要求承包人向监理单位提交此项变更给其费用带来影响的估价报告。

（2）资料收集。监理单位宜指定专人受理变更，重大的工程变更应请建设单位和设计单位参加。变更意向通知发出的同时，着手收集与该变更有关的一切资料，包括：变更前后的图纸（或合同、文件）；技术变更洽商记录；技术研讨会议记录；来自建设单位、承包人、监理单位方面的文件与会谈记录；行业部门涉及变更方面的规定与文件；上级主管部门的指令性文件等。

（3）费用评估。监理单位根据掌握的文件和实际情况，按照合同的有关条款，考虑综合影响，完成上述工作之后对变更费用做出评估。评估的主要工作在于审核变更工程数量及确定变更工程的单价及费率。

（4）协商价格。监理单位应与承包人和建设单位就其工程变更费用评估的结果进行磋商，在意见难以统一时，监理单位应确定最终的价格。

（5）签发“工程变更令”。变更资料齐全，变更费用确定之后，监理工程师应根据合同规定，签发“工程变更令”。“工程变更令”主要包括以下文件：文件目录、工程变更令、工程变更说明、工程费用估计表及有关附件。工程变更的指令必须是书面的，如果因某种特殊的原因，监理工程师有权口头下达变更命令。承包人应在合同规定的时间内要求监理工程师书面确认。监理工程师在决定批准工程变更时，要确认此工程变更必须属于合同范围，是本合同中的任何工程或服务等，此变更必须对工程质量有保证，必须符合规范。

（二）工程延期

工程延期的定义是：按合同有关规定，由于非承包人自身原因造成的，经监理工程师书面批准的合理竣工期限的延长，它不包括由于承包人自身原因造成的工期延误。

1. 延期的原因

延期的原因主要有：额外的或附加的工作；异常恶劣的气候条件；由建设单位造成的延误、妨碍、阻止；不是承包人的过失、违约或由其负责的其他特殊情况；合同中所规定的任何延误原因。

2. 受理工程延期的条件

监理工程师必须在确认下述条件满足后才受理工程延期：一是由于非承包人的责任，工程不能按原定工期完工；二是延期情况发生后，承包人在合同规定期限内向监理单位提交工程延期意向；三是承包人承诺继续按合同规定向监理单位提交有关延期的详细密料，并根据监理单位需求随时提供有关证明；四延期时间终止后，承包人在合同规定的期限内向监理单位提交正式的延期申请报告。

3. 工程延期的受理程序

工程延期管理是监理单位实施合同管理的重要工作之一，一般的受理程序如下：一是收集资料，做好记录，监理单位应在收到承包人延期意向后，做好工地实际情况的调查和记录，收集各种相关的文件资料及信息；二是审查承包人的延期申请，主要从延期申请的格式是否满足监理单位的要求，延期申请是否列明延期的细目及编号，阐明延期发生、发展的原因及申请所依据的合同条款，是否附有延期测算方法和延期涉及的有关证明、文件、资料、图纸等方面进行审查；三是延期评估，应主要评定承包人提交的申请资料是否真实、齐全，满足评审需要，申请延期的合同依据是否准确，申请延期的理由是否正确与充分，延期天数的计算原则与方法是否恰当等；四是编制审查报告，确定延期，监理单位应根据现场记录和有关资料，经调查、讨论、协商，在确认延期测算方法及由此确认的延期天数的基础上做出审查报告，并在确认其结论之后，确定延期，签发有关报表。

（三）费用索赔

费用索赔是指承包人根据合同的有关规定，通过合法的途径和程序，对工程实施过程中非承包人自身原因而造成的费用损失或增加，正式向建设单位提出认为应该得到额外费用的一种手段。

监理单位根据合同确定处理、费用索赔时，一般分两个步骤进行，即查证索赔原因、核实索赔费用。在收到承包人的正式索赔申请时，监理单位首先应看所要求的索赔是否有合同依据，然后将承包人所附的原始记录、账目等与驻地监理单位的记录核对，以弄清承包人所声称的损失是否由于自身工作效率低或管理不善所致。

如果经监理单位查证，承包人所提索赔理由成立，则应核实承包人的计算是否正确。在允许索赔事件中，承包人常有意或无意地在计算上出差错，监理单位必须严格审核计算过程，特别是承包人计算中所采用的合同条款依据、价格、费率标准和数量等。

一般来讲，监理单位是代表建设单位的利益来进行工程项目管理。但在处理索赔时，监理单位必须以完全独立的裁判人身份，对索赔做出公正的裁决，即使索赔对建设单位不利，也不能偏袒徇私。

如果监理单位的裁决不公正，承包人可将此类裁决诉诸仲裁，仲裁人可以推翻监理单位的裁决，使监理单位的信誉受到损害。

（四）争端与仲裁

在营造林工程施工过程中以及合同终止以前或以后，建设单位和承包人对合同以及工程施工中的很多问题将可能发生各种争端事宜，包括由于监理单位对某一问题的决定使双方意见不一致而导致的争端事宜。FIDIC 合同条件对争端事宜的解决作了明确的程序规定。

1. 争端的管理

按照合同要求，无论是承包人还是建设单位，应以书面形式向监理单位提出争端事宜，并呈一副本给对方。监理单位应在收到争议通知后，按合同规定的期限，完成对争议事件的全面调查与取证。同时对争议做出决定，并将决定以书面形式通知建设单位和承包人。如果监理单位发出通知后，建设单位或承包人未在合同规定的期限内要求仲裁，其决定则为最终决定，争端事宜处理完毕。只要合同未被放弃或终止，监理单位应要求承包人继续精心施工。

2. 仲裁

当合同一方提出仲裁要求时，监理工程师应在合同规定的期限内，对争议设法进行友好调解，同时督促建设单位和承包人继续遵守合同，执行监理单位的决定。在合同规定的仲裁机构进行仲裁调查时，监理单位应以公正的态度提供证据和作证，监理单位应在仲裁后执行裁决。一般而言，仲裁人的裁决是最终裁决，对双方均有约束力，任何一方不得再诉诸法院或其他权力机构，以改变此裁决。

（五）违约处理

1. 建设单位的违约

建设单位有权宣告破产，或作为一个公司宣告停业清理，但清理不是为了改组或合并；由于不可预见的理由，而不可能继续履行其合同义务；没有在合同规定的时间内根据监理单位的支付证书向承包人付款，或干涉、阻挠、拒绝支付证书的签发等事实时，监理单位应确认为建设单位违约。

当监理单位收到承包人因建设单位违约而提出的部分或全部中止合同的通知后，应尽快深入调查，收集掌握有关情况，澄清事实。在调查、了解的基础上，根据合同文件要求，同建设单位、承包人协商后，办理部分或全部中止合同的支付。

按照合同规定，因建设单位未能按时向承包人支付承包人应得款项而违约时，承包人有权按合同有关规定暂停工程或延缓工程进度，由此发生的费用增加和工期延长，经监理单位与建设单位、承包人协商后，将有关费用加到合同价中，并应给予承包人适宜的工期延长。如果建设单位收到承包人暂停工程或延缓工程进度的通知后，在合同规定时间内恢复了向承包人应付款的支付以及支付了延期付款利息，承包人应尽快恢复正常施工。

2. 承包人的违约

承包人违约视情节可分为一般违约和严重违约两种。监理单位在处理时应分别对待。

承包人有给公共利益带来伤害、妨碍和不良影响；未严格遵守和执行国家及有关部门的政策与法规；由于承包人的责任，使建设单位的利益受到损害；不严格执行监理单位的指示；未按合同照管好工程等事实时，监理单位应确认承包人一般违约。承包人属一般违约时，监理单位应书面通知承包人在尽可能短的时间内，予以弥补与纠正，且提醒承包人一般违约有可能导致严重违约。对于因承包人违约对建设单位造成的费用影响，监理单位应办理扣除承包人相应费用的证明。

承包人有无力偿还债务或陷入破产，或主要财产被接管，或主要资产被抵押，或停业整顿等，因而放弃合同；无正当理由不开工或拖延工期；无视监理单位的警告，一贯公然忽视履行合同规定的责任与义务；未经监理单位同意，随意分包工程，或将整个工程分包出去等事实时，监理单位应确认承包人严重违约。监理单位确认承包人严重违约，建设单位已部分或全部中止合同后，应指示承包人将其为履行合同而签订的任何协议的利益（如材料和货物的供应服务的提供等）转让给建设单位，认真调查并充分考虑建设单位因此受到的直接和间接的费用影响后，办理并签发部分或全部中止合同的支付证明。在终止对承包人的雇佣即驱逐承包人之后，按照合同规定，建设单位有权处理和使用承包人的设备、材料和临时工程。

（六）工程分包

工程分包是指承包人经监理单位批准后，将所承包工程一部分委托其他承包人承建或由建设单位、监理单位指定另外的承包人承担实施合同中以暂定金额支付的工程施工和机械设备、材料的供应等工程任务。工程分包有两种形式，即一般分包和指定分包。

1. 一般分包的管理

一般分包是指由承包人自己选择分包人，但监理单位应禁止承包人把大部分工程分包出去或层层分包。承包人必须经监理单位批准，并按规定办理分包工程手续后，才能将部分工程分包出去。所分包的工程不能超过全部工程的一定百分比，该百分比应在合同中予以明确，承包人未经建设单位同意，不得转让合同或合同的任何部分。这主要表明建设单位希望工程承包合同由中标的承包商来执行。

在一般分包中，承包人不能因为分包而对所分包出去的工程不承担合同所规定的义务，即承包人应对分包人的任何行为、违约、疏忽和工程质量、进度等负责。监理单位应通过承包人对分包工程进行管理，监理单位也可以直接到分包工程去检查，发现涉及分包工程的各类问题，应要求承包人负责处理。监理单位应通过“中期支付证书”，由承包人对分包工程进行支付。

监理单位在获得承包人推荐的分包人和分包的工程内容及有关的资料后，应对分包人进行审查。主要审查分包人的资格情况及证明；分包工程项目及内容；分包工程数量及金额；分包工程项目所使用的技术规范与验收标准；分包工程的工期；承包人与分包人的合同责任；分包协议等。监理单位完成上述审查工作后，若无问题，签发“分包申请报告单”，批准分包人。

2. 指定分包管理

指定分包是指建设单位或监理单位根据工程需要而指定的分包。分包合同一经签发，指定分包人应接受承包人的管理，向承包人负责，承担合同文件中承包人应向建设单位承担的一切相应责任和义务，并向总承包人交纳部分管理费。监理单位应要求分包人保护和保障承包人由于指定分包人的疏忽、违约造成的一切损失。若承包人未按合同规定向指定分包人支付应得款项，根据监理单位的证明，建设单位有权直接向指定分包人付款，并在承包人应得款项中扣除。为保证工程的顺利进行，在指定分包合同招标前，指定分包人员要被建设单位或监理单位和承包人共同认可。若承包人有合理的理由，可以拒绝建设单位或监理工程单位指定的分包人。

当指定分包人未能按要求实施分包任务时，建设单位或监理单位应重新指定分包人，支付承包人所受损失的任何附加费，给承包人一个适当的工期延长。

（七）工程合同的转让

工程合同的转让分为债权人转让权利和债务人转移义务两种。但无论哪一种都必须办理批准、登记手续。

1. 债权人转让权利

债权转让是指工程合同债权人通过协议将其债权全部或者部分转让给第三人的行为，债权转让又称债权让与或合同权利的转让。

2. 债务人转移义务

债务转移是指工程合同债务人与第三人之间达成协议，并经债权人同意，将其义务全部或部分转移给第三人的法律行为。债务转移又称债务承担或合同义务转让。

3. 转让权利或转移义务的批准或登记

《中华人民共和国合同法》（以下简称《合同法》）第八十七条规定："法律、行政法规规定转让权利或者转移义务应当办理批准、登记等手续的，依据其规定。"法律、行政法规规定了特定的合同的成立、生效要经过批准、登记，否则不能成立。因此，工程合同的权利转让或者义务转移也须经过批准、登记。因为，需要批准、登记的合同都是具有特定性质的合同，在批准、登记时，合同主体——当事人是重要的审查内容，无论是合同债权转让还是合同债务转移，都会引起合同主体的变化，所以要规定进行批准、登记等手续。

（八）工程合同的权利、义务终止

1. 合同终止的概念及法律规定

合同终止是指合同当事人双方依法使相互间的权利义务关系终止，也即合同关系消除。《合同法》第九十一条规定：有下列情形之一的，合同的权利义务终止：

（1）债务已经按照约定履行；

（2）债务相互抵消；

（3）债务人依法将标的物提存；

（4）债权人免除债务；

（5）债权债务同归于一人；

（6）法律规定或者当事人约定终止的其他情形。

虽然《合同法》规定合同终止的情形有六种，但在现实的交易活动中，合同终止的原因绝大多数是属于第一种情形，按照约定履行，是合同当事人订立合同的出发点，也是订立合同的归宿，是合同法调整的合同法律关系的最理想的效果。

2. 合同的解除

合同解除是指合同当事人依法行使解除权或者双方协商决定，提前解除合同效力的行为。合同解除包括：约定解除和法定解除两种类型。约定解除是指"当事人协商一致，可以解除合同。当事人可以约定一方解除合同的条件。解除合同的条件成熟时，解除权人可以解除合同"。法定解除合同是指解除条件由法律直接参与的合同解除合同。当事人在行使合同解除权时，应严格按照法律规定行事，从而达到保护自身合法权益的目的。

《合同法》第九十四条规定：有下列情形之一的，当事人可以解除合同：

（1）因不可抗力致使不能实现合同目的；

（2）在履行期限届满之前，当事人一方明确表示或者以自己的行为表明不履行主要债务；

（3）当事人一方迟延履行主要债务，经催告后在合理期限内仍未履行；

（4）当事人一方迟延履行债务或者有其他违约行为致使不能实现合同目的；

（5）法律规定的其他情形。

四、工程合同管理的措施

（一）工程合同管理的方法

1. 健全工程合同管理法规，依法管理

在工程建设管理活动中，要使所有工程建设项目从可行性研究开始，到工程项目报建、工程项目招标投标、工程建设承发包，直至工程建设项目施工和竣工验收等一系列活动全部纳入法制轨道，就必须增强发包商和承包商的法制观念，保证工程建设项目的全部活动依据法律和合同办事。

2. 建立和发展有形营造林工程市场

建立完善的社会主义市场经济体制，发展我国营造林工程发包承包活动，必须建立和发展有形的营造林工程市场。有形营造林工程市场必须具备及时收集、存贮和公开发布各类营造林工程信息的三个基本功能，为工程交易活动，包括工程招标、投标、评标、定标和签订合同提供服务，以便于政府有关部门行使调控、监督的职能。

3. 完善营造林工程合同管理评估制度

完善的营造林工程合同管理评估制度是保证有形的营造林工程市场的重要保证，又是提高我国营造林工程管理质量的基础，也是发达国家经验的总结。在这一方面，我国还存在一定的差距。面临全球化进程，要尽快建立完善这方面的制度，使我国的营造林工程合同管理评估制度符合以下几点要求：

（1）合法性。指工程合同管理制度符合国家有关法律、法规的规定。

（2）规范性。指工程合同管理制度具有规范合同行为的作用，对合同管理行为进行评价、指导、预测，对合同行为进行保护奖励，对违约行为进行预测、警示或制裁等。

（3）实用性。指营造林工程合同管理制度能适应营造林工程合同管理的要求，以便于操作和实施。

（4）系统性。指各类工程合同的管理制度是一个有机结合体，互相制约、互相协调，在营造林工程合同管理中，能够发挥整体效应的作用。

（5）科学性。指营造林工程合同管理制度能够正确反映合同管理的客观经济规律，保证人们运用客观规律进行有效的合同管理，才能实现与国际惯例接轨。

4. 推行营造林工程合同管理目标制

营造林工程合同管理目标制，就是要使营造林工程各项合同管理活动达到预期结果和最终目的。合同管理目标控制是一个动态过程，具体讲就是指工程项目管理机构和管理人员为实现预期的管理目标和最终目的，运用管理职能和管理方法对工程合同的订立和履行施行管理活动的过程。其过程主要包括：合同订立前的目标制管理、合同订立中的目标制管理、合同履行中的目标制管理和减少合同纠纷的目标制管理五个部分。

5. 工程合同管理机关必须严肃执法

营造林工程合同法律、行政法规，是规范营造林工程市场主体的行为准则。在培育和发展我国营造林工程市场的初级阶段，具有法制观念的营造林工程市场参与者，要学法、懂法、守法，依据法律、法规进入营造林工程市场，签订和履行工程建设合同，维护自身的合法权益。而合同管理机关，对违犯合同法律、行政法规的应从严查处。

由于我国社会主义市场经济尚处初创阶段，特别是营造林工程市场因其周期长、流动广、技术性强、资源配置复杂，依法治理营造林市场的任务十分艰巨。在工程合同管理活动中，合同管理机关在严肃执法的同时，又要运用动态管理的科学手段，实行必要的“跟踪”监督，以提高工程管理水平。

（二）工程合同管理的手段

营造林工程合同管理是一项复杂而广泛的系统工程，必须采用综合管理的手段，才能达到预期目的，常用的手段有：

1. 普及合同法制教育，培训合同管理人才

认真学习和熟悉必要的合同法律知识，以便合法地参与营造林工程市场活动。发包单位和承包单位应当全面履行合同约定的义务，不按照合同约定履行义务的，依法承担违约责任。工程师必须学会依据法律的规定，公正地、公开地、独立地行使权力，努力做好营造林工程合同的管理工作。这就要进行合同法制教育，通过培训等形式，培养合格的合同管理人才。

2. 设立专门合同管理机构并配备专业的合同管理人员

建立切实可行的营造林工程合同审计工作制度，设立专门合同管理机构，并配备专业的管理人员。以强化营造林工程合同的审计监督，维护营造林工程建设市场秩序，确保营造林工程合同当事人的合法权益。

3. 积极推行合同示范文本制度

积极推行合同示范文本制度，是贯彻执行《中华人民共和国合同法》，加强建设合同监督，提高合同履约率，维护营造林工程建设市场秩序的一项重要措施。一方面有助于当事人了解、掌握有关法律、法规，使营造林工程合同签订符合规范，避免缺款少项和当事人意思表达不真实，防止出现显失公平和违约条款；另一方面便于合同管理机关加强监督检查，也有利于仲裁机构或人民法院及时裁判纠纷，维护当事人的合法权益，保障国家和社会公共利益。

4. 开展对合同履行情况的检查评比活动

促进营造林工程建设者重合同，守信用。营造林工程建设企业应牢固树立“重合同，守信用”的观念。在发展社会主义市场经济，开拓营造林工程建设市场的活动中，营造林工程建设企业为了提高竞争能力，建设企业家应该认识到“企业的生命在于信誉，企业的信誉高于一切”的原则的重要性。因此，营造林工程建设企业各级领导应该经常教育全体员工认真贯彻岗位责任制，使每一名员工都来关心工程项目的合同管理，认识到自己的每一项具体工作都是在履行合同约定的义务，从而保证工作项目合同的全面履行。

5. 建立合同管理的微机信息系统

建立以微机数据库系统为基础的合同管理系统。在数据收集、整理、存贮、处理和分析等方面，建立工程项目管理中的合同管理系统，可以满足决策者在合同管理方面的信息需求，提高管理水平。

6. 借鉴和采用国际通用规范和先进经验

现代营造林工程建设活动，正处在日新月异的新时期，我国加入“WTO”后营造林工程承发包活动的国际性更加明显。国际营造林工程市场吸引着各国的建设单位和承包商参与其流转活动。这就要求我国的营造林工程建设项目的当事人学习、熟悉国际营造林工程市场的运行规范和操作惯例，为进入国际营造林工程市场而努力。

思考题

1. 简述合同和营造林工程合同的概念。
2. 工程合同的特点有哪些?
3. 工程合同的类型有哪些?
4. 工程合同的作用包括哪些?
5. 分别简述合同的目的与任务。
6. 怎样签订合同?
7. 合同履行的原则有哪些?
8. 论述合同管理的主要内容。
9. 简述合同管理的措施。

第七章
营造林工程档案管理

建设工程档案是指在工程建设活动中直接形成的具有归档保存价值的文字、图表、声像等各种形式的历史记录，依据行业的不同，可以分为工业档案、农业档案、水利档案、交通档案等。林业档案也是其中一种，是科学管理林业生产、建设和经营的重要工具。

第一节　林业档案管理概述

林业档案是通过不间断的记载、积累、归档保管起来的林业生产和经营管理等的历史材料，为林业生产、经营管理、技术交流和科学研究等工作提供了准确可靠的科学依据。

一、档案的作用

林业档案的功能与作用是多方面的，具体表现在以下几方面：

（一）具有储备技术知识功能

林业档案直接真实地记述了人们从事林业活动的过程、经验和成果，并以档案的形式进行记载和储备，客观上赋予其储备林业技术知识的功能。

（二）具有探索林业发展规律的功能

林业档案是林业工作者从事林业生产和科学研究等实践活动的真实记录，它既是人们在继承、学习别人和前人的基础上，把在实践活动中取得的新知识、新技术、新工艺、新方法运用和充实到林业知识宝库，留给后人的宝贵财富；又是后人不断认识、整理、分析和概括这些新的资料，从中借鉴他人的经验，不断提高分析和解决问题的能力，深化林业改革的有力武器。

（三）林业生产经营管理的依据

档案记载了林业生产经营活动的有关情况、成果、经验和教训，既是林业生产经营活动的记录，又是继续进行生产建设的必要条件。

档案是历史的真凭实据，有法律效用，可作凭证。档案之所以有凭证作用，是由档案的形成规律及其本身的特点所决定的。从档案的形成看，它是由当时直接使用的文件转化来的，记录了当时的原始情况，是工作和生产活动中形成的，不是随意收集和事后缩写的材料，是令人信服的历史证据。

（四）进行科学研究的重要参考材料

科学研究所需材料，一是研究者本人通过亲身考察、观测、实验、调查而得到的，二是利用他人有关的材料和论著。林业档案可以从这两方面为林业科学研究提供丰富的重要资料。

（五）进行林业政治教育的内容

林业档案记载了党和国家对林业的方针、政策，和各级政府、林业建设单位主管部门在林业建设发展中实施的各种法规和规定等文件，同时也记录了林业部门在其贯彻执行中的实施情况，包括打击破坏森林资源的成果经验和教训等，这对开展林业政治宣传教育工作具有长远的指导意义。

二、档案管理的任务

林业档案管理的任务有六项：

（一）档案的收集

主要是接收、征集林业档案材料及有关文献的活动，也就是接收本单位形成的具有保存价值的林业文件材料，征收各地、各部门或个人的林业档案材料和有关文献等。

（二）档案的整理

将各种实践活动的档案材料和资料，分门别类地组成档案有机体，并按照其自然形成规律及特点，进行科学的分类组合，排列和编目，使之系统化，也就是对林业档案原件进行有序管理。

（三）档案的鉴定

按照鉴定工作的原则和标准，对林业档案的真伪和价值进行甄别，确定其现实使用价值和历史保存价值，划分其保管期限，并剔除失去保存价值的档案，予以销毁。

（四）档案的保管

采取科学的方法和措施保管档案，克服与限制损毁档案的各种因素，以维护档案的完整与安全，为最大限度地延长档案的寿命和保证档案的有效利用提供条件，并实行保障措施。

（五）档案的统计

以表册、数字的形式反映林业档案和林业档案统计工作的有关情况，是反馈林业档案和林业档案工作信息的一项重要环节。

（六）档案的利用

必须尽快地促使林业档案信息的利用，尽可能地缩短信息转化为现实价值的时间，以获得社会经济的较高价值。因此，要积极采用现代化的管理方法和手段，以实现林业档案信息加工、处理、存储、检索、传递的自动化。

三、档案管理的基本原则

林业档案工作的基本原则是：实行统一领导，分级管理；维护林业档案的完整与安全；便于林业及社会各方面的利用。

（一）档案管理的组织原则

林业档案工作实行统一领导，分级管理。统一领导是指档案工作置于国家统一领导之下实行统一规划，统一法令，统一规章制度，统一标准，统一指导和监督。分级管理是指在国家统一领导原则下实行按部门、按专业、按单位分级管理。

（二）档案完整与安全的原则

维护林业档案的完整，要求从内容上保证林业档案的齐全，使应该集中的档案与实际保存的档案相等，不能残缺不全，使归档率达到100%。从归档的案卷质量上，要维护林业档案的有机联系和历史斑迹，不能割裂分散，凌乱堆砌，不能涂抹、勾画、剪裁，保证林业档案的完整率和准确率都能达到100%。维护林业档案的安全，要求林业档案材料不遭受损害，并保证林业档案内容的安全。

（三）档案有效利用的原则

便于林业和社会各方面的利用是林业档案工作的出发点和落脚点，支配着林业档案工作的全过程。在林业档案的管理制度和业务工作上应该从当前和长远利用林业档案的需要与方便出发，并以此检验林业档案工作的好坏。

四、林业档案的种类

林业档案按其用途和管理的部门以及内容不同，一般分为林业行政管理档案、林业经营管理档案、林政管理行政执法档案、林业教育档案四类。其主要内容见表7-1。

表7-1　林业档案类型划分表

档案类型		档案内容
林业行政管理档案	（1）林业政策法规档案	是在林业政策、法规的调查、研究、制定和贯彻执行中形成的
	（2）林业审计档案	是林业系统各单位在审计活动中形成的档案
	（3）林业监察档案	是林业系统各单位在监察活动中形成的档案
	（4）林业人事劳动工资管理档案	主要是林业人事、劳动工资管理，包括安全部门在其活动中形成的档案
	（5）林业计划管理档案	主要是林业系统各单位在计划、统计活动中形成的档案
	（6）林业物资管理档案	是林业系统各单位物资管理活动中形成的档案
林业经营管理档案	（1）营造林生产技术档案	主要是采种、育苗、造林、抚育等生产活动中形成的技术档案
	（2）森林资源档案	也称森林档案或森林资源调查档案。主要包括：森林资源调查、专业调查、林业区划、规划设计、森林经营、林业测绘以及新技术应用等活动中形成的技术档案
	（3）森林保护档案	主要包括森林防火、森林气象、森林病虫害防治、森林动植物检疫和防疫、森林珍稀野生动植物保护、森林和野生动物类型自然保护区技术档案
	（4）木材生产档案	主要包括伐区调查工艺设计、伐区技术验收、伐区作业、森林采运、木材贮存管理等方面的档案
	（5）木材综合利用档案	主要是木材加工和人造板、林产化工产品以及林副产品生产活动中形成的档案，或称林产品档案
	（6）林业机械设备档案	主要包括营林生产机械、森林调查规划机械仪器、森林采伐机械、集运材机械、储木场作业机械、木材加工和综合利用生产机械设备、基建机械设备和电子声像设备等档案
	（7）林业基本建设档案	主要是林业基本建设形成的技术档案
	（8）林业科学研究技术档案	主要是对林业生产和管理等方面进行研究活动的档案

（续）

档案类型		档案内容
林政管理行政执法档案	（1）林地管理档案	主要是各级林建设单位管理部门对林地地籍的管理，占用林地和征用林地的审核等方面形成的档案
	（2）林权管理档案	主要是各级林建设单位管理部门对森林、林木进行调查登记，确认权属和处理林权纠纷等方面形成的档案
	（3）核发证件档案	主要是各级林建设单位管理部门审核发放林木采伐许可证、木材运输证等各种证件时所形成的档案
	（4）林业行政处罚档案	主要是各级林业执法部门组织对违反林业法律法规的行为依法适当给予林业行政处罚的，在调查、处理和行政处罚等办案过程中形成的档案
林业教育档案		林业院校和林业职业教育教学活动中形成的档案

（一）营林生产技术档案

林业生产一般具有周期性长的特点，建立营林生产技术档案主要是为了系统地掌握从采种、育苗、造林到抚育改造等一系列营林措施和林业生产活动情况，积累资料，总结经验，摸索规律，改进技术和经营管理工作。所以，乡镇林业站都应建立健全营林生产技术档案。营林生产技术档案的组成及主要文件材料的内容包括有：

1. 林木种子档案

（1）种子生产形成的文件材料。主要包括上级颁发的各种有关林木种子技术管理规程、办法、实施细则、方针政策，上级下达的生产活动、编制计划，确保计划实施的措施、生产计划；母树林、种子园的地址选择划定情况；种子采集有关材料；种子加工调制方法原始记录；种子检查验收材料，种子发芽率和发芽势测定记录计算依据；种子成活率测定记录材料，种子检疫、消毒情况，种子入库储藏精选处理记录，各种储藏办法、效果情况，季度、年终总结，重要记事。

（2）种子生产过程中形成的图表。主要有种子园规划图、示意图，采种规划图，各种统计报表，种子调查计算表、评审表，种子调拨和调入凭证材料等。

2. 林木种苗档案

主要包括苗圃规划有关材料（如说明书、图纸、总面积表、施业面积表等）、苗圃概况材料（如基本情况统计、职工人数统计、经营面积、投资规模、圃地土壤情况、气象资料和排灌设施等）、育苗生产材料（即苗木各阶段产量与生长调查、各树种育苗技术调查材料等）、育苗土地使用情况材料、各种经营情况材料、全年育苗成本一览表、总结材料等。

3. 造林档案

包括造林设计任务书或项目建议书、造林设计材料、施工基本情况材料等。施工材料主要有造林地编号（林班、小班号），造林面积，造林起止日期，造林（更新）树种选择，造林（更新）方法，整地方式、方法，造林（更新）密度，混交方法，造林（更新）

成活率情况，补植情况，幼林抚育情况，抚育保护情况，造林（更新）检查验收、总结经验材料以及造林（更新）施工设计、施工过程中形成的各种图表等。

4. 森林抚育档案

包括两部分：

（1）森林抚育（改造）有关文字材料。主要有上级颁发的各种技术规程、规定管理办法、审批文件；制定的规划、幼林、成林郁闭度调查、林龄调查、立地类型调查等各种专业情况调查等材料；抚育间伐作业设计任务书；幼林的抚育措施、幼林管理办法等材料。

（2）抚育间伐形成的各种统计报表及图纸。主要有森林抚育（改造）作业小班表簿、样地卡片、样地面积和林分因子统计表、作业设计统计表、森林抚育（改造）调查设计表、小班作业调查表簿、材种出材量统计表以及补植、更新、造林设计表，森林抚育设计表图等。

（二）森林保护档案

森林保护档案的组成主要包括三部分：森林防火档案、森林病虫害防治档案、珍稀野生动植物保护档案。

1. 防火档案

包括在护林防火工作中形成了各种文件材料，其中包括有建立护林防火的组织机构、联防组织形式、联防区域划分等情况的材料和各级组织所制定的各项制度。如护林员巡护制度、护林联防制度等。还有上级下发的森林防火方面的政策法规文件以及森林防火的技术措施、森林火灾预测预报情况处理等防火档案的文件材料以及火灾记录等。

2. 森林病虫害防治档案

林业站的森林病虫害防治档案材料主要有森林病虫害防治的组织机构、设施等材料，森林病虫害防治的各项规章制度和上级下发的有关文件材料，森林病虫害发生和防治的原始记录，森林动植物和林产品检疫工作情况的记载材料等内容。

3. 珍稀野生动植物保护档案

珍稀野生动植物保护管理档案的主要文件材料有珍稀野生动植物的保护组织机构、组织形式、设施和所采取的保护措施等材料；珍稀野生动植物资源调查记录；有关科学研究、计划、总结、报告以及森林狩猎和珍稀野生动植物采集情况的纪实材料；珍稀野生动植物资源的违禁和处罚处理记录等。

第二节　营造林工程档案的建立与归档

一、档案的内容

营造林工程是一个复杂的系统工程，其档案应包括从项目前期立项、开工建设、竣工验收等工程建设全过程形成的所有具有归档保存价值的文字、图表、声像等各种形式的历史记录资料，且必须反映每一片人工林的栽培历史，内容主要有：项目申请、项目可研、项目批复、招投标、勘察设计、造林前的立地条件、整地、种苗来源、种苗进场检验、造林施工及各阶段验收、竣工验收、幼林调查、补植、幼林抚育保护、人工林生长动态等的情况和结果。有时营造林工程档案只记载到人工林全面郁闭为止，以后就转入人工林资源档案，但也有些地方把营造林工程档案一直延续到栽培结束，如再加上育苗技术档案，就成为这片人工林的全套档案了。

二、档案的管理

（一）文件材料的归档

文件材料的归档是指办理完毕的相应文件材料，经过系统整理归到档案室（柜）保存的过程。

1. 归档范围

凡是工程活动中办理完毕的具有保存价值的各种文件材料，包括业务管理、科技管理、行政管理和财务管理等各方面的材料均应归档。

2. 归档时间

凡是办理完毕的文件材料，都应该在第二年内正式归档。在明确归档范围以后，应该抓紧时机把应该归档的文件，收全归档。掌握好时机就能收集齐全，错过良机，再收集就比较困难了。所以应将平时收集与平时归卷、平时立卷与年终定卷有机地结合起来才行。

（二）档案的整理

随着工程项目的建设，档案的数量和成分也在不断地增加，把那些有历史意义和保存价值的文件材料、资料及时地完整地收集起来，进行整理，提供给各方面加以利用，这是档案管理中的一项重要任务。档案整理是档案基础工作的关键环节，档案整理工作的基本任务，是把档案组成一个体系，通过编目使其固定下来，为利用档案提供方便条件。

1. 档案整理工作要求

档案的整理工作应该遵循一定的原则，按照一定的要求来进行。档案整理工作的基本要求有以下几点：

（1）按照档案形成的特点整理档案。档案是由文件和资料转化而来的，是处理和联结事物有意识的副产品，文件、资料形成时的特点，也会很自然地成为档案形成的特点。因此，要依据不同特点，将不同历史时期、不同组织和单位的档案材料分开进行整理。

（2）保持档案之间的历史联系。档案是历史活动的产物，档案之间的历史联系主要表现在档案的来源、时间、内容和形式等几个方面的联系。因此，整理档案时就必须要保持好这种固有的联系。

（3）整理档案应达到便于保管和利用的目的。档案之间虽然有着一定的联系，但是由于保管价值不同，就要分开立卷，以便于档案的鉴定和保管，某些资料比较特殊的档案，应根据其情况分别整理。

（4）档案不可轻易打乱重整。原来已经整理过的档案，是不同时期的整理工作成果，反映着档案整理工作的历史和特点，应该尊重它，而不要轻易否定它，除原来基础十分不好的外，一般在整理档案时，应该尽量利用原来整理的基础。不然，随便把档案打乱重整，结果就有可能是越整越乱，而且要费很大气力。

2. 档案整理工作内容

档案整理工作是指依据一定的原则和标准，对档案进行科学的分类，系统的排列、编目的工作过程。具体内容包括：

（1）档案的分类。根据立档单位内档案的来源、时间、内容或形式的异同，按照一定的体系分门别类、系统地来区分档案和整理档案。档案分类方法很多，一般常采用按年代分类法、组织机构分类法、按问题分类法等三种方法。

（2）立卷。立卷是文件转化为档案的一个重要组织措施，单位在工作活动中形成和使用的文件资料，处理完毕以后需要进行系统整理，组成案卷称之为立卷。案卷是文件资料的组合体，是档案的基本保管单位。立卷步骤：

① 确定案卷材料的数量。立卷时要适当考虑文件的数量。案卷一般不宜太厚或太薄，数量应适当。一本案卷应该有多少页不应规定得很具体，从保管和利用的角度要求，案卷装订后的案卷厚度以 1~2cm 为宜。

② 确定保存期限和保密等级。保存期限一般分为永久、长期、短期三种。凡是记载林业站历史情况、建设情况和对生产、科研需要长远利用的材料和文件资料的档案应列为永久保存。凡在相当长时间内，林业站需要查考的文件、资料，应列为长期保存。期限一般可定为 16~50 年。凡是在较短时间内需要查考的各种档案材料应列为短期。例如：上级下发的一般性文件，会议记录，生产中的一般性资料等不需要长期保留的，一般可规定为保存期限 15 年以下。关于档案的保密等级，对于林业站来说没有什么特别重要的文件资料，因此可以不设保密等级，但可以注明其限制查考的范围。

③ 案卷标题的拟制。案卷标题就是案卷的题名，它是卷内所含文件内容的高度概括。所以案卷标题的质量直接影响到案卷的质量，拟写案卷的标题也是档案工作者“基本功”训练内容之一。在实际立卷过程中，案卷的内容并不是单一的，情况是较复杂的，在案卷标题上用较精练的文字，恰如其分地概括和反映出卷内文件的内容和成分是比较困难的。因此，在拟制案卷标题时，应注意以下几个方面的问题：其一，要熟悉卷内文件情况；其二，概括文件内容要恰到好处；其三，拟写案卷标题力求简明和确切；其四，拟写案卷标题力求语句通顺，符合文法，标点符号正确。

（3）编目档案。编目工作内容很多，主要包括有编页码、编写卷内文件目录、填写备考表、填制案卷封面等。一般正规档案，国家各级档案主管机关都有统一印制的规范的“档案封面”、“案卷目录”、“卷内目录”等。

（三）档案的保管与移交

1. 档案管理人员配备

配备要求：设专人负责管理档案，人员要相对稳定；档案管理人员调换工作时，要办理档案移交手续；档案管理人员要分期培训，定期考核，提高管理水平。

2. 档案管理人员职责

（1）整理保存林业站档案的有关资料和文件，不丢失，不损坏。

（2）收集动态变化有关资料，及时掌握变化信息。

（3）记载、汇编有关图、表和资料。

（4）负责办理统计报表和报送有关材料。

（5）总结档案管理工作经验，提供咨询服务。

（6）宣传《中华人民共和国森林法》和林业方针政策，与其他业务单位监督协调。

3. 档案管理制度规定

（1）档案要按照工作程序进行整理，林业档案柜（箱）专门保管。

（2）参加调查统计人员应对其资料的真实性负主要责任，任何人员不得随意更改调查统计数据。

（3）报表应经上级领导同意后方可上报和归档，如发现问题要当场说明，必要时要重新调查统计核实，不得随意改动。

（4）资料上报、归档后，如发现差错，应经原调查统计人员和上级领导同意后，方可在下一年变化统计中予以更改。

（5）单位人员需要查阅和索取资料，应经站长同意；索取整套资料要经上一级林业建设单位主管部门批准。

（6）档案管理人员不得对外提供未经批准使用的资料或数据。

4. 档案的移交

营造林工程结束后，档案应移交建设方。

（四）档案的使用

档案是一种信息。信息的生命力在于传播，因此营造林工程各种档案信息资源的开发使用是最有活力的，其目的是把档案承载的信息由静态转化为动态，为用户所接收，实现档案的价值。档案的使用要做到：

（1）对林业档案信息的加工、处理要方便档案查阅。蕴藏在营造林工程档案中的信息量大、种类杂而分散，而人们利用档案具有针对性。因此，必须尽可能地根据档案用户的需要和当前的中心工作特点，分门别类地对林业档案信息进行采集、提炼、加工、处理，使林业档案信息浓缩化和优质化。

（2）千方百计地加速林业档案信息传输，及时和最大限度地满足档案用户的需求。档案原件不具有扩散性，但档案信息具有扩散性，应利用各种渠道方法为用户服务。

（3）实现林业档案信息的共享性，满足各方面对林业档案信息的需求。档案大多是孤本，为能做到共享，就应把档案信息从档案原件中解放出来，转换为新的形式，如档案目录公开等，开展有偿转让既能获得一定的经济效益，又可做到档案信息的共享性。

思考题

1. 档案管理的作用有几个方面?
2. 简述档案管理的任务。
3. 简述档案管理的基本原则。
4. 林业档案的种类有哪些?
5. 简述营造林技术档案。
6. 森林保护档案有几部分?
7. 营造林工程档案的内容包括哪些?
8. 怎样进行档案管理?
9. 档案使用应做到哪几点?

第八章
营造林工程安全管理

2014年3月1日实施的《建设工程监理规范》(GB/T 5039—2013)第五章新增加了安全生产管理的监理工作，要求监理单位和监理人员严格按照法律、法规和工程建设强制性标准实施监理，并对建设工程安全生产承担监理责任。

第一节 安全监理工作内容

一、施工准备阶段安全监理工作内容

（1）协助建设单位与承包单位签订工程项目施工安全协议及文明协议书。

（2）审查专业分包单位和劳务分包单位安全生产资质。

（3）审查承包单位提供的“施工组织设计”、“安全施工方案”、“安全技术措施”。

（4）审查承包单位的安全生产管理体系、规章制度、安全生产目标。

（5）督促承包单位建立、健全施工现场安全生产保证体系，督促承包单位检查分包企业的安全制度。

（6）审查承包单位特殊工种（大型机械设备操作工、电工、焊工、架子工、爆破工等）有关操作人员及指挥人员的资格证书、安全培训及持证上岗情况。

（7）审核承包单位编制的高危作业安全施工及应急抢险方案。

（8）督促承包单位做好逐级安全交底工作。

（9）督促承包单位按有关规定搭设安全生产设施和做好使用前的验收工作。

二、施工过程中的安全监理工作内容

（1）检查施工现场完成“安全第一、预防为主”方针的宣传布置工作。

（2）督促承包单位严格按照工程建设强制性标准和专项安全施工方案组织施工，制止违规施工作业。

（3）对施工过程中的高危作业等进行巡视检查。

（4）督促承包单位做好施工安全的自检落实。

（5）检查施工现场三保（安全帽、安全带、安全网）的使用落实情况。

（6）检查施工现场四口（楼梯口、电梯口、预留洞口、通道口）及基坑边沿的安全防护措施及警示标志的落实情况。

（7）检查施工现场二牌（文明施工挂牌、无重大伤亡事故累计天数挂牌）的落实情况。

（8）检查施工现场七图（总体布置图，安全文明施工管理网络图，电气线路平面布置图，地下管网分布图，施工临时通道、排水走向图，消防器材布置图，工程进度计划网络图）的落实情况。

（9）监督施工现场所有管理人员、施工人员做好严禁酒后上班、有危险地段严禁吸烟工作。

（10）监督检查施工现场消防器材布置是否到位，是否符合消防要求。

（11）监督检查施工现场的场地布置，物料堆放、安全标志、活完物清、环境整洁、饮食卫生等文明施工的落实情况。

（12）严格检查和制止施工现场违章指挥、违章作业、违反劳动纪律的情况发生。

（13）及时检查夏季、冬季、台风、雨季等特殊情况下的安全生产措施的落实情况。

三、重点专业安全监理检查内容

（1）基坑支护施工监督检查。

（2）高空作业施工监督检查。

（3）各种施工机械、设备的合格验证、上岗操作、装、运行、拆的安全监督检查。

（4）施工现场的安全用电的监督检查。

（5）脚手架施工、拆卸的监督检查。

（6）其他特殊施工工序的安全监督检查，见相关安全监理细则。

第二节 安全监理方法、措施与程序

一、安全监理方法

（1）严格要求承包单位按有关安全法规、规定、方针、政策进行施工。

（2）严格要求承包单位按有关安全生产设计要求、规定进行施工。

（3）检查承包单位安全生产管理组织体系的落实情况，建立健全落实安全生产责任制。

（4）检查施工方案、安全技术措施的落实情况。

（5）加强对所有进入施工现场的材料、设备等按有关规定进行检查验收。

（6）定期或不定期地对施工现场进行安全生产专项检查。

（7）及时签证监测、检测资料，结合施工现场情况及时通报施工单位采取安全措施，确保安全施工。

（8）发现安全事故苗子和安全隐患及时提出，要求承包单位及时采取相应措施，保证安全生产顺利进行。

二、安全监理措施

（1）加强对施工现场的安全巡视、旁站、跟踪检查，发现违章指挥、违章操作、违反劳动纪律的情况及时通报，要求施工单位及时改正，直至停工整顿，防止安全事故发生。

（2）对违反有关建筑施工强制性标准规定及施工安全操作规定的经指正不能马上改正的则及时发出书面通知，责令施工单位及时改正，防止并制止建设行为中的冒险性和随意性，确保施工现场工程安全和人身安全。

（3）定期召开安全生产例会，加强会议和施工现场的安全协调工作，抓好承包单位的安全组织对安全管理到位的检查，会上、会下及时通报施工现场不安全因素的有关情况，统一认识，严格按有关规定及时改正。

（4）对可能产生安全事故的重点工序、重点部位进行专项检查，做好记录，及时通报。

（5）发现严重违规施工和存在安全事故隐患的，及时要求承包单位整改，情况严重的，应当要求施工单位暂停施工，并及时报告建设单位，施工单位拒不整改或者不停止施工的，应及时向有关主管部门报告。

三、安全监理程序

（1）开工前，承包单位必须向监理机构提供与建设单位签订的安全、文明协议，以及安全施工方案、安全技术措施，承包单位的安全组织管理体系、安全规章制度等相关安全管理资料。

（2）建立报审制度，关键部位及关键施工工序施工前应及时向监理机构报审安全施工方案，安全技术措施。

（3）要求承包单位在施工前的现场布置必须满足安全施工的一切要求。

（4）要求特殊工种的施工人员必须持证上岗。

（5）所有施工设备、机械、建筑材料严格按有关要求进场验证。

（6）根据有关安全管理规定及监理细则内容跟踪加强现场安全检查。

（7）开好各种安全管理、现场施工安全的协调会议，统一认识，解决问题。

（8）参照国家建设工程监理规范的资料管理和表式要求编制安全管理资料。

（9）在监理日记中记录当天施工现场安全生产和安全监理的工作情况，记录发现和处理的安全施工问题。

（10）编写安全监理月报和专题报告，对当月的施工现场的安全状况和安全监理工作做出评述，报建设单位和安全监督部门。

（11）编写安全监理总结报告。

（12）参与安全事故的调查和处理。

思考题

1. 安全监理工作内容有哪些？
2. 简述安全监理方法。
3. 简述安全监理措施。
4. 论述安全监理程序。

第九章
营造林工程组织协调

组织协调工作贯穿于营造林工程项目建设的全过程。营造林工程总监、监理工程师和监理员采取会议协调、交谈协调、书面协调、访问协调、情况介绍等各种措施，力求把营造林工程系统中原来分散的各个要素的力量有效组合起来，协同一致，齐心协力，共同实现营造林工程预期目标。

第一节　组织协调概述

一、组织协调的概念

组织协调是对影响营造林工程建设目标实现的各方主体的行为进行调节的活动。建立和健全项目监理机构、明确项目监理人员的职责、制定协调机制是落实项目监理机构的组织协调工作的前提和基础。组织协调工作贯穿于整个营造林工程实现及管理过程中，是项目监理机构重要工作内容之一。

二、组织协调的目的

通过组织协调使各方参与主体的思想认识达到统一，工程建设活动协同一致，并不断优化配置来自各个参与主体的各种资源，缓解和排除相互之间产生的矛盾与摩擦，达到高效合理利用，从而保证营造林工程建设各项目标的顺利实现。

三、组织协调的内容

营造林工程各方主体都具备组织协调职责。建设单位负责总协调，负责与工程有关的上级管理部门、勘察设计、施工、监理等单位的纵向协调，以及与工程有关的外部平级管理部门的横向协调。设计、施工单位负责各自的内部协调和与各自合同内容相关的工程建设活动的协调。监理单位除自身内部协调外，还接受建设单位的委托代表建设单位负责部分建设单位的协调职责，具体如下：

（一）内部协调

营造林工程项目监理机构通常是由若干部门或专业组组成的工作体系。每个部门都有自己的工作目标和任务。为达到目标、完成任务，会调动各种资源（人员、设备、材料、关系等），为自己部门服务。由于资源的局限性，监理机构不可能完全满足任何一部门的需求。通过协调内部各种资源利用，激励项目成员努力工作，达到内部需求平衡和工作体系良性运转对项目监理机构全面顺利完成监理目标至关重要。

一般监理机构内部协调包括以下三个方面：

1. 人际关系协调

人是矛盾的综合体，人与人相处总会出现各种矛盾。通过制度建设和良好沟通，使人员始终处于团结合作、热情高涨的工作氛围之中，有利于监理机构内部自身建设和外部良好形象的树立。一是通过人尽其才、量才录用，明确分工、责任到人，奖惩分明来激励员工积极性，避免矛盾产生。二是发现矛盾及时化解，避免矛盾进一步激化。

2. 组织关系协调

对所属部门，职责分工明确，层次划分清楚，任务安排合理，目标制定实际，鼓励各部门分工合作，紧密配合，共同完成项目监理目标。并采用工作例会、业务碰头会、发放会议纪要、工作流程图等方式，加强内部不同部门间的信息沟通，增进了解和对全局的把握，适应全局需要。

3. 需求关系协调

采取合理配置监理资源、科学安排人员调度等措施，平衡内部对各种资源的需求。

（二）外部协调

一个营造林工程项目涉及建设单位、施工单位、监理单位、勘察设计单位，及对工程建设起着一定控制、监督、支持和帮助作用的政府部门、金融组织、社会团体、新闻媒体等单位。协调好各方面的关系，增加工程建设的有利因素，减少不利因素，有助于工程建设目标的实现和良好社会环境的建立。

1. 与建设单位的协调

首先要准确把握建设工程总目标，正确理解建设单位意图；其次做好监理宣传工作，增进建设单位对监理工作性质和工作程序的理解；第三要充分尊重建设单位，建设单位的指令如不属于原则性问题，必须认真执行。

2. 与施工单位的协调

在协调过程中，要坚持原则，实事求是，严格按程序办事，按标准验收，注重语言艺术和适度用权。其内容包括与施工方项目经理关系的协调，进度、质量问题的协调，对施工方违约行为的处理，甲乙方合同争议的解决，对分包单位的管理，人际关系的处理等。

3. 与勘察设计单位的协调

注意与工程建设有关的信息传递的程序性和及时性，施工过程中发现设计问题或有需变更设计的其他原因，应及时向设计单位和建设单位提出，征求设计单位和建设单位的意见。设计单位提出意见后，要充分尊重。

4. 与政府部门及其他单位的协调

施工中需工程质量监督部门鉴定或认定的材料、成品和半成品，必须提请监督部门按程序鉴定。出现重大事故时，在帮助施工单位采取急救、补救措施的同时，应督促施工单位向建设单位及政府有关部门汇报，接受检查和处理。对于其他单位，要争取关心和支持，共同推进项目建设朝向既定目标迈进。

第二节　组织协调方法

一、协调方法

通常项目监理机构组织协调的方法有会议协调、交谈协调、书面协调、访问协调、情况介绍等，其中，会议协调、交谈协调和书面协调法被采用较多。

二、会议协调

会议协调常采用召开工地会议、监理例会、专题性会议等方法，召集建设、施工、设计等单位参加，沟通信息，处理问题，研究工作。召开会议必须具备主题，与会各方围绕会议主题认真发言、展开讨论、达成共识；必须具备场地，由召集人口头或书面通知，也可以约定与会各方于什么日期、什么时间统一集中到某个场地或会议室召开会议；必须具有召集人，一般第一次工地会议召集人是建设单位、监理例会的召集人是项目监理机构、专题会议的召集人可以是建设单位、监理单位、施工单位的任何一方。会后，要形成会议纪要，与会各方会签。

三、交谈协调

由于交谈本身不具合同效力，沟通信息方便、及时，让对方易接受等优点，因此，在实践中，通过交谈进行协调的方法使用频率很高，寻求协作和帮助成功的概率较大，发布工程指令也及时便捷。交谈形式包括面对面交谈、电话交谈、短信、微信、QQ 等。

四、书面协调

相比交谈协调，书面协调比较正式，合同效力较高。会议召开和口头指令发布后，要以书面形式加以确认。施工中，施工单位用表、监理单位用表和通用表，以及相关的书面报告、报表、文件、通知、信函、备忘录等都属于书面协调的载体。它不仅具有协调作用，是协调各方必须遵守的行为规范，而且还是营造林工程档案的主要内容，是政府监管、社会监督、媒体宣传的重要依据，为以后的工程管理和其他工程建设总结经验、提高水平提供了参考和借鉴。

五、访问协调

访问协调，有走访和邀访两种形式。主要目的是宣传项目建设，增进除建设、施工、设计、监理以外的单位、团体对项目建设的了解，争取他们的支持与帮助。

六、情况介绍

情况介绍往往与其他协调方法相并使用，以口头形式，有时也伴有书面，介绍建设项目、施工情况和监理工作等，使别人了解工程建设情况和监理工作，对提出的问题、困难、请求的协助等给予及时帮助，以促进营造林工程项目建设的顺利进行，达到项目建设与周围政治环境、社会环境的和谐、友好、互惠、共赢。

思考题

1. 简述组织协调的内容。
2. 组织协调方法有哪些?
3. 在监理工作中如何开展组织协调?

第十章 营造林工程监理实践

本章从实践的角度出发，按照营造林工程建设的三个阶段，分别阐述了每一阶段监理的内容、方法和程序等。同时，配以案例说明，在对营造林工程监理理性认识的基础上增强感观认识，提高营造林工程监理人员的监理技能和水平。

第一节　施工准备阶段的监理

一、图纸会审

营造林工程的建设单位在收到经审查合格并批准的营造林作业设计后，应及时召集设计单位、监理单位、施工单位等相关单位，主持召开图纸会审会议，并整理成会审问题清单，在设计交底前约定的时间内提交给营造林作业设计单位。图纸会审会议纪要和图纸会审记录（表A.4）由施工单位整理，与会各方会签。图纸会审的内容一般包括：

（1）审查图纸是否已经审查机构签字、盖章。

（2）审查设计图纸是否满足项目立项的功能、技术可靠、安全、经济适用的需求。

（3）审查地质勘探资料是否齐全，设计图纸与说明是否齐全，设计深度是否达到《营造林总体设计规程》《造林作业设计规程》《生态公益林建设　规划设计通则》等规范要求。

（4）审查设计图纸所标注的地理位置、地形地貌、营造林地块形状等是否与实地相符，小班（地块）分区是否合理，原生植被保护措施、水土保持措施是否得当。

（5）审查营造林方式是否符合“宜飞则飞、宜造则造、宜封则封”原则，设计树种是否符合适地适树原则，设计树种是否与高压电线存在矛盾问题。

（6）审查总平面与施工图的几何尺寸、平面位置、标高等是否一致。

（7）审查各专业图纸本身是否有差错及矛盾，是否符合制图标准。

（8）审查种子、苗木等工程材料及化肥、农药等物资的来源有无保证，新工艺、新材料、新技术的应用有无问题。

（9）审查是否存在不能施工、不便于施工的技术问题，或容易导致质量、安全、工程费用增加等方面的问题。

（10）审查作业道路与地下管道、通讯光缆、建（构）筑物之间或相互间有无矛盾问题等。

监理单位的项目总监理工程师在设计交底前组织监理人员进行全面细致的熟悉和审查施工图纸的活动是项目监理机构实施事前质量控制的一项重要工作。其目的：一是通过熟悉工程设计文件，了解设计意图和工程设计特点、工程关键部位的质量要求；二是发现图纸差错，将图纸中的质量隐患消灭在萌芽之中。监理人员应重点熟悉：设计的主导思想与设计构思，采用的设计规范、各专业设计说明等，以及工程设计文件对主要工程材料、物资和设备的要求，对所采用的新材料、新工艺、新技术、新设备的要求，对施工技术的要求以及涉及工程质量、施工安全应特别注意的事项等。

二、设计交底

图纸会审会议后，工程开工前，建设单位应组织设计单位、监理单位、施工单位等相关单位召开工程设计技术交底会议。会议由建设单位召集并主持，设计单位就工程设计文件的内容向建设单位、施工单位和监理单位等做出详细的说明，建设单位、施工单位、监理单位等听取会议，并就设计技术、图纸问题提出疑问。设计交底会议纪要由设计单位整理，与会各方会签。

设计交底会议目的是帮助施工单位和监理单位正确贯彻设计意图，加深对设计文件特点、难点、疑点的理解，掌握关键工程部位的质量要求，以确保工程质量。其主要内容一般包括：施工图设计文件总体介绍，设计的意图说明，特殊的工艺要求，建筑、结构、工艺、设备等各专业在施工中的难点、疑点和容易发生的问题说明等。

设计交底会议先由设计单位进行设计交底，后转入图纸会审问题解释，设计单位对图纸会审问题清单，以及对施工单位、监理单位、建设单位等对设计图纸现场提出的疑问予以解答，并通过与建设单位、监理单位、施工单位及其他有关单位研究协商，提出和确定图纸存在的各种技术问题的解决方案。

三、开工条件审核

如果一个项目的开工条件尚不具备就仓促开工，就会造成工程的先天不足，对后续工作造成较大影响。准备工作主要是施工组织设计、设备及人员、造林苗木、肥料等材料准备、技术保障等。

（一）开工条件控制

监理机构应严格审查工程开工应具备的各项条件，并审批开工申请，合同项目开工应遵守下列规定：

（1）监理机构应在工程合同约定的期限内，经发包人同意后向承包人发出进场通知，要求承包人按约定及时调遣人员和施工设备、材料进场进行施工准备。

（2）监理机构应协助发包人按工程合同约定向承包人移交施工设施或施工条件，包括施工用地、道路、测量基准点以及供水、供电、通讯设施等。

（3）承包人完成开工准备后，应向监理机构提交开工申请。监理机构经检查合格确认发包人和承包人的施工准备满足开工条件后，签发开工令。

（4）由于承包人原因使工程未能按工程合同约定时间开工的，监理机构应通知承包人在约定时间提交赶工措施并说明延误开工原因。由此增加的费用和工期延误造成的损失由承包人承担。

（5）由于发包人原因使工程未能按工程合同约定时间开工的，监理机构在收到承包人提出的顺延工期的要求后，应立即与发包人和承包人共同协商补救办法。

（二）承建单位资质审查

国家林业局提出了推行有资质的造林专业施工队或公司承包施工，根据承担工程规模的大小分别由省、市、县级林业行政主管部门进行审查认定，并实行年审制度。造林专业施工队或公司必须具备以下三项条件：一是具有独立法人资格，并取得法人营业执照（企业法人）；二是有从事营造林工作 3 年以上经历，且具有林业中级以上技术职称或相当学历的人员 2 名以上；三是取得造林、更新等林业行业职业资格鉴定证书的技术工人 3 名以上。

项目监理机构在审查承建（施工）单位资质时，重点查看承建单位的资质证书等级、业务范围是否符合营造林工程要求，相关业绩证明是否满足营造林工程需求，项目经理、技术负责人、质量安全责任人、特殊工种等资格证书和业绩是否达到营造林工程质量安全目标要求，承建单位的质量保证体系是否健全，能否满足承包合同规定的工程质量目标要求。对于分包单位资质的审查，可参照上述执行。经审查，符合要求后，项目监理机构应签批承建单位资质报审表（表 A. 10）、分包单位资质报审表（表 A. 11）。

为保证工程质量，监理机构应对施工单位提出人员的基本要求，如在施工前对主要施工队伍进行技术培训，进行岗位技术技能学习和实践，培养一批本工程项目的农民技术骨干；要求施工单位的人员要相对稳定，使其逐步提高技术水平；对能够使用机械施工的项目要求尽量使用机械，能够让专业队伍施工的项目要求用专业队施工；加强对施工人员的政治思想教育、文化及道德教育，提高施工队伍的整体素质；强化对施工人员的质量意识宣传，使其牢固树立质量第一的思想，等等。

（三）施工组织方案审查

施工单位编制营造林工程施工方案后，应提交项目监理单位审查。项目总监理工程师接到施工组织方案后，应组织专业监理工程师依据营造林工程施工合同及监理合同文件，经批准的工程项目文件和营造林作业设计文件，相关法律、法规，《封山（沙）育林技术规程》《飞播造林技术规程》《造林技术规程》等规程、规范、标准等，以及其他工程基础资料、工程场地周边环境（含高架电线、通讯光缆标志、地下管线、周边建筑、有林地）资料等审查施工单位报审的施工方案。

项目监理机构在审批施工方案时，应重点审查施工方案的编审程序是否符合相关规定，工程质量保证措施是否符合有关标准等。其中，程序性审查应重点审查施工方案是否由项目技术负责人组织编制、是否经施工单位技术负责人审批签字，施工单位的内部审批程序是否完善、签章是否齐全等；内容性审查应重点审查施工方案是否具有针对性、指导性、可操作性，现场施工管理机构是否建立了完善的质量保证体系，质量保证体系的组织机构、管理人员与岗位职责是否健全，工程质量要求及目标是否明确，各项质量管理制度和质量管理程序是否完善，施工质量保证措施是否符合现行的规范、标准等，特别是与工程建设强制性标准的符合性。

经审查施工单位提交的营造林工程施工方案符合要求后，项目监理机构应予以签认。

（四）施工组织设计审查

审查要点：

（1）施工单位提出的劳动力组织方案，包括数量、批次等能否满足施工进度和施工质量的要求，特别是参与施工的工程技术人员和农民技术员的数量。

（2）造林技术设计是否符合技术标准、应用科学先进技术；计划采用的施工方法、施工方案在技术上是否可行，对质量是否有影响；例如整地时间、方式、规格和质量，种苗的数量和质量，造林方法、密度、混交方式及比例、抚育次数、施肥量是否合理。

（3）各施工工点、施工工序是否相互协调，在施工中是否会出现窝工现象。

（4）质量控制点的设置是否正确，确定的质量控制见证点和待检点是否合理，施工单位的检验方法、检验频率、检验标准是否符合技术规范的要求。

（5）工程计量方法是否符合合同的规定，营造林建设工程技术措施面积的计量是关键。

（6）各项技术保证措施是否符合实际和可行，如造林的成活率、保存率及技术保证措施等。

（7）协助公司组织有关专家对文件进行评审，评审重点为营林技术和营林物资（含种子、苗木、肥料、农药）的质量和品质标准是否能满足工程建设质量目标的要求。

（8）参与工程设计中重大方案（技术）问题的讨论。

表格要求：审查施工组织设计（方案）报审表（表 A.1）、施工现场质量管理检查记录（表 A.2）、技术交底记录（表 A.3）、图纸会审记录（表 A.4）、设计变更报审单（表 A.5）、工程材料/构配件/苗木/设备报审表（表 A.8）。

（五）种苗审查

按计划订购或招标采购的材料到达现场，监理工程师与监理员应监督施工单位对材料进行检查和验收。材料必须达到国家有关法规、技术标准和采购合同规定的质量要求。

对营造林工程的种苗，国家林业和草原局做出了明确规定，种苗出场必须具备“五证”，即种子（含苗木）生产许可证、种子经营许可证、良种使用证、种子质量检验证、植物检疫证。不具备“五证”的任何部门和单位不得购买和使用其产品。监理人员应按上述规定进行原材料的质量把关，对质量不合格的种苗，坚决不得在工程中使用。对种苗的来源，规定应就近育苗，实行定点育苗、合同育苗、定向供应。对外调运种苗的，规定必须在树种适生区内调运。生产单位的种苗必须分级，种苗质量检验机构要对种苗进行检验，确定种苗的质量等级，核发种子质量检验证。

营造林工程建设中使用的大量材料是苗木，在工程设计文件中对苗木的品种、规格，都做了详细设计，在工程建设实施中应严格按设计施工。工程中所用的苗木要根据《主要造林树种苗木质量分级》（GB 6000—1999）国家标准加以检验、确定。

1. 苗木质量检验指标

苗木是否合格由苗木的综合控制条件、根系、地径和苗高确定。其中，综合控制条件是主要判别条件，综合控制条件规定为：无检疫对象病虫害，苗干通直，色泽正常，萌芽力弱的针叶树种顶芽发育饱满、健壮，苗木充分木质化，无机械损伤。对长期贮藏的针叶树苗木，应在出圃前 10~15 天开始测定苗木地径、苗高、根系（TNR），每个树种的 TNR 值应达到各自的规定要求。综合控制条件达不到要求的为不合格苗木，达到要求后再以根系、地径和苗高三项指标分级。

苗木分级指标的优先顺序是：首先检验根系指标，以根系所达到的级别确定苗木级别，如根系达到Ⅰ级苗标准，则苗木可定为Ⅰ级或Ⅱ级苗；如果根系只达到Ⅱ级苗标准，则该苗木的质量最高只能定为Ⅱ级苗。在根系达到规定标准的基础上，再以地径和苗高指标分级，如果根系达不到标准，则为不合格苗。合格苗木分为Ⅰ、Ⅱ两个等级，由地径和苗高两项指标确定。当地径、苗高不属同一等级时，以地径所属级别定苗木级别。

2. 苗木质量检验方法

检验方式采取随机抽样方法进行检验，检验工作规定在原苗圃进行，检验工作以一个苗批（即同一树种在同一苗圃，用同一批繁殖材料，采用基本相同的育苗技术培育的同龄苗木）为计算单位。按表 10-1 的规则抽样验收。

表 10-1　苗木检测抽样表

苗木株数（千株）	0.5～1.0	1.001～10.0	10.001～50.0	50.001～100.0	100.001～500.0	≥500.001
检测株数（株）	50	100	250	350	500	750

现场对苗木进行检验，检验结束后，填写苗木检验证书，双方签字。凡出圃的苗木，附苗木检验证书。

苗木等级检验的允许误差为同一批苗木中低于该等级的苗木数量不得超过 5%，如果超过再进行复检，并以复检结果为准。成捆苗木的抽样，先抽样捆，再在每个样捆内各抽 10 株。不成捆苗木直接抽取样株。

检测技术要求：

（1）地径的检测用游标卡尺测量。对播种苗、移植苗在苗干基部土痕处测量；对插条苗、插根苗在萌发主干基部处测量；对嫁接苗在接口以上正常粗度处测量。读数精度到 0.05cm。

（2）苗高检测用钢尺测量。自地径沿苗干至顶芽基部，读数精度到 1cm。

（3）根系长度用钢尺测量。从地径处量至根端，读数精度到 1cm。根幅以地径为中心量取其侧根幅度，如两个方向根幅相差较大，应垂直交叉测量 2 次，取其平均值，读数精度到 1cm。大于 5cm 长的Ⅰ级侧根数，是指统计直接从主根上长出的长度在 5cm 以上的侧根条数。

（4）有关各种苗木质量等级的具体规定，查阅《主要造林树种苗木质量分级》标准。

表格要求：审查种苗质量报验申请表（表 A.12），填写监理抽检记录（表 B.2）。

第二节　施工阶段的控制

一、质量控制

（一）内容与方法

新造林主要工序有：林地清理、整地挖坑、施放基肥、种植补植、幼林抚育等，对不同的工序采用不同监理方法。

1. 林地清理

目标要求：伐倒林地内的所有立木和杂灌木，伐桩高度要低于 20cm（松树伐桩除外)，全铲草，草头必须全部挖除清理；需要炼山的林地要有有关管理部门颁发的用火许可证，防火线应符合防火要求，宽度一般为10～30m，可根据实际情况实施；炼山时监理工程师要到现场旁站，炼山时施工方要配备足够的看护人员，重点部位要派专人重点看护。目前，为强化生态环境保护，原则上不允许炼山。

表格要求：审查林地清理质量报验申请表（表A.14)，填写旁站监理记录（表B.3)。

2. 整地挖坑

目标要求：对于整地深度，一般情况下，针叶树种整地深度要达到30cm，在干旱地段适当加深，达到40cm，阔叶树整地深度应大于40cm；特殊造林类型，如营造速生丰产林、经济林等，以及大苗造林根据相关标准和需要确定整地深度。对于整地规格，生态公益林主要采取穴状、带状整地方式，要求保留周边原生植被，防止施工中造成水土流失，对25°以上的造林地禁止全垦整地。其中，穴状整地穴的规格一般为50～60cm，有些特殊造林应适当加大；带状整地适于山地、丘陵地区，要求沿等高线设置，整地宽度在60cm以上，长度每隔一定距离保留50～100cm的自然坡面；全面整地主要是在地势比较平坦、便于机械施工作业的地区应用。

检测方法：监理工程师按照设计对整地的规格、株行距进行检查，允许的误差不得超过5%。对符合设计要求的签署工程质量合格认可书，不合格的地块发监理通知或暂停令，责成施工单位整改。

表格要求：审查施工测量放线报验申请表（表A.15)，地形整理质量验收记录表(表A.16)，场地整理质量验收记录表（表A.17)，苗木种植穴、槽质量验收记录表(表A.18)等。填写监理通知单（表B.1)、旁站监理记录（表B.3)、不合格项处理记录(表B.5)、工程暂停令（表B.6)。

3. 施放基肥

控制内容：包括种植土回填、放肥、盖土的质量控制。

目标要求：回填土要用表土，打碎回填，土粒最大直径不得超过3cm，不能有草蔸和石块。

控制方法：以小班或林班为单位，监理人员实地抽查，确认达标后，方可施肥。施工单位应按面积计算好基肥用量，按用量把肥料运到工地，并提前通知监理人员现场检验。放肥的整个作业时间，监理员都必须在现场监理，而且要求施工管理员也必须在现场管理，若监理人员不在现场，施工单位自行放肥，监理人员对施肥工序将不进行验收，对施放的肥料也不给予确认。在放肥前，监理员首先要查看运到工地的肥料名称与标明的养分含量是否与设计相符，若与设计相符，即与施工管理员一起填写肥料核对单，确认运到工地的肥料数，然后分发给作业人员施放。作业人员放肥时不准马上盖土，要等到整个小班都放完肥，施工员应逐坑查看是否每坑都放了肥，监理员也要在现场抽查，确认后作业人员方可盖土。同时，监理人员和施工员在现场要立即收回肥料袋，并以当天回收的肥料袋的数目来确认肥料的实际施放量，并记录于肥料核对单，作为将来肥料用量的结算依据。

表格要求：审查施肥质量验收记录表（表A.20)，填写旁站监理记录（表B.3)。

4. 种植补植

目标要求：对于植苗造林，造林前要对苗木进行剪梢、截干、修根、剪叶、摘芽、苗根浸水、蘸泥浆等处理，必要时可采用促根剂、菌根制剂等技术处理苗木。栽植时根系要舒展，不窝根，回填土要踏实。对于播种造林，要求先整地、后播种，播种后的覆土厚度一般为种子直径的3~5倍。对于分殖造林。插条造林的插条选择1~2年生的优良条，插条、插干造林的时间应视土壤、气候条件而定。

控制步骤：植苗造林，第一，定植前先把苗摆放在定植穴旁边，以免漏植，把容器、包扎薄膜袋和草绳等去掉，剥除后要把袋放在种植穴的旁边，用土块压好备查；第二，把苗木直立于种植穴的中心，做到根舒苗正，然后压实苗木四周的土壤，不能有孔隙，回土的高度要超过地径2~3cm，然后再盖一层松土；第三，及时灌水，可采取漫灌、沟灌、畦灌等方式，一定要浇足、浇透、浇实；第四，定植后，施工员要经常注意巡山检查，发现有死株或漏植的，要及时进行补植。

检测方法：监理员采取旁站、巡视进行现场监理，保证造林成活率达到工程建设要求。对于造林密度，采用标准行或标准地测定。标准地一般取10m×10m的样方，量测其株行距，并检查苗木数量，株距在同一水平线量测，行距在上、下两行间测定。苗木数量应与设计相符。对于种植质量，按技术规范规定，种植工序应符合要求。如种植穴、栽植、施肥等。检验方法主要是现场观察和检查施工记录。

表格要求：审查苗木进场检验记录（表A.19）、苗木种植质量验收记录表（表A.21），填写旁站监理记录（表B.3）。

5. 幼林抚育

种植完毕后，监理人员要对人工幼林抚育管理进行控制。包括松土除草、灌溉、施肥、间苗、平茬、除蘖、摘芽、整形、接干等。审查抚育质量验收记录表（表A.22）。

6. 病虫防治

防治前检查农药的种类和质量，防治后进行防治效果检查。审查病虫害防治质量报验申请表（表A.23）。

（二）程序图

人工造林施工阶段监理的工作程序见图10-1。

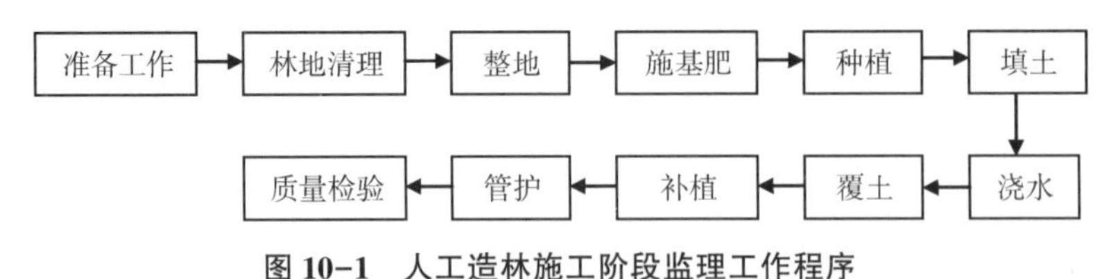

图10-1 人工造林施工阶段监理工作程序

飞播造林施工阶段监理工作程序见图10-2。

封山育林监理程序见图10-3。

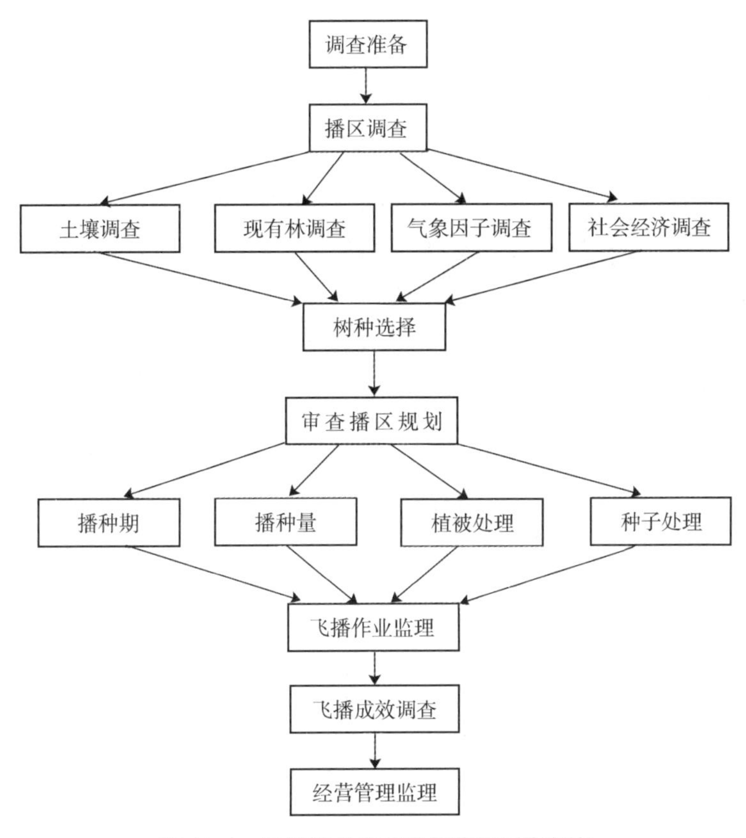

图 10-2　飞播造林施工阶段监理工作程序

（三）成效调查

主要内容：一是监理工程师在施工单位年度任务完成并在自检合格后，按合同规定的方法调查成活率、生长量、造林面积等指标，检查合格后签发造林合格证书，作为工程计量凭证。二是监理工程师对施工单位自检不合格的地块采取典型抽样调查方法，调查不合格的原因，指令施工单位采取相应措施补植和其他营林措施，补植后第一个秋季进行成活率和生长量自检，自检合格后报监理工程师核查确认。营造林方式不同，其检查的内容也不尽相同。

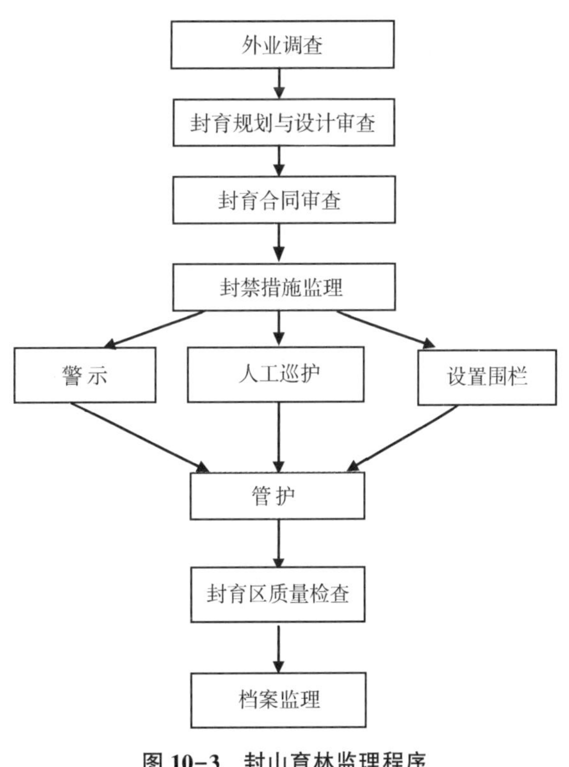

图 10-3　封山育林监理程序

检测方法：造林面积按水平面积进行计算，一般采用地形图对造林小班面积进行调绘，或 GPS 实测，或按施工设计图逐块核实面积。其中，成片造林的，面积在 0.067hm^2（折合 1 亩）以上的按片林统计；带状造林的，在两行以上、林带宽度在 4m（灌木林为 3m）以上、连续面积在 0.067hm^2 以上的，可按面积统计。

人工造林。其成活率采用全查或标准地、标准行进行检查。采用标准地或标准行的，成片造林按造林面积确定检查标准地面积的比例，10hm^{2}以下的检查 3%，10~30hm^{2}的检查 2%，大于 30hm^{2}的检查 1%；带状造林一般按长度确定检查标准地面积的比例，防护林带抽取总长度的 20%，抽样方式为每 100m 检查 10m。其样地的选择，按随机抽样方式确定标准地或标准行。山区的林地，还要考虑不同造林部位、不同坡度的样地。每个样方面积一般为 30m×30m。根据小班的形状，在其上、中、下或左、中、右不同部位设置标准行（样行）或标准地，要使标准行或标准地均匀分布在有代表性的地段，在标准行或标准地内逐株（穴）调查，计算小班的成活率。

飞播造林。播种的同时对播种质量进行检查。方法是根据播带长度，在进、出航处及播区中垂直航向设 2~4 条接种线。在接种线上从各播带中心起，向两侧等距设置接种样方（1m×1m），每侧各设 2~4 个。检查标准为：实际播幅不小于设计的 70%；单位面积平均落种粒数不低于设计的 50%；落种准确率和有种面积率大于 85%。成效评定采用有苗或有林面积占宜播面积百分比和平均每公顷的株数确定。

封山育林。采用对照检查法，检查封禁地块图班位置、面积是否与设计相同，有无封禁区的明显标记；采用样地调查法，随机设置 5~7 个样地（10hm^{2}以上的小班样地数不少于 8 个），每个样地的面积控制为 0.08hm^2。在样地的四周和中心位置分别设置样方，进行实测。封山育林的样方面积为 20m×20m，检查原有林木数量和新生幼树数量，从中各选 10 株树木，测定其树高、冠幅、根径或胸径，测定植被盖度或郁闭度。

表格要求：审查植物成活率统计记录（表 A.24）、飞播造林工程质量竣工验收记录表（表 A.26）、封山育林工程质量竣工验收记录表（表 A.27），填写监理抽检记录（表 B.2）。

（四）事故处理

为保证质量，监理人员在工程施工过程中要对施工质量进行跟踪监控，督促施工单位严格按合同及设计文件施工。当发现未经检验及批准即进入下一道工序作业，工程质量差、未采取整改措施或整改效果不好而继续施工，擅自采用未经认可或批准的苗木、种子、肥料及其他材料，非营造林季节仍采用常规方法进行植苗造林作业，擅自变更作业设计或将工程转包等情况时，应及时指令采取措施进行处理，必要时下达停工指令，要求施工单位整改。

出现《造林质量事故行政责任追究制度的规定》中质量事故时，监理工程师应立即下达施工暂停令，调查并分析事故原因，提出处理意见。属于一般施工质量事故，由总监理工程师组织有关方面进行事故分析，并责成承建单位提出事故报告、处理方案等，经设计单位、建设单位、监理人员同意后实施，监理人员检查监督其完成情况。属于重大施工质量事故，总监理工程师应及时向建设单位、监理主管部门和有关方面报告，参与有关部门组织的事故处理全过程，并负责检查监督实施及验收签证。

在跟踪监控过程中，监理工程师要建立施工质量跟踪档案，做好监理日志，审查各工序报验资料。出现事故时，审查工程质量事故处理方案报审表（表A.28）、工程质量事故（问题）处理报告（表A.29），填写不合格项处置记录（表B.5）、工程暂停令（表B.6）。

二、进度控制

施工阶段是营造林工程实体的形成阶段，对其进度实施控制是营造林工程进度控制的重点。做好施工进度计划与项目建设总进度计划的衔接，并跟踪检查施工进度计划的执行情况，在必要时对施工进度计划进行调整，对于营造林工程进度控制总目标的实现具有十分重要的意义。监理单位受建设单位的委托在营造林工程施工阶段实施监理时，其进度控制的总任务就是在满足工程项目建设总进度计划要求的基础上，编制或审核施工进度计划，并对其执行情况加以动态控制，以保证工程项目按期竣工交付使用。

（一）施工阶段进度控制目标的确定

1. 施工进度控制目标体系

保证工程项目按期建成，是营造林工程施工阶段进度控制的最终目的。为了有效地控制施工进度，首先要将施工进度总目标从不同角度进行层层分解，形成施工进度控制目标体系，从而作为实施进度控制的依据。营造林工程不但要有项目建成验收的确切日期这个总目标，还要有各单项工程交工动用的分目标以及按承包单位、施工阶段和不同计划期划分的分目标。各目标之间相互联系，共同构成营造林工程施工进度控制目标体系。其中，下级目标受上级目标的制约，下级目标保证上级目标，最终保证施工进度总目标的实现。

（1）按项目组成分解，确定各单项工程开工及动用日期。各单项工程的进度目标在工程项目建设总进度计划及营造林工程年度计划中都有体现。在施工阶段应进一步明确各单项工程的开工和交工动用日期，以确保施工总进度目标的实现。

（2）按承包单位分解，明确分工条件和承包责任。在一个单项工程中有多个承包单位参加施工时，应按承包单位将单项工程的进度目标分解，确定出各分包单位的进度目标，列入分包合同，以便落实分包责任，并根据各专业工程交叉施工方案和前后衔接条件，明确不同承包单位工作面交接的条件和时间。

（3）按施工阶段分解，划定进度控制分界点。根据工程项目的特点，应将其施工分成几个阶段。每一阶段的起止时间都要有明确的标志。特别是不同单位承包的不同施工段之间，更要明确划定时间分界点，以此作为形象进度的控制标志，从而使单项工程动用目标具体化。

（4）按计划期分解，组织综合施工。将工程项目的施工进度控制目标按年度、季度、月（或旬）进行分解，并用实物工程量、货币工作量及形象进度表示，将更有利于监理单位明确对各承包单位的进度要求。同时，还可以据此监督其实施，检查其完成情况。计划期愈短，进度目标愈细，进度跟踪就愈及时，发生进度偏差时也就更能有效地采取措施予以纠正。这样，就形成一个有计划、有步骤协调施工、长期目标对短期目标自上而下逐级控制、短期目标对长期目标自下而上逐级保证、逐步趋近进度总目标的局面，最终达到工程项目按期竣工交付使用的目的。

2. 施工进度控制目标的确定

为了提高进度计划的预见性和进度控制的主动性，在确定施工进度控制目标时，必须全面细致地分析与营造林工程进度有关的各种有利因素和不利因素。只有这样，才能定出一个科学、合理的进度控制目标。确定施工进度控制目标的主要依据有：营造林工程总进度目标对施工工期的要求；工期定额、类似工程项目的实际进度；工程难易程度和工程条件的落实情况等。

在确定施工进度分解目标时，还要考虑以下五个方面：

（1）对于大型营造林工程项目，应根据尽早提供可动用单元的原则，集中力量分期分批建设，以便尽早投入使用，尽快发挥投资效益。这时，为保证每一动用单元能形成完整的生产能力，就要考虑这些动用单元交付使用时所必需的全部配套项目。因此，要处理好前期动用和后期建设的关系、每期工程中主体工程与辅助及附属工程之间的关系等。

（2）结合本工程的特点，参考同类营造林工程的经验来确定施工进度目标。避免只按主观愿望盲目确定进度目标，从而在实施过程中造成进度失控。

（3）做好资金供应能力、施工力量配备、物资（材料、构配件、设备）供应能力与施工进度的平衡工作，确保工程进度目标的要求而不使其落空。

（4）考虑外部协作条件的配合情况。包括施工过程中及项目竣工所需的水、电、气、通信、道路及其他社会服务项目的满足程序和满足时间。它们必须与有关项目的进度目标相协调。

（5）考虑工程项目所在地区地形、地质、水文、气象等方面的限制条件。

总之，要想对工程项目的施工进度实施控制，就必须有明确、合理的进度目标（进度总目标和进度分目标）。否则，控制便失去了意义。

3. 营造林工程施工进度控制工作流程

营造林工程施工进度控制工作流程如图 10-4 所示。

（二）施工阶段进度控制的内容与步骤

1. 编制施工进度控制工作细则

施工进度控制工作细则是在营造林工程监理规划的指导下，由项目监理机构进度控制部门的监理工程师负责编制的更具有实施性和操作性的监理业务文件。其主要内容包括：施工进度控制目标分解图，施工进度控制的主要工作内容和深度，进度控制人员的职责分工，与进度控制有关各项工作的时间安排及工作流程，进度控制的方法（包括进度检查周期、数据采集方式、进度报表格式、统计分析方法等），进度控制的具体措施（包括组织措施、技术措施、经济措施及合同措施等），施工进度控制目标实现的风险分析，尚待解决的有关问题。

事实上，施工进度控制工作细则是对营造林工程监理规划中有关进度控制内容的进一步深化和补充。如果将营造林工程监理规划比作开展监理工作的“初步设计”，施工进度控制工作细则就可以看成是开展营造林工程监理工作的“施工图设计”，它对监理单位的

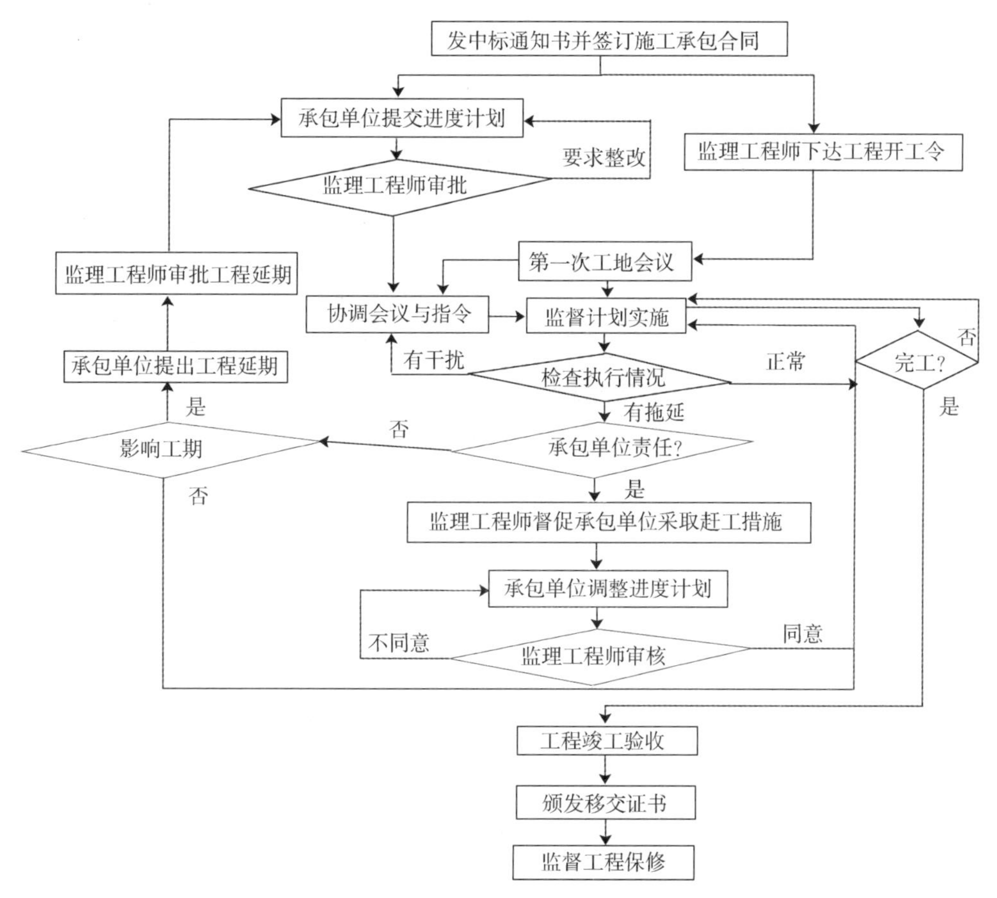

图 10-4　营造林工程施工进度控制工作流程

进度控制实务工作起着具体的指导作用。

2. 审核施工进度计划

为了保证营造林工程的施工任务按期完成，监理单位必须审核承包单位提交的施工进度计划。对于大型营造林工程，由于单项工程较多、施工工期长，且采取分期分批发包又没有一个负责全部工程的总承包单位时，就需要监理单位编制施工总进度计划；或者当营造林工程由若干个承包单位平行承包时，监理单位也有必要编制施工总进度计划。施工总进度计划应确定分期分批的项目组成；各批工程项目的开工、竣工顺序及时间安排；全场性准备工程，特别是首批准备工程的内容与进度安排等。

当营造林工程有总承包单位时，监理单位只需对总承包单位提交的施工总进度计划进行审核即可。而对于单项工程施工进度计划，监理单位只负责审核而不需要编制。施工进度计划审核的主要内容：一是进度安排是否符合工程项目建设总进度计划中总目标和分目标的要求，是否符合工程合同中开工、竣工日期的规定；二是施工总进度计划中的项目是否有遗漏，分期施工是否满足分批动用的需要和配套动用的要求；三是施工顺序的安排是否符合施工工艺的要求；四是劳动力、材料、构配件、设备及施工机具、水、电等生产要素的供应计划是否能保证施工进度计划的实现，供应是否均衡、需求高峰期是否有足够能力实现计划供应；五是审核苗木、种子、肥料及其他材料采供计划；六是总包、分包单位分别编制的各项单项工程施工进度计划之间是否相协调，专业分工与计划衔接是否明确合理；七是对于建设单位负责提供的施工条件（包括资金、施工图纸、施工场地、采供的物资等），在施工进度计划中安排得是否明确、合理，是否有造成因建设单位违约而导致工程延期和费用索赔的可能存在。

如果监理单位在审查施工进度计划的过程中发现问题，应及时向承包单位提出书面修改意见（也称整改通知书），并协助承包单位修改。其中重大问题应及时向建设单位汇报。

应当说明，编制和实施施工进度计划是承包单位的责任。承包单位之所以将施工进度计划提交给监理单位审查，是为了听取监理单位的建设性意见。因此，监理单位对施工进度计划的审查或批准，并不解除承包单位对施工进度计划的任何责任和义务。此外，对监理单位来讲，其审查施工进度计划的主要目的是为了防止承包单位计划不当，以及为承包单位保证实现合同规定的进度目标提供帮助。如果强制地干预承包单位的进度安排，或支配施工中所需要劳动力、设备和材料，将是一种错误行为。

尽管承包单位向监理单位提交施工进度计划是为了听取建设性的意见，但施工进度计划一经监理单位确认，即应当视为合同文件的一部分，它是以后处理承包单位提出的工程延期或费用索赔的一个重要依据。

表格要求：审查施工进度计划报审表（表 A. 9）。

3. 按年、季、月编制工程综合计划

在按计划期编制的进度计划中，监理单位应着重解决各承包单位施工进度计划之间、施工进度计划与资源（包括资金、设备、机具、种子、苗木、肥料及劳动力）保障计划之间及外部协作条件的延伸性、计划之间的综合平衡与相互衔接问题。并根据上期计划的完成情况对本期计划作必要的调整，从而作为承包单位近期执行的指令性计划。

4. 下达工程开工令

监理单位应根据承包单位和建设单位双方关于工程开工的准备情况，选择合适的时机发布工程开工令。工程开工令的发布，要尽可能及时，因为从发布工程开工令之日算起，加上合同工期后即为工程竣工日期。如果开工令发布拖延，就等于推迟了竣工时间，甚至可能引起承包单位的索赔。

为了检查双方的准备情况，监理工程师应参加由建设单位主持召开的第一次工地会议，建设单位应按照合同规定，做好征地拆迁工作，及时提供施工用地。同时，还应当完成法律及财务方面的手续，以便能及时向承包单位支付工程预付款。承包单位应当将开工所需要的人力、材料及设备准备好，同时还要按合同规定为监理单位提供各种条件。

表格要求：审查工程开工/复工报审表（表 A. 13）。

5. 协助承包单位实施进度计划

监理单位要随时了解施工进度计划执行过程中所存在的问题，并帮助承包单位予以解决，特别是承包单位无力解决的内外关系协调问题。

6. 监督施工进度计划的实施

这是营造林工程施工进度控制的经常性工作。监理单位不仅要及时检查承包单位报送的施工进度报表和分析资料，同时还要进行必要的现场实地检查，核实所报送的已完项目的时间及工程量，杜绝虚报现象。

在对工程实际进度资料进行整理的基础上，监理单位应将其与计划进度相比较，以判定实际进度是否出现偏差。如果出现进度偏差，监理单位应进一步分析此偏差对进度控制目标的影响程度及其产生的原因，以便研究对策、提出纠偏措施。必要时还应对后期工程进度计划作适当的调整。

7. 组织现场协调会

监理单位应每月、每周定期组织召开不同层级的现场协调会议，以解决工程施工过程中的相互协调配合问题。在每月召开的高级协调会上通报工程项目建设的重大变更事项，协商其后果处理，解决各个承包单位之间以及建设单位与承包单位之间的重大协调配合问题；在每周召开的管理层协调会上，通报各自进度状况、存在的问题及下周的安排，解决施工中的相互协调配合问题。通常包括：各承包单位之间的进度协调问题；工作面交接和阶段成品保护责任问题；场地与公用设施利用中的矛盾问题；某一方面断水、断电、断路、开挖要求对其他方面影响的协调问题以及资源保障、外协条件配合问题等。

在平行、交叉施工单位多，工序交接频繁且工期紧迫的情况下，现场协调会甚至需要每日召开。在会上通报和检查当天的工程进度，确定薄弱环节，部署当天的赶工任务，以便为次日正常施工创造条件。

对于某些未曾预料的突发变故或问题，监理单位还可以通过发布紧急协调指令，督促有关单位采取应急措施维护施工的正常秩序。

8. 签发工程进度款支付凭证

监理单位应对承包单位申报的已完分项工程量进行核实，在质量监理人员检查验收后，签发工程进度款支付凭证。

表格要求：审查工程款支付申请表（表 A. 30），填写工程款支付证书（表 B. 9）。

9. 审批工程延期

造成工程进度拖延的原因有两个方面：一是由于承包单位自身的原因；二是由于承包单位以外的原因。前者所造成的进度拖延，称为工程延误；后者所造成的进度拖延，称为工程延期。

当出现工程延误时，监理单位有权要求承包单位采取有效措施加快施工进度。如果经过一段时间后，实际进度没有明显改进，仍然拖后于计划进度，而且显然影响工程按期竣工时；监理单位应要求承包单位修改进度计划，并提交给监理工程师重新确认。监理单位对修改后的施工进度计划的确认，并不是对工程延期的批准，只是要求承包单位在合理的状态下施工。因此，监理单位对进度计划的确认，并不能解除承包单位应负的一切责任，承包单位需要承担赶工的全部额外开支和误期损失赔偿。

如果由于承包单位以外的原因造成工期拖延（工程延期），承包单位有权提出延长工期的申请。监理单位应根据合同规定，审批工程延期时间。经监理单位核实批准的工程延期时间，应纳入合同工期，作为合同工期的一部分。即新的合同工期应等于原定的合同工期加上监理单位批准的工程延期时间。监理单位对于施工进度的拖延，是否批准为工程延期，对承包单位和建设单位都十分重要。如果承包单位得到监理单位批准的工程延期，不仅可以不赔偿由于工期延长而支付的误期损失费，而且还要由建设单位承担由于工期延长所增加的费用。因此，监理单位应按照合同的有关规定，公正地区分工程延误和工程延期，并合理地批准工程延期时间。

表格要求：审查工程延期申请表（表 A. 31），填写工程临时/最终延期审批表（表 B. 7）。

10. 向建设单位提供进度报告

监理单位应随时整理进度资料，并做好工程记录，定期向建设单位提交工程进度报告。

11. 督促承包单位整理技术资料

监理单位要根据工程进展情况，督促承包单位及时整理有关技术资料。

12. 签署工程竣工报验单、提交质量评估报告

当单项工程达到竣工验收条件后，承包单位在自行预验的基础上提交工程竣工报验单，申请竣工验收。监理单位在对竣工资料及工程实体进行全面检查、验收合格后，签署工程竣工报验单，并向建设单位提出质量评估报告。

表格要求：审查工程竣工预验收报验表（表 A. 33）。

13. 整理工程进度资料

在工程完工以后，监理单位应将工程进度资料收集起来，进行归类、编目和建档，以便为今后其他类似工程项目的进度控制提供参考。

14. 工程移交

监理单位应督促承包单位办理工程移交手续，颁发工程移交证书。在工程移交后的保修期内，还要处理验收后质量问题的原因及责任等争议问题，并督促责任单位及时修理。当保修期结束且再无争议时，营造林工程进度控制的任务即告完成。

表格要求：填写竣工移交证书（表 B. 10）。

（三）检查与调整

施工进度计划由承包单位编制完成后，应提交给监理单位审查，待监理单位审查确认后即可付诸实施。承包单位在执行施工进度计划的过程中，应接受监理单位的监督与检查。而监理单位应定期向建设单位报告工程进展状况。

1. 施工进度的动态检查

在施工进度计划的实施过程中，由于各种因素的影响，常常会打乱原始计划的安排而出现进度偏差。因此，监理单位必须对施工进度计划的执行情况进行动态检查，并分析进度偏差产生的原因，以便为施工进度计划的调整提供必要的信息。

在营造林工程施工过程中，监理单位可以通过以下方式获得其实际进展情况：一是定期地、经常地收集由承包单位提交的有关进度报表资料，报表的内容根据施工对象及承包方式的不同而有所区别，但一般应包括工作的开始时间、完成时间、持续时间、逻辑关

系、实物工程量和工作量，以及工作时差的利用情况等。二是由驻地监理人员现场跟踪检查营造林工程的实际进展情况，至于每隔多长时间检查一次，应视营造林工程的类型、规模、监理范围及施工现场的条件等多方面的因素而定，可以每月或每半月检查一次，也可每旬或每周检查一次，如果在某一施工阶段出现不利情况时，甚至需要每天检查；监理单位定期组织现场施工负责人召开现场会议，也是获得营造林工程实际进展情况的一种方式，通过这种面对面的交谈，监理单位可以从中了解到施工过程中的潜在问题，以便及时采取相应的措施加以预防。

施工进度检查的主要方法是对比法。即将经过整理的实际进度数据与计划进度数据进行比较，从中发现是否出现进度偏差以及进度偏差的大小。通过检查分析，如果进度偏差比较小，应在分析其产生原因的基础上采取有效措施，解决矛盾，排除障碍，继续执行原进度计划。如果经过努力，确实不能按原计划实现时，再考虑对原计划进行必要的调整。即适当延长工期，或改变施工速度。计划的调整一般是不可避免的，但应当慎重，尽量减少变更计划性的调整。

2. 施工进度计划的调整

通过检查分析，如果发现原有进度计划已不能适应实际情况时，为了确保进度控制目标的实现或需要确定新的计划目标，就必须对原有进度计划进行调整，以形成新的进度计划，作为进度控制的新依据。

施工进度计划的调整方法众多，主要有两种：缩短某些工作的持续时间，改变某些工作间的逻辑关系。其中，缩短工作持续时间是不改变工作之间的先后顺序关系，通过缩短网络计划中关键线路上工作的持续时间来缩短工期。如缩短整地、栽植时间。这时，通常需要采取一定的措施来达到目的。具体措施包括：一是组织措施，如增加工作面，组织更多的施工队伍；延长每天的施工时间；增加劳动力和施工机械的数量等。二是技术措施，如改进施工工艺和施工技术，缩短工艺技术间歇时间；采用更先进的施工方法，以减少施工过程的数量；采用更先进的施工机械。三是经济措施，如实行包干奖励、提高奖金数额、对所采取的技术措施给予相应的经济补偿。四是其他配套措施，如改善外部配合条件、改善劳动条件、实施强有力的调度等。一般来说，不管采取哪种措施，都会增加费用。因此，在调整施工进度计划时，应利用费用优化的原理选择费用增加量最小的关键工作作为压缩对象。改变工作逻辑关系，这种方法的特点是不改变工作的持续时间，而只改变工作的开始时间和完成时间。对于营造林工程，由于其单项工程较多且相互间的制约比较小，可调整的幅度比较大，所以容易采用平行作业的方法来调整施工进度计划。而对于单项工程项目，由于受工作之间工艺关系的限制，可调整的幅度比较小，所以通常采用搭接作业的方法来调整施工进度计划。但不管是搭接作业还是平行作业，营造林工程在单位时间内的资源需求量将会增加。

除了分别采用上述两种方法来缩短工期外，有时由于工期拖延得太多，当采用某种方法进行调整，其可调整的幅度又受到限制时，还可以同时利用这两种方法对同一施工进度计划进行调整，以满足工期目标的要求。

（四）工程延期

1. 申报条件

（1）监理单位发出工程变更指令而导致工程量增加。

（2）合同所涉及的任何可能造成工程延期的原因，如延期交图、工程暂停、对合格工程的剥离检查及不利的外界条件等。

（3）异常恶劣的气候条件。

（4）由建设单位造成的任何延误、干扰或障碍，如未及时提供施工场地、未及时付款等。

（5）除承包单位自身以外的其他任何原因。

2. 审批程序

工程延期的审批程序如图10-5所示。当工程延期事件发生后，承包单位应在合同规定的有效期内以书面形式通知监理单位（即工程延期意向通知），以便于监理单位尽早了解所发生的事件，及时做出一些减少延期损失的决定。随后，承包单位应在合同规定的有效期内（或监理单位可能同意的合理期限内）向监理单位提交详细的申述报告（延期理由及依据）。监理单位收到该报告后应及时进行调查核实，准确地确定出工程延期时间。

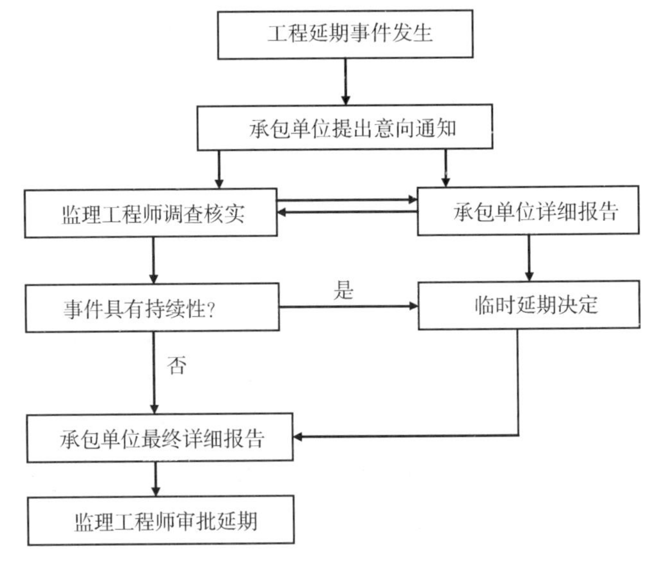

图10-5　工程延期的审批程序

3. 审批原则

监理单位在审批工程延期时应遵循下列原则：

（1）合同条件。监理单位批准的工程延期必须符合合同条件。也就是说，导致工期拖延的原因确实属于承包单位自身以外的，否则不能批准为工程延期。这是监理单位审批工程延期的一条根本原则。

（2）影响工期。发生延期事件的工程部位，无论其是否处在施工进度计划的关键线路上，只有当所延长的时间超过其相应的总时差而影响到工期时，才能批准工程延期，如果延期事件发生在非关键线路上，且延长的时间并未超过总时差时，即使符合批准为工程延期的合同条件，也不能批准工程延期。应当说明，营造林工程施工进度计划中的关键线路并非固定不变，它会随着工程的进展和情况的变化而转移。监理单位应以承包单位提交的、经自己审核后的施工进度计划（不断调整后）为依据来决定是否批准工程延期。

（3）实际情况。批准的工程延期必须符合实际情况。为此，承包单位应对延期事件发生后的各类有关细节进行详细记载，并及时向监理单位提交详细报告。与此同时，监理单位也应对施工现场进行详细考察和分析，并做好有关记录，以便为合理确定工程延期时间提供可靠依据。

4. 工程延期的控制

发生工程延期事件，不仅影响工程的进展，而且会给建设单位带来损失。因此，监理单位应做好以下工作，以减少或避免工程延期事件的发生。

（1）选择合适的时机下达工程开工令。监理单位在下达工程开工令之前，应充分考虑建设单位的前期准备工作是否充分。特别是征地、拆迁问题是否已解决，设计图纸能否及时提供，以及付款方面有无问题等，以避免由于上述问题缺乏准备而造成工程延期。

（2）提醒建设单位履行施工承包合同中所规定的职责。在施工过程中，监理单位应经常提醒建设单位履行自己的职责，提前做好施工场地及设计图纸的提供工作，并能及时支付工程进度款，以减少或避免由此而造成的工程延期。

（3）妥善处理工程延期事件。当延期事件发生以后，监理单位应根据合同规定进行妥善处理。既要尽量减少工程延期时间及其损失，又要在详细调查研究的基础上合理批准工程延期时间。

此外，建设单位在施工过程中应尽量减少干预、多协调，以避免由于建设单位的干扰和阻碍而导致延期事件的发生。

（五）工程延误

如果由于承包单位自身的原因造成工期拖延，而承包单位又未按照监理单位的指令改变延期状态时，通常可以采用下列手段进行处理：

1. 拒绝签署付款凭证

当承包单位的施工活动不能使监理单位满意时，监理工程师有权拒绝承包单位的支付申请。因此，当承包单位的施工进度拖后且又不采取积极措施时，监理工程师可以采取拒绝签署付款凭证的手段制约承包单位。

2. 误期损失赔偿

拒绝签署付款凭证一般是监理单位在施工过程中制约承包单位延误工期的手段，而误期损失赔偿则是当承包单位未能按合同规定的工期完成合同范围内的工作时对其进行的处罚。如果承包单位未能按合同规定的工期和条件完成整个工程，则应向建设单位支付投标书附件中规定的金额，作为该项违约的损失赔偿费。

3. 取消承包资格

如果承包单位严重违反合同，又不采取补救措施，则建设单位为了保证合同工期有权取消其承包资格。例如：承包单位接到监理单位的开工通知后，无正当理由推迟开工时间，或在施工过程中无任何理由要求延长工期，施工进度缓慢，又无视监理单位的书面警告等，都有可能受到取消承包资格的处罚。取消承包资格是对承包单位违约的严厉制裁。因为建设单位一旦取消了承包单位的承包资格，承包单位不但要被驱逐出施工现场，而且还要承担由此而造成的建设单位的损失费用。这种惩罚措施一般不轻易采用，而且在做出这项决定前，建设单位必须事先通知承包单位，并要求其在规定的期限内作好辩护准备。

三、投资控制

在工程施工阶段控制投资是监理工程师控制工程投资的重要环节。在施工过程中要做好资金投入、筹措、使用计划，按工程实际进度支付工程款，根据施工现场情况处理变更引起的费用支出，办理工程结算等。施工阶段监理投资控制程序参见图 10-6。施工阶段控制的主要措施有以下几个方面。

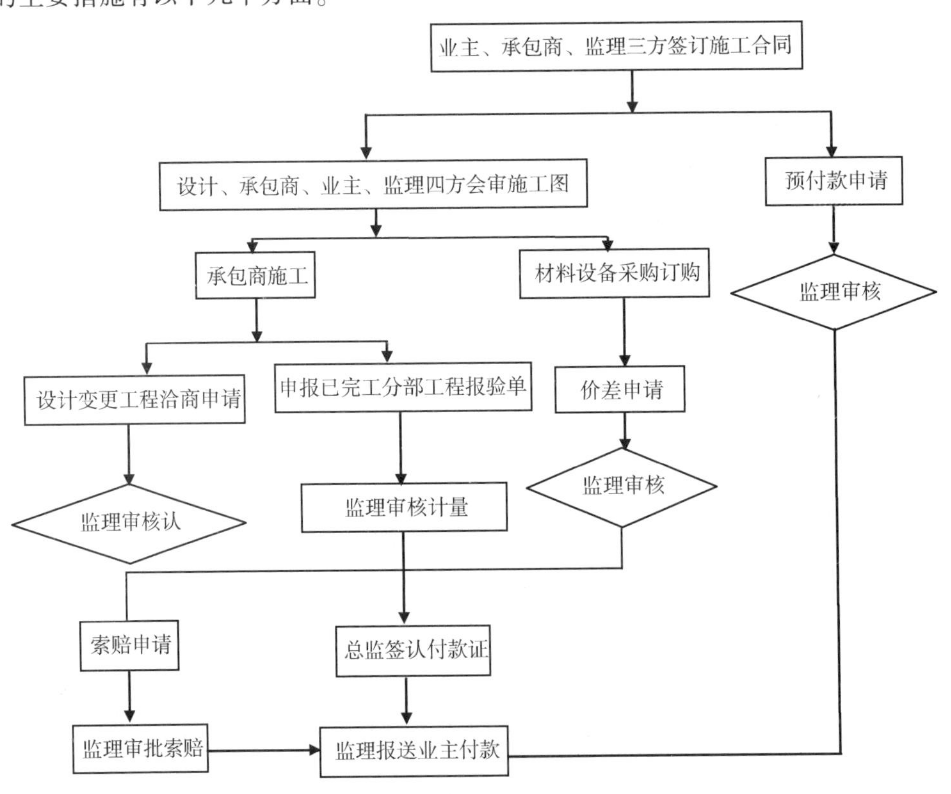

图 10-6　施工阶段监理投资控制程序

(一) 投资目标控制

造林控制的目标是以工程承包合同项目的合同价为基础，将工程项目造价控制在工程概（预）算所确定的并经建设单位同意的工程造价范围内。一般通过编制资金使用计划实现控制目标。资金使用计划一般以项目进行划分，可以分层次将工程项目进行逐级分解，划分到具体的实施单元，绘制出资金使用计划图或表。编制资金使用计划也可以按项目建设时间顺序，逐一编制使用计划，编制出各时段的资金使用计划表。资金使用计划既可作为监理工程师审核承包施工进度计划、现金流量计划的依据，又可作为控制工程资金投入的依据。

（二）工程计量

工程计量不仅是控制项目投资的关键环节，同时又是约束承包商履行合同义务的最佳手段。只有经过监理机构根据设计文件及承包合同中关于工程量计算的规定进行计量所确定的数量才是向承包商支付任何款项的凭证。

1. 工程计量程序

（1）按施工承包合同约定的程序，如速生丰产林工程施工，承包人按合同规定完工经自检合格后报监理机构，监理接到工序验收报告后 48 小时到达现场验收，否则，该工序当合格论，责任由监理单位负责。

（2）建设工程监理规范规定的程序，承建单位统计经专业监理工程师质量验收合格的工程量，按工程合同的约定填写工程量清单和工程款支付申请表，报项目监理机构专业监理工程师审核后，再由总监理工程师审定，签署工程款支付证书，并报建设单位。

2. 工程计量方法

工程计量时，工程师应对三个方面的工程量进行计算，即工程量清单中的全部项目、合同文件中规定动作的项目和工程变更项目。计算方法一般有六种：

（1）凭证法。如营造林所需苗木、种子、肥料等物资的采购，可按施工方提供的凭据进行计量支付。

（2）均摊法。对清单中某些项目的合同价款，按合同工期平均计量，如监理费、施工管理费、机械设备维修费等。

（3）估价法。按合同文件规定，根据工程师估算的已完成的工程价值支付。如为工程师提供的生活设施、测量设备、通讯设备等仪器可采取估价法进行计量支付。

（4）图纸法。在工程量清单中，许多项目采取按照设计图纸所示的尺寸进行计算。

（5）分解计算法。按完成项目各工序的工作量进行分解计算。

（6）断面法。主要用于整地过程中填、取土坑或垃圾清理土方的计量，采用这种方法计量，在开工前承包商需测绘出原地形的断面，并需经工程师检查，作为计量的依据。

表格要求：审查工程计量申报表（表 A. 34）。

（三）工程变更管理

（1）设计单位对原设计存在的缺陷提出的工程变更，应编制设计变更文件；建设单位或承包单位提出的工程变更，应提交总监理工程师，由总监理工程师组织专业监理工程师审查。审查同意后，应由建设单位转交原设计单位编制设计变更文件。当工程变更涉及安全、环保等内容时，应按规定经有关部门审定。

（2）项目监理机构应了解实际情况和收集与工程变更有关的资料。

（3）总监理工程师必须根据实际情况、设计变更文件和其他有关资料，按照施工合同的有关条款，在指定专业监理工程师完成确定工程变更项目与原工程项目之间的类似程度和难易程度，确定工程变更项目的工程量，确定工程变更的单价或总价等工作后，对工程变更的费用和工期作出评估。

（4）总监理工程师应就工程变更费用及工期的评估情况与承包单位和建设单位进行协调。

（5）总监理工程师签发工程变更单。工程变更单应包括工程变更要求、工程变更说明、工程变更费用和工期、必要的附件等内容，有设计变更文件的工程变更应附设计变更文件。

（6）项目监理机构应根据工程变更单监督承包单位实施。在建设单位和承包单位未能就工程变更的费用等方面达成协议时，项目监理机构应提出一个暂定的价格，作为临时支付工程款的依据。该工程款最终结算时，应以建设单位与承包单位达成的协议为依据。在总监理工程师签发工程变更单之前，承包单位不得实施工程变更。未经总监理工程师审查同意而实施的工程变更，项目监理机构不得予以计量。

（7）工程变更价款的确定方法，《建设工程量清单计价规范》规定：合同中综合单价因工程量变更需调整时，除合同另有约定外，应按照下列办法确定。一是工程量清单漏项或设计变更引起的新工程清单项目，其相应综合单价由承包人提出，经发包人确认后作为结算的依据。二是由于工程量清单的数量有误或设计变更引起工程量增减，属合同约定幅度以内的，应执行原有的综合单价；属合同约定幅度以外的，其增加部分的工程量或减少后剩余部分的工程量的综合单价由承包人提出，经发包人确认后作为结算的依据。

表格要求：审查工程变更费用报审表（表 A. 35）。

（四）索赔控制

在营造林工程中，目前使用索赔的还不多见，今后随着对施工的规范化管理，也会出现索赔现象。遇到这种情况，应根据合同中对索赔的规定进行理赔。

表格要求：审查费用索赔申请表（表 A. 36），填写费用索赔审批表（表 B. 8）。

（五）工程结算

工程款的支付可分为预付款、施工材料款、保证金、价格调整费用、工序完工付款和竣工付款。

1. 预付款

预付款是建设单位借给承包单位的施工准备用款，有无预付款和预付款数额应在标书或合同中有规定。预付款的支付条件是：建设单位与承包单位签订了合同协议书，提供了预付款保函，预付款保函的担保金额与预付款相等；监理公司依据签订的工程承包合同和收到的预付款保函，签发预付款支付证明，预付款在中期支付款时，按支付款额占总合同价的比例逐次扣回。

2. 施工材料款

材料款是指造林施工采用外购苗木、肥料等施工材料时，对供货单位已运到施工地块的苗木、肥料等施工材料，由建设单位支付的款额（建设单位为采购单位）。在支付施工材料款时，供货单位应向监理公司提供有关施工材料的品种、质量和金额等资料，并检验认可已运到施工现场的苗木、肥料的质量以及储存条件与环境后予以支付。支付比例按合同规定的比例进行支付，无合同规定时，为确保苗木质量和苗木栽植成活率，一般可按发票价的50%签署苗木款支付凭证，按发票价的70%签署肥料、药剂及其他工程施工材料款的支付凭证。

3. 保证金

在中期支付工程进度款时，为促使承包单位精心施工，尤其是苗木精心栽植施工，除提交有履约保函者外，一般应扣留20%的施工质量保证金，为预防苗木成活率低时有足够的苗木补植费。当承包单位自购或自育苗木时也同样扣留50%的苗木款作保证金；保证金在人工造林成活率检查合格后，按合同规定的比例或根据苗木成活与补植情况退还相应的保证金和苗木预留款。在完成合同项目施工，经检查验收合格后退还全部质量保证金和苗木预留款。

4. 价格调整费用

造林施工期一般较长，当国家与地方法规和政策变化导致施工劳力与苗木、肥料等施工材料价格发生变化时，应根据合同规定的价格调整方式，在支付中期工程款时，将价格调整引起的费用同时结算；当合同无规定时，则由监理公司与建设单位、承包单位协商确定价格调整方案。

5. 工序完工付款

一般采用以工序形式支付工序完工付款，分段的划分可在合同中约定。对造林工程可划分为：炼山防火线、清理林地、炼山、挖带、机耕、定点、挖坑、施基肥、定植、补植、铲草、追肥、除萌、管护等阶段；承包单位应按工程款的支付时间向监理公司提交工程款支付（预付、结算）申请表，其内容包括：已完工程量报表，施工质量合格证书，工程量完成情况自检表，工程量完成情况监理验收表，施工图纸，工程施工中的停工、返工、违规纪录及其处理说明，工程量计算清单等数据；监理公司应对承包单位提交的工程款支付申请进行认真审核。审核内容包括：工程支付申请数据是否齐全、完整，申请支付项目是否属于合同规定的结算项目，支付的工程单价是否准确，工程量和总价计算是否正确，结算单位是否与合同文件相符等；监理公司在签署工序完工支付证书时，扣除相应的质量保留金、预付款、违约罚金等。

6. 竣工支付

监理公司应在工程竣工验收后的合同规定时间内，受理承包单位的最终支付申请；监理公司审核建设单位以前所有的款额以及建设单位与承包单位各自责任对支付额的影响后，确认按合同最终应给承包单位款项总额，由总监理公司签发完工结算文件和最终支付证书报建设单位。

表格要求：审查工程款支付申请表（表 A. 30），填写工程款支付证书（表 B. 9）。

第三节　竣工验收

一、资料准备及初审

（一）成立竣工验收检查机构

竣工验收由建设单位组织和主持，由建设单位（项目）负责人组织施工、设计、监理单位（项目）负责人、施工管理员、监理工程师、监理人员组成。

（二）竣工验收技术资料准备

竣工验收前，项目负责人应编写验收技术方案，对验收内容、精度、调查采用的主要技术方法、调查质量控制指标等重要技术问题提出意见，审定后作为指导整个验收工作的技术文件。竣工验收项目有关人员要认真学习有关技术，统一工作方法。

1. 竣工验收引用的标准

（1）GB 6000 主要造林树种苗木质量分级。

（2）GB 7908 林木种子质量分级。

（3）GB/T 15776 造林技术规程。

（4）LY/T 1000 容器育苗技术。

2. 经营数表准备

（1）立地类型表。

（2）森林经营类型表。

（3）造林类型（模式）表。

3. 人工造林合格标准

人工造林分为宜林荒山荒地造林、迹地造林和低效林改造三种类型。人工造林合格标准以造林树种和造林成活率来反映。造林成活率是指造林后前三年单位面积成活株数与造林总株数（以造林总株数按作业设计株数、最低合理初植密度、实际造林总株数中之最大者记）之比。造林合格标准为成活率≥85%，<85%为不合格。

4. 造林成活率

调查允许误差为±2%，面积验收允许误差为±5%。

5. 面积

以水平面积计，以公顷（hm^2）为单位，保留一位小数。

（三）档案的分类组卷

（1）竣工验收依据文件。批准的设计文件（包括变更设计），设计、施工有关规范，工程质量验收标准以及合同及协议文件等。

（2）按施工地点、工序类别整理已签署的中间验收证书、验收图（表）。

（3）监理通知书。

（4）监理工作联系单。

（5）监理工作会议记录、会议纪要。

（6）施工单位竣工自检材料（图、文、表）及其他相关资料。

（四）竣工验收检测设备

（1）测高仪或测杆：用于检测树高。

（2）测绳或皮尺：测定株行距或用于设置标准地或样带。

（3）求积仪或GPS：面积测定。

（4）计算机。

（五）竣工验收外业调查表准备

（1）营造林工程竣工验收成活率调查表。

（2）营造林工程竣工验收林木生长量调查表。

（3）营造林工程竣工验收面积测定（GPS）记录表。

（六）资料初审

（1）承建单位应在验收前将编制好的全部完工文件及绘制的竣工图（自检材料及自检图），提供监理组一份，审查确认完整后，报建设单位保管。交接竣工文件内容包括：营造林工程作业设计文件以及变更设计文件、全部完工文件（图表及清单按照工程区的行政区划编制）、竣工图、各项工程施工工序记录、监理资料等。

（2）承建单位按规定编写和提出验收交接文件是申请竣工验收的必要条件，竣工文件不齐全、不正确、不清晰，不能验收交接。

（3）承建单位提供竣工自查报告。主要内容包括：

① 工程项目实施概况，包括计划任务、施工管理机制、利益分配办法、组织实施形式、资金筹措、造林管护措施等。

② 自检工作概况，包括时间、人员、工作方法等。

③ 自检结果，分述各自检指标的计算结果，重点说明工程项目完成面积、合格面积、合格率，分造林类型、林种、树种的自检数据，管理指标数据，项目资金管理、使用情况等。

④ 分析评价，用实例、数据和图片对比，分析评价工程实施的成效。

⑤ 工程管理情况，对工程各环节的招投标、造林用地合同、造林工程合同签订、造林机制、造林质量技术指导管理、档案管理等情况进行总结等。

（4）自查报告附图（造林小班竣工图）、附表审查。附图、附表是否清晰，图、表是否对应相符，数据统计是否正确等。

（5）工程承包合同。检查是否按工程承包合同进行施工，对照施工单位的完工报告和承包合同，已完工工程量是否超过（减少）原设计的工程量，对超过部分需重点核实。

二、现场验收

承包单位完成合同项目规定的工程施工内容后，可申请进行工程承包合同项目竣工验收，建设单位也可根据施工进展情况进行中间检查，中间检查时间可在工程承包合同中约定。

（一）竣工验收的程序

当单位工程达到竣工验收条件后，施工单位应在自检、自评工作完成后，填写工程竣工报验单，并将全部竣工资料报送项目监理机构，申请竣工验收。总监理工程师应组织各专业监理工程师对竣工资料及各专业工程的质量情况进行全面检查，对检查出的问题，应督促施工单位及时整改。

经项目监理机构对竣工资料及实物全面检查、验收合格后，由总监理工程师签署工程竣工报验单，并向建设单位提出质量评估报告。

建设单位收到工程验收报告后，应由建设单位（项目）负责人组织施工（含分包单位）、设计、监理等单位（项目）负责人进行单位（子单位）工程验收。单位工程由分包单位施工时，分包单位对所承包的工程项目应按规定的程序检查评定，总包单位应派人参加。分包工程完成后，应将工程有关资料交总包单位。建设工程经验收合格的，方可交付使用。

建设工程竣工验收应当具备的条件：一是完成建设工程设计和合同约定的各项内容；二是有完整的技术档案和施工管理资料；三是有工程使用的主要建设材料、物资的合格证明；四是有设计、施工、监理等单位分别签署的质量合格文件。

在一个单位工程中，对满足生产要求或具备使用条件，施工单位已预验，监理工程师已初验通过的子单位工程，建设单位可组织进行验收。有几个施工单位负责施工的单位工程，当其中的施工单位所负责的子单位工程已按设计完成，并经自行检验，也可组织正式验收，办理交工手续。在整个单位工程进行全部验收时，已验收的子单位工程验收资料应作为单位工程验收的附件。

参加验收各方对工程质量验收意见不一致时，可请当地具有甲级或乙级资质林业规划调查设计机构协调处理。

表格要求：完工（竣工）验收程序见图 10-7。

（二）现场验收内容

1. 整地工程测定

对水平沟、水平坑、水平条、反坡梯田、鱼鳞坑等整地工程，采用木尺或钢卷尺量测其外观尺寸，如整地宽度和长度、土埂高度及边坡。对工程是否水平可用水准仪进行测定。

对大面积的整地工程，按抽样检验方法，在地块的上、中、下部各选一条整地工程进行测定，取平均值。整地季节应符合设计要求。

2. 苗木质量测定

首先检查苗木的品种是否与设计相同。其次，用木尺、钢卷尺或卡尺量测苗木的高度、根径，检验苗木等级是否与设计相同。裸根苗采用 GB 7908 标准检验，容器苗采用

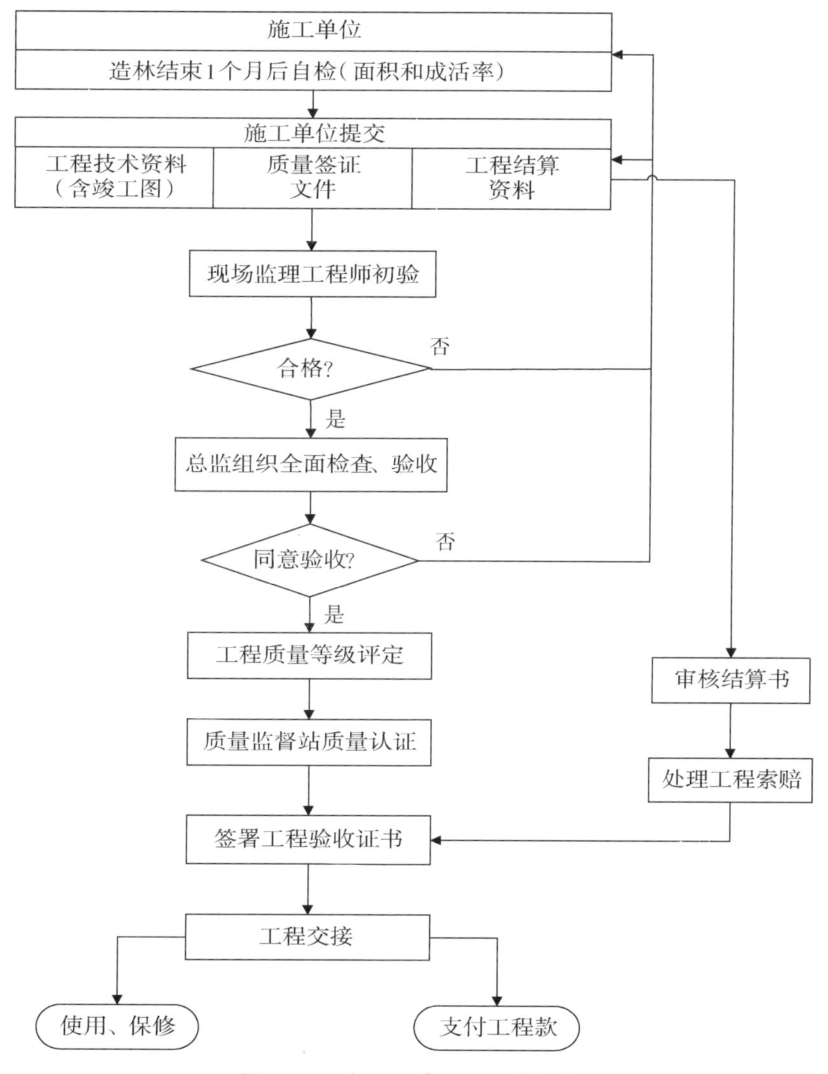

图 10-7　完工（竣工）验收程序

LY/T 1000 标准检验，经济林采用 GB 6000 标准检验。检验方法为卡尺、钢尺量测。对苗木的枝梢进行检查，看其是否具备成活的条件。

3. 面积测定

有地形图勾绘法和 GPS 测量法两种方法：

（1）地形图勾绘法是用 1∶10000 地形图逐个小班（地块）勾绘边界，以造林作业设计图或施工设计图、自查图为基础现地核查勾绘，具体工作步骤：

① 携带工作手图，根据作业计划，进入需检查验收的调查区域。

② 根据地形地势，确定调查员在工作手图上所处的准确位置。

③ 按照对坡勾绘的原则，仔细观察正面视域范围内地面（山坡）上走向和特点，根据先易后难、由近及远的原则，确定其界线走向折点并把折点准确地点绘在工作手图上，连接各折点构成一个闭合圈，得到所调查小班的边界图。

④ 对已勾绘的小班界线进行多角度、多视点的详细观察和修正。

⑤ 小班面积计算在 GIS 平台（或其他平台）中进行，以小班为单位计算和平差小班面积，精确到 0.1hm²。

（2）GPS 测量法是用 GPS 进行实地测量。实地面积测量包括连续点法和特征点法，连续点法是连续测定地块边界点坐标，最后确定面积。当地块为不规则图形时，范围较大时，且边界易于行走时，可采用此种方法。当地块是相对比较规则的图形时，可采用特征点法测量面积，该方法是在地块边界各特征点上连续测量数秒钟，采用中值法确定每个特征点的坐标，最后闭合计算面积。

4. 造林密度测定

采用行调查或样方调查法进行检验。一般取 10m×10m 的样方，果园和造林密度较小的经济林取 30m×30m 的样方，量测其株行距，并检查苗木数量，株距在同一水平线量测，行距在上、下两行间测定。苗木数量应与设计相符。

5. 种植质量

按技术规范规定，种植工序应符合要求。如植苗挖穴、栽植、浇水等。检验方法主要是现场观察和检查施工记录。

6. 造林成活率测定

采用样地（样带或样方）对造林成活率进行调查。采用样带时，样带宽度为 10~20m，沿垂直等高线方向随机布设在所调查的小班（地块）内，样带长度根据样带调查面积比例及样带宽来确定；采用样方时，样方面积为 200m²，样方数量根据调查面积比例来确定。

样地（样带或样方）调查面积比例为：当小班（地块）面积在 150 亩以下时，调查面积不少于造林面积的 3%；小班（地块）面积在 150~450 亩时，调查面积不少于造林面积的 2%，且不低于 4.5 亩；小班（地块）面积为 450 亩以上时，调查面积不少于造林面积的 1%，且不低于 9 亩。

根据样地内造林总株数及成活株数计算小班（地块）造林成活率（每穴株数多于 1 株时均按 1 株计算）。

7. 合格标准

旱区、高寒区、热带亚热带岩溶区、干热（干旱）河谷等生态脆弱带，造林成活率在 70%（含）以上；其他地区成活率在 85%以上为合格。造林成活率达不到合格标准，但成活率在 41%（含）以上的合格面积计入造林面积；低于上述标准的为不合格。其中需要补植，经补植合格后才能计入造林面积；成活率低于 41%（不含）的，为失败面积，不能计入造林面积，需重新造林，重新检查验收。合同另有规定的，按合同规定执行。

飞播造林当宜播面积平均每公顷有效苗株数≥1666 株，有苗样地频度≥30%（北方）时，为合格。具体合格标准见《飞播造林技术规程》。

封山育林以小班为单位进行成效评定。对于乔木型，小班郁闭度≥0.2，或小班林木密度在 1050 株/hm²以上，且分布均匀为合格。对于乔灌型，乔木、灌木密度在1350 株/hm²

以上，或乔、灌木总覆盖度≥30%，其中乔木所占比例在30%，且分布均匀为合格。对于灌木型，灌木密度在1050株/hm^{2}以上，且分布均匀，或灌木覆盖度≥30%为合格。对于灌草型，小班灌草综合覆盖度≥50%，其中灌木覆盖度不低于20%为合格。对于竹林型，小班内毛竹密度≥450株/hm^2，或杂竹覆盖度≥40%，且分布均匀为合格。具体合格标准见《封山（沙）育林技术规程》。

（三）竣工结算

竣工结算是承包方将所承包的工程按照合同规定全部完工交付之后，向发包单位进行的最终工程价款结算。竣工结算由承包方的预算部门负责编制。

1. 竣工结算与支付

竣工结算要有施工单位提交竣工报表后，监理单位应严格审查，一般从以下几个方面入手：

（1）核对合同条款。首先，应核对竣工工程内容是否符合合同条件要求，工程是否竣工验收合格，只有按合同要求完成全部工程并验收合格才能竣工结算；其次，应按合同规定的结算方法、计价定额、取费标准、材料价格和优惠条款等，对工程竣工结算进行审核，若发现合同开口或有漏洞，应请建设单位与施工单位认真研究，明确结算要求。

（2）检查隐蔽验收记录。所有隐蔽工程均需进行验收，两人以上签证；实行工程监理的项目应经监理工程师签证确认。审核竣工结算时应核对隐蔽工程施工记录，验收手续完整，工程量与竣工图一致方可列入结算。

（3）落实设计变更签证。设计修改变更应有原设计单位出具设计变更通知单和修改的设计图纸、审核人员签字并加盖公章，经建设单位和监理工程师审查同意、签证；重大设计变更应经原审批部门审批，否则不列入结算。

（4）按图核实工程数量。竣工结算的工程量应依据竣工图、设计变更和现场签证等进行核算，并按国家统一规定的计算规则计算工程量。

（5）执行定额单价。结算单价应按合同约定或招标规定的计价定额与计价原则执行。

（6）防止各种计算误差。工程竣工结算子目多，篇幅大，往往有计算误差，应认真核算，防止因计算误差多计或少算。

2. 竣工结算流程图（图10-8）

（四）移交资料

（1）《造林成果验收报告》。

（2）外业调查图、表及统计汇总表。

（3）面积计算原始资料。

（4）竣工验收图。

（5）工程移交证书。

表格要求：审查工程竣工报验单（表A.37），填写竣工移交证书（表B.10）。

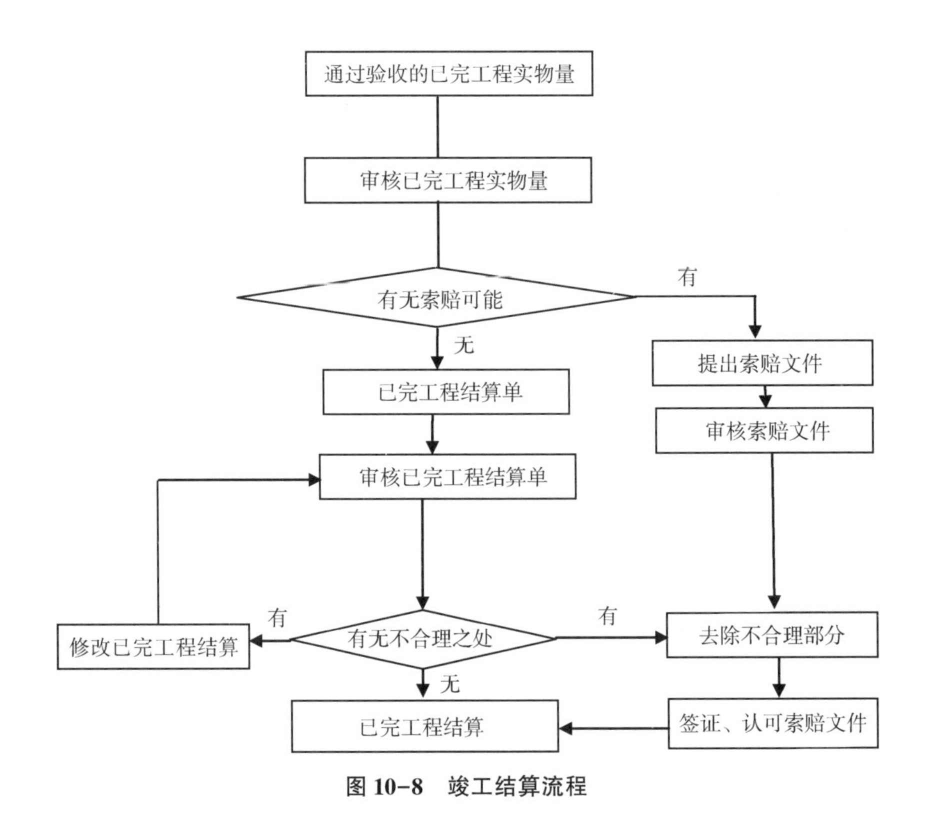

图 10-8　竣工结算流程

第四节　合同和信息管理

一、合同管理

（1）督促合同各方加强合同的学习，明确各自责任、权利和义务，要求合同各方严格按合同办事，增加约束控制，减少工程操作的随意性，确保工程在合同的规范管理中进行。

（2）及时向各方索取合同副本，了解并掌握合同的内容，以便进行合同的跟踪管理，包括合同各方执行情况检查，向有关单位及时准确反映合同执行情况的信息。

（3）根据合同的要求，审核工程设计变更和核定施工单位申报的实物工程量。

（4）根据合同工期要求，督促施工单位落实工程进度计划，根据工程计划进行实际值与计划值比较、分析，提出监理意见，并准确及时提供合同执行情况的有关资料。

（5）工程合同执行情况每月在监理月报中反映。

（6）为了维护建设单位的利益，保证建设单位与各方签订合同顺利进行，避免索赔事项的发生，应做好以下几项工作：

① 协助建设单位审查建设单位与各方签订的合同条款有无含混字句及分工不明、责任界限不清的地方、索赔条款是否明确，为做好索赔预控创造条件。

② 协助建设单位，要求有关各方严格按合同办事，以达到控制质量、进度、投资的

目的。

③ 在工程实施过程中，严格控制工程设计变更，尽量减少不必要的工程洽商，特别要控制有可能发生经济索赔的工程洽商。

④ 对于有可能发生经济索赔的变更或洽商，事先要报告建设单位，在征得建设单位同意的前提下，再签认有关变更或洽商。

⑤ 在本工程（或分部工程）完成以后，进行工程结算，本着“合理合法，实事求是”的原则，划清索赔界线，处理好索赔争议。

二、信息管理

（一）施工监理资料收集

收集、整理工程信息，并按规范编目保管，根据收集的信息不断检测或发现问题，进而提出解决意见并进行决策，从而使投资、进度、质量向既定目标方向进展。

信息来源于以下资料：

（1）工程合同文件和委托监理合同；

（2）勘测设计文件和资料；

（3）监理规划；

（4）监理实施细则；

（5）施工分包单位资格报审资料；

（6）设计交底和图纸会审会议纪要；

（7）施工组织设计报审表；

（8）工程开工、复工报审表及工程暂停令；

（9）施工测量校验资料；

（10）工程施工进度计划；

（11）工程材料、设备的质量证明文件；

（12）检验试验资料；

（13）工程设计变更资料；

（14）工程计量单和工程款支付凭证；

（15）报验申请表；

（16）监理工作联系单；

（17）各类会议纪要；

（18）有关往来函件；

（19）监理日记；

（20）监理月报；

（21）质量缺陷和事故处理文件；

（22）索赔文件资料；

（23）竣工结算审核意见书；

（24）工程项目施工阶段质量评估报告等专题报告；

（25）监理工作总结报告。

（二）监理月报

按规定，监理单位和监理工程师应按月向项目法人报告工程建设和监理的情况，主要内容有：

1. 工程进度和形象进度

本月实际完成情况与计划进度比较，对进度完成情况及采取措施的效果分析。

2. 工程质量

本月工程质量情况、质量评审结果、质量事故处理、对工程质量控制措施的效果分析。

3. 资金到位和使用情况

工程建设资金到位数量、时间，工程监理审核情况，工程款审批情况及月支付情况，工程款支付分析及对投资控制措施的效果分析。

4. 施工人员及设备情况

本月投入施工的劳动力、机械、设备情况，施工组织、管理成效及存在问题。

5. 监理工作

本月主要监理活动，图纸审查、发放，技术方案审查，解决的其他问题。

6. 会议文函

本月召开的现场会议，来往文件、信函，会议记录和纪要。

7. 合同管理

本月工程变更、工期延长、费用索赔等。

第五节　××市京藏高速公路沿线两侧绿化工程监理实例

一、工程概况

京藏高速公路以北京为起点，途经北京、河北、内蒙古、宁夏、甘肃、青海、西藏7省（自治区、直辖市），至拉萨结束，全长约3710km，是连通西北与东部地区的交通大动脉。西北许多资源，特别是煤炭资源通过京藏高速这条大动脉源源不断地运往东部各省，有的还运往海港城市销往国外，被喻为我国西北的“能源通道”。过去由于交通任务繁忙，堵车现象频繁发生，据记载，最严重时曾堵车百公里，使之成为全国乃至世界关注的焦点。

为打造高速公路绿色长廊，提升两侧绿化景观效果，改善地方生态环境，达到防尘、降噪、减少汽车尾气对公路沿线两侧城乡居民生产生活的影响，变“焦点”为“亮点”，2011年，××市投资3亿多元，对途经市内的180km长的京藏高速公路沿线两侧区域进行绿化美化。沿线两侧绿化宽度各50m（高速路护栏外），绿化总面积14500亩。绿化种植采用乔灌结合、“品”字形配置、带状混交模式，共栽植各类苗木54.3万株（丛）。主要栽植树种有油松、樟子松、云杉、杨树等乔木，以及金叶榆、丁香、火炬等花灌木。

由于路线较长、任务繁重、不确定性因素多等原因，当地高速公路绿化指挥部将全线按行政区域划分成5个标段加强管理，并通过招投标形式，确定了5个施工单位进行施工。工程建设于2011年9月开始施工，2012年12月底完成。后期管护期为3年。

二、工程特点

（一）路线较长

全线绿化长度达180km，呈两条带状平行于公路延伸，两侧可用于绿化施工的交通便道和贯穿两侧的交通涵洞较少，给绿化施工和抚育管护工作带来极大不便。施工单位须先修便道再行施工。

（二）地形复杂

工程地点大部分位于大青山南部，当地习惯称为前山地区，地形复杂多变、丘陵高低起伏，且沟壑纵横、间有高山，平均海拔1152~1321m。部分地段施工安全隐患多、机械施工难度大，只能依靠人工进行施工。

（三）立地条件差

沿线两侧土壤有坚石、松石、白干土、红胶泥、细沙土等，土层薄、土质差，部分土壤条件达不到种植标准，必须在树种设计上因地制宜，或挖大穴客土栽植，少部分栽植前还应进行施肥，改善土壤结构，提高土壤肥力，保证苗木栽植成活和正常生长需要。

（四）气候干旱

年平均降水量在150~450mm之间，雨量集中在每年七八月份。年平均气温一般在0~18℃，无霜期95~145天。且地处中纬度西风带，常年多偏西北风。6级以上大风年平均29~58天。大风期主要集中在3~5月期间。大风无雨集中期正值当地造林绿化的最佳季节。春季短、气温回升快，加上大风无雨天气，迅速提高了苗木枝叶表面水分的蒸腾速度，且地下土壤未全部解冻，苗木根部活性较差，不能吸足地下土壤水分供给地上枝叶生长，导致苗木体内水分短暂失衡，对苗木成活和生长产生不利影响。

（五）协调任务大

工程建设不仅要与高速公路建设规划相协调，还要与当地城乡发展规划、土地总体利用规划，以及生态建设等专项规划相衔接，要符合高压电线、地下光缆等保护要求，对涉及的农地征用、坟地迁移、退耕还林地等还要与当事人洽谈补偿事宜。工程涉及部门较多、涉及人员复杂，协调好每个相关部门和人员的难度相当大。有些工作，不可能一次协调到位，需几次甚至十几次协调才能达成共识。

三、施工准备阶段监理

做好施工准备阶段的监理是整个高速公路绿化工程“起好步、开好头”的关键，也是贯彻事前控制、将各种风险因素消灭于萌芽状态、防患于未然的重要举措。在实际工作中，不可忽视施工准备阶段的监理工作。工作内容按建设单位、监理单位、施工单位划分如下：

（一）建设单位准备工作情况

对高速公路绿化工程而言，根据造林绿化行业的特点，建设单位一般不会为施工单位提供施工场地前期的“三通一平”或“五通一平”、“七通一平”工作。除提供尽可能精细的作业设计、拨付工程预付款外，建设单位前期准备工作主要是做好施工地段的土地征占用工作，为施工单位提供施工所需的土地条件，并协调好交通、农业、水利、电信、电力等相关部门，为开工建设提供便利条件。监理单位在签发开工令前，要详细了解相关情况。如上述情况不能完全满足开工条件，监理单位应提醒和协助建设单位做好相关工作。或者，提出分段分期开工建议。对满足开工条件的地段，先行施工；未满足条件的地段，待满足条件后再行施工。

（二）监理单位准备工作情况

1. 组建项目监理部

监理单位接到中标通知书后，依据项目监理大纲、工程特点和建设单位的要求组建项目监理部。本项目监理部采取直线制形式，由监理单位任命总监理工程师和总监理工程师代表各1名，下设总监理工程师办公室和5个监理小组。总监理办公室主要负责全线监理工作汇总统计、数据整理分析、材料撰写上报和监理小组内部协调等工作。每个监理小组按任务量大小，所需专业和年龄结构，配齐相关人员，从中安排1名业务能力强、经验丰富、认真负责的监理工程师担任小组组长。各监理小组负责本标段的外业监理和内业资料整理工作。

2. 编制工程监理规划和细则

总监理工程师组织项目监理工程师主持编制《××市京藏高速公路沿线两侧绿化工程监理规划》，各标段监理工程师组织本标段监理人员起草《××市京藏高速公路沿线两侧绿化工程××标段监理细则》，报总监理审核。明确监理内容、任务分工、岗位职责、监理依据、监理制度、监理方法、监理目标、监理措施、监理流程、成果材料、竣工验收和移交等内容。针对工程点，提出监理难点和要点，提出关键指标，如苗木规格、成活率等控制目标值和允许误差范围。

3. 开展监理岗前培训

编制项目《监理业务手册》，由总监理工程师或总监代表组织项目监理人员认真学习。学习内容主要包括相关法律法规、监理技术规程和林业行业标准、监理委托合同等；结合施工现场踏查情况，研究本项目作业设计文件与施工作业图纸，对设计不明了、有疑问，内容不全、需补充说明处，认真记录，研究准备作业设计交底会议发言提纲。

4. 参加作业设计交底会议

参加建设单位组织、设计单位、监理单位、施工单位和其他工程建设有关各方参加的项目作业设计交底会议，认真做好会议记录。

5. 提报监理规划和细则

根据项目建设特点，结合监理工作实际需要，研究制订本项目监理通用表格，统一表格名称、式样、内容、编号等内容。研究制订监理周报、月报格式、内容，以及字体、字号等编制要求。另外，根据设计交底情况修改监理规划和细则，经总监理工程师审定后，报建设单位。

6. 配齐监理相关设备

配备监理设备，包括办公、交通、通讯等设备。由于本项目战线长，为便于工作，保证监理能及时到达现场，项目部分别在3个相关县级行政区所在地设立了办公点。每个办公点至少配备了1辆汽车（其中，标段较大的，根据需要另外增加配备1台车辆），并配备了计算机、打印机、测量仪等设备，安装了网络通讯设施，以便每周召开监理网络视频会议，传达监理指令，沟通监理工作情况等。此外，每位监理人员还随身配备了照相机、GPS、测尺等，便于工程建设图像记录、工程边界定位、面积测算，及种植穴、苗木规格的测量等检查。

7. 参加第一次工地会议

主要内容为建设、监理、施工单位负责人分别介绍驻现场组织机构、人员及分工；建设单位明确授权监理单位的工作内容与范围；建设单位介绍工程基本情况和开工前准备工作情况；施工单位介绍开工准备情况，包括人员、机械、苗源水源土源落实情况；总监理工程师介绍监理规划、监理程序、监理制度、工作要求等情况，约定以后监理例会召开的时间、地点、参加人员等内容。第一次工地会议和以后每次会议，安排专人认真记录，会后起草会议纪要，参与各方会签，各保留1份。

（三）施工单位准备工作情况

1. 审查施工单位资质

鉴于本项目建设单位于监理招标前已招标确立施工单位，招标代理机构和建设单位已对中标的5个施工单位进行了资质审查，且不允许有分包和转包的情况，监理单位在准备阶段的施工单位资质审查工作主要从资料整理的角度加强审核，要求施工单位报送施工资质复印材料，包括“一照三证”，即营业执照、绿化资质证书、组织代码证收、税务登记证书，并加盖单位公章。

2. 审查相关人员资质

着重审查“五大员”（即施工员、质检员、安全员、材料员、资料员）资格和挖掘机、浇水车、炮锤、破碎锤等特种职业操作人员的资格是否符合上岗要求。保存好相关证书复印件。

3. 校核施工单位测量设备

要求施工单位提供经质量监督检测部门出具的全站仪、水准仪、GPS、测尺等检测证书。未能提供的，与建设单位代表、施工单位技术负责人一起对测量仪器进行校核，保证测量水准和精度。另外，应与设计单位、施工单位共同查找确定施工放线基准点。

4. 审查苗木供应单位资质

主要查看营业执照、生产经营许可证，验证苗源地是否在施工合同中要求的“大同以北、甘肃以东、赤峰以西”调苗范围内；审查苗木品种、规格等是否满足工程需要，掌握其供应能力，并选取有代表性的1~3家供苗单位，与建设单位、施工单位一起考察现场，核实苗源情况，了解起苗、包扎、调运和病虫害检疫等情况，提出有关建议和要求。签批苗木/种子供应单位资质报审表。

5. 审查施工单位《施工组织方案》

着重审查施工工艺的先进性，施工作业次序的科学性，施工工期安排的合理性，进度计划与合同要求的相符性，人员、机械、水源、土源落实的可靠性，种植穴、苗木栽植、苗木成活各项控制目标的可达性，各项保障措施的完善性，对因市场供应发生变化导致苗源紧张、交通堵塞造成苗木不能及时运达、春播季节与农争水、劳动力流失等不确定因素应急准备的充足性等。签批施工组织设计（方案）报审表。

6. 审查施工单位“四项体系”

即质量保证体系、安全保障体系、组织管理体系，突发事件应急预案体系。审订施工单位上报的施工现场质量管理检查记录。

7. 审查施工单位开工申请报告

重点从资金到位情况、设计图纸是否满足施工要求，现场条件是否具备“三通一平”等方面进行审查，审查通过后签发工程动工报审表。

四、施工阶段监理

京藏高速公路沿线两侧绿化工程的施工阶段可分为土地整理、定点放线、坑穴挖掘、客土施肥、苗木进场、苗木栽植、防风支撑、浇水灌溉、抚育管护等九个主要工序。监理人员应采取巡视、平行检验、旁站等方法对每一道工序严格把关。前一道工序验收合格后，方可进入下一道工序；如果该道工序不合格，不得进入下一道工序。例如定点放线未经监理单位和建设单位代表验收或验收不合格，施工单位不能进行下一步整地挖坑工作。对不合格事项，要填写不合格事项处置记录，并下发监理通知单，要求施工单位认真整改。施工单位整改完成后，报送监理通知回复单，申请再次验收。

在实际工作中，对于全部工序要区分一般工序和重点工序，进而采取不同的监理措施，以达到按经济性原则实现预期控制目的。对土地整理、定点放线、防风支撑、浇水灌溉、抚育养护等一般工序，应采取巡视，加大抽样比例或增加样方（带）的形式加强检查，控制施工质量；对挖种植穴、客土施肥、苗木进场、苗木栽植等重点工序要全面检查。其中，对苗木进场卸车环节，要进行全程旁站监理。本项目没有大树移植，其他项目如有大树移植工序，应对其进场、卸车、去除包扎物、栽植、支撑等全部过程应进行旁站监理，严格控制施工质量。

本项目施工阶段监理内容和各工序监理要点如下：

（一）质量控制

1. 土地整理

京藏高速公路沿线两侧绿化工程施工路线较长，涉及地形较为复杂，有的小班地形地势需经过削平陡坡填充沟壑，有的小班堆放建筑垃圾需进行整理清运，有的小班山高陡峭需削坡修梯，之后再定点放线、开挖种植穴。对这部分小班质量控制如下：

施工工序：施工单位在土地整理前要报告监理单位，由建设单位代表、监理、施工和设计单位四方共同实地查看，绘制截面图，测算工程量。土地整理完成后，四方检验确认，签批土地整理工程量签证单，作为工程计量的内容之一和工程结算的依据。

监理要点：测算工程量要有科学依据，数据准确可信；削坡填壑顺坡而行，无大的石块，避免妨碍行洪，堵塞高速公路泄洪涵洞；清运垃圾彻底，不存有底渣、石砾、砖块、水泥块；削坡修梯平行于等高线，梯面宽度不低于 2m，外高内低，便于蓄水，并防止雨水对梯面冲刷造成水土流失，同时应保留未修梯部分的原生植被，提高防护功能、增加保护原生植被内容。

监理方法：现场实测、巡视察看。

2. 定点放线

施工工序：施工单位要在找准基准点、校对仪器完好的基础上，按作业设计要求的株行距进行定点放线，填报施工测量定点放线报验表，监理单位和建设单位代表检验合格后，进入下一道工序。

监理要点：对小班边界，根据作业设计提供的地理坐标，用 GPS 勘定小班两端边界，并固定明显界桩，然后垂直于高速公路最外侧护栏用皮尺向外延伸 50m 作为小班宽度（本项目设计要求小班宽度相对统一）。GPS 测量要求误差在±5m 以内，皮尺测量误差控制在±0.2m 以内。对种植穴放样，放样点为种植穴中心点，用石灰粉标记明显，位置准确，并符合株行距 4m×4m 的作业设计要求。种植穴处遇有原生树木，尽量避让，保护原有植被。放样后，如遇雨水冲刷或白雪掩埋，点位模糊不清，无法准确辨认，要重新放样。

监理方法：巡视、抽样检验、尺量、GPS 测量。

3. 挖种植穴

施工工序：以小班为单位，施工单位挖好并自检合格后，向监理单位申请验收。监理单位、建设单位代表、施工单位技术负责人共同验收合格后，核签整地挖坑报验表，进入下一道工序。

监理要点：

（1）提前整地。种植穴开挖时间，在栽植前一年秋季进行，土壤冰冻前全部完成，为第二年春季造林做好充分准备。提前整地的主要原因是：当地利于栽植的春季较短，气温回升很快，深层土壤来不及完全化冻便已进入夏季。如果前一年秋季未提前整地，翌年春季整地受深层土壤仍然封冻影响，势必造成难度加大、成本上升、工期延误等问题，不利于苗木栽植、成活和进度控制。

（2）做到“三分”。分层开挖，分层堆放，分层回填。先起挖表土，放置于坑穴的一边，以便回填于底部，后起挖里土，放置于坑的另一边。表、里土堆放有序、整齐，用锨拍实，避免风吹塌落于坑底，以及扬尘对大气环境造成的污染。对石质山坡整地，所挖出的大石块应清理干净，运往场外，保持施工场地内整洁干净。

（3）坑穴规整。要垂直下挖，垂直度允许偏差±5°，坑穴规格符合设计要求，长宽深达 1m×1m×1m，允许误差范围±0.05m，坑底平整，无落土、无石块，无“锅底坑”和斜坡坑现象。遇有地下光缆、文物等埋藏物，应尽可能采取保护措施，停止施工或避让，向建设单位和有关单位报告，并与设计单位取得联系，对项目作业设计进行适当调整。遇坟地要尽量避让，避免纠纷。

（4）详细验收。编制种植穴验收表，逐小班逐坑验收，记录坚石、松石、白干、胶泥、沙土、土坑等土壤类型，各类型数量，坑穴规格大小，并统计需客土坑数，计算客土量。验收后，核签整地挖坑报验表。

监理方法：全面检验、巡视观察、卷尺测量、检测土质。

4. 客土回填

施工工序：施工单位选择适宜种植土，检测符合种植要求后，起运至需客土的小班，堆放至边界处，堆放整齐、压实，待栽植时回填。同时，报监理单位和建设单位代表，核算土方量，签认客土土方量签证单。

监理要点：土壤外观，颗粒均允，无石粒、胶泥块；每堆抽取 2~3 个样品，进行 pH 值测量，要求偏中性，达到森林土壤或农业土壤标准要求。

监理方法：观察、测量、抽样检测。

5. 苗木进场

施工工序：苗木进场前，施工单位通知监理单位检验，填报苗木报审表，并附送苗木随车“身份证”，即“两证一签”（检验合格证、植物检疫证和产地标签），由监理人员和施工单位技术负责人共同现场检验，剔除不合格苗木。合格苗木进场栽植，不合格苗木清运出场。

监理要点：

（1）“两证一签”齐全，标注内容完整清晰，证件真实，无假检疫证现象。

（2）苗木进场日期应在检疫证有效期内，苗木品种、规格、数量与证件标注内容一致。如证件标注数量少于苗木数量，应要求施工单位请当地植物检疫部门进行补检。

在实际工作中，对检疫证的审查一般采取以下步骤：首先，辨别真假。不是采用由农业农村部、国家林业和草原局统一制作，各省统一印制的植物检疫证书格式的，应要怀疑其真实性，用电话或传真至签发地植物检疫机构的检疫员或向当地植物检疫主管部门咨询，并将证书左上角和右上角的编号告诉被咨询人员，以进一步核实真实性；其次，查看格式。检疫证有两种格式，跨省调动应采用省外调运格式，省内区市间调运应采用省内调运格式；第三，核对信息。检疫证标注的苗木品种、规格、数量是否与实际运载相符，检疫单位地点与产地标签是否属于调苗范围；第四，查看期限。检疫证一般都标有检疫有效日期区间，如进场日期超出检疫有效期，应向建设单位和检疫部门报告，征得意见后再进行相应处理。

（3）产地标签应在合同要求的调苗范围内，如发现范围外调苗，应征求建设单位意见后，再进行处理。除从产地标签判断是否范围外调苗外，还可以从运输车辆车牌号码所属地进行判断。例如，车牌号为“黑××××”，可疑为范围外调苗，然后再根据苗木外观颜色、生长量、土球土壤颜色等进一步判断。

（4）对卸车苗木进行旁站，检查苗木规格是否符合设计要求。对油松、樟子松等针叶树种，重点检查冠形饱满度、主干通直度、主梢有无分杈、冠幅、轮枝层数、苗木高度、机械损伤程度、土球高度和宽度等指标，并注意检查有无“假土球”苗木现象，土球是否失水、有无携带病虫等；对杨树、高杆金叶榆等落叶乔木，重点检查树干通直度、苗木高度、胸径、根幅、主根完整度、侧枝与毛细根数量、机械损伤度、携病率等指标；对红瑞木、火炬树、丁香等花灌木，重点检查地径、苗高、分枝、带病株数等指标。

一般而言，“假土球”有两种现象。一种现象是起苗时，带土掘苗土球较小，或无法带土掘苗，在包扎土球前用泥土充填根部，使泥土与苗木根系挤压在一起，然后再进行捆扎。这种土球外表光滑，土壤密实，上部无枯枝落叶层，中下部无掘苗时断根的痕迹和须根。另一种现象是将从根径部断裂的苗木，用铁钉固定拼接，然后在拼接处用泥土围裹，不易于被发现。这种苗木，土球外观和苗木根系良好，与正常土球无二，难以辨别真假。但是，仔细查看根径部位，用手剥离表层泥土后，便可发现拼接痕迹。出现前者情况居多，后者情况少见，极少遇到。

高杆金叶榆进场时，要特别注意嫁接处（易携带美国白蛾虫卵），解开接口部位的包扎物，查看是否有虫卵。若发现虫卵，应通知当地检疫部门进行鉴别，按其要求的防治办法进行喷药或灌根。

（5）认真填写旁站记录，核签苗木报审表。

监理方法：旁站、检测、尺量、观察、咨询。

6. 苗木栽植

施工工序：苗木栽植前，施工单位一般对苗木进行预处理，如浸泡、修枝、修根、涂抹药剂等，然后将处理好的苗木放置在坑穴内，左右前后对齐后分层回填土壤，并踩实。栽植完成自检合格后，向监理单位申请报验。

监理要点：

（1）苗木预处理。杨树、柳树等浸泡 72 小时，使苗木吸足水分，截干、截枝部位用药剂或红漆涂抹，防止病虫、枝干回抽。有经验的施工单位，在调动苗木时会要求供苗单位提供截干部位略高于设计要求的苗木，待苗木运抵施工现场后，再按设计要求的干高截去超出部分，然后在伤口处涂抹药剂。这样做的目的有两个：一是防止苗木在运输过程中干梢抽干过多，影响苗木标准；二是有利于成活。油松、樟子松等剪除伤病枝后用药剂涂抹，防止伤口感染。

（2）表土（客土）回填。表层熟化土壤要先于里土回填到坑穴底部，去除石砾、石块等，板结土块应用铁锹拍散后摊平，回填深度约为 20cm 厚。对于酸性土要掺撒适量石灰、碱性土要掺撒适量高锰酸钾中和，搅拌均匀，以满足林木生长要求。

（3）放置苗木。由于本项目采用的是固定株行距栽植模式，并非近自然栽植，因此，在放置苗木时，采用拉线控制和专人指挥相结合形式，确定放苗位置，调整对齐，使苗木横竖侧成行。不能成行的，对相应坑穴用铁锹人为修整，达到要求为止。电力线两侧向外延伸各 15m 范围内，应以花灌木为主。如设计树种为杨树、油松等高大乔木时，建议建设单位和设计单位，对树种配置进行适当调整。对带土球的苗木，放苗后，应在坑内解除捆扎密实和不易降解的捆扎物，将其集中放于施工场内。施工结束后，结合施工场地的整理清运出场。

（4）回填里土（客土）。对裸根苗木，按“三埋两踩一提苗”的要求，边埋土、边提苗、边踏实，使苗木根系舒展，根系与土壤接触密实，填埋深度应略高于根径处。对带土球苗木，边埋土、边踩实，填埋深度应与土球上表面持平或略高。填埋过深，根部土壤温度低，根系活性差，不能从土壤吸收水分和养分，供给地上部分生长，易造成苗木萌生迟缓或死亡。

（5）修整围堰。应根据地形地势，选择适当方式修整树穴围堰，既满足灌溉需求，又要考虑水土保持和视觉景观要求。一般多用场地内回填剩余土壤修整围堰。围堰边长（内径）不小于树穴边长，以保证围堰坐落于坚实土壤处，防止浇水时倒塌，浇水外流。围堰高度不小于 15cm，要踏实，无水毁危险，外形相对统一，保持美观。

（6）核签植苗报验表。

监理方法：旁站、巡视、平行检验、尺量、观察等。

7. 浇定根水

施工工序：浇水—扶正—报验。

监理要点：

（1）按作业设计要求，栽植后一个月内应浇 3 次水，植树当日或最晚次日完成第一次浇水，又称“定根水”或“保命水”；栽植后5~7 日浇灌第二水，二水后 10~15 天内浇灌第三水。为保证浇足浇透，浇水时，要缓流慢灌，可用直径 1cm、长 1m 的小木棍，沿坑穴边缘间隔一定距离向下扎孔，加快下渗速度，使水分快速到达苗木根部，供给苗木生长。浇水后，对倒伏苗木及时扶正。对树高高于 2.5m 的针叶树应进行支撑，防止风倒。支撑点位在苗高的 2/3 处，与树皮接触部位用草绳缠绕或衬软垫，防止风吹摇摆磨损树皮，并绑缚牢固。3 个支撑脚位于树穴外围，主风方向的下风向应有 1 根支杆支撑。支撑高度、方位和支撑材料相对统一、美观，无虫蛀迹象。

（2）浇水后土壤沉降或板结，应及时覆土。对损毁的树穴围堰要及时修补，防止水流外漫。为保持根部土壤水分，提高土壤温度，促进萌根，可于二水或三水后覆膜。

（3）核签抚育/灌溉报验表和防风支撑报验表。

监理方法：巡视、观察、轻微晃动支撑物。

8. 施工场地清理

监理要点：施工场地整洁，无杂物，做到“工完、料尽、场地清”。

监理方法：巡视。

9. 抚育养护

施工内容：主要为杨柳树的修枝除萌、胸径及以下涂白，花灌木的修剪，施工场地秋季杂草的割除，死树清理与补植补造，浇灌上冻水和解冻水，以及围栏管护等。

监理方法：巡视、尺量、观察、清点死树等。

（二）进度控制

1. 进度控制内容

（1）编制施工进度控制工作细则。根据监理委托合同、监理规划、作业设计、施工合同等文件，分标段编制监理细则，对施工进度进一步分解深化。在标段进度控制计划的基础上，编制本项目总进度计划，目标分解如下：

2011 年 9 中旬至 12 月底，各标段完成场地清理、定点放线、树穴挖掘、拉运客土等工作；预定了足够数量的工程所需各类苗木，并与苗木供应商签订了采购协议；工程所需机械、劳力准备充分，能够满足下一年苗木栽植、灌溉抚育等需要；浇灌苗木水源联系妥当，或自打井已完成，管路铺装完毕，通水试验良好，水量水质满足灌溉需要。

2012 年 2 月中旬春节过后，要求各标段施工单位陆续进场，人员、机械准备就绪，先进场少量苗木进行试栽植，对施工人员进行现场集中培训，讲解施工要领，使他们知道怎样栽植，达到什么效果。培训结束后，再分成若干施工作业小组，开展平行作业或流水作业。每个小组必须配备一名技术人员，盯住现场，进行指导。

2012 年 2 月下旬至 5 月底，完成全部栽植任务。根据当地气候、树种生物学特性等情况，按“先针叶、后阔叶、再灌木”次序进行栽植。其中：4 月中旬，完成油松、樟子松等针叶树栽植、支撑、浇“定根水”等工作；5 月中旬，完成杨树、柳树、高杆金叶榆等落叶乔木的栽植、浇水等工作；5 月底，完成火炬树、丁香等矮灌的栽植工作。

在上述基础上，以周为单位再进行细解，制订每周的施工进度计划。

（2）审核施工单位提交的施工进度计划。对施工单位提交的施工进度计划，要着重从三个方面进行审核：一是审核施工准备的可靠性，包括劳动力、苗木、机械、浇水车辆、水等生产要素的供应计划落实程度，能否保证施工进度计划的实现，是否有足够能力满足需求高峰期实现计划供应；二是审核总工期和各工序时间安排的合理性，主要是审核总工期是否符合施工合同中开工、竣工日期的规定，各工序施工进度分解目标是否科学合理，各工序施工顺序时间安排是否协调、合理衔接，有无遗漏项目和工序；三是审核造成工程延期或延误的其他可能存在问题的应急准备情况。

（3）协助并监督施工单位实施进度计划。在进度计划实施过程中，监理人员每天盯住现场随时掌握工程实际进度，经常性的核实施工单位报送的施工进度报表和分析资料的真实性和可靠性。本项目一周一统计一上报。通过对比法，判定实际进度与计划进度是否出现偏差，查找影响施工进度的原因，研究对策，提出纠偏措施，帮助承包单位予以解决。工期过半后，如实际与计划比相差较大，应对后期工程的进度计划进行适当调整，制定赶工措施。如采取赶工措施后，还不能按期完成工程任务，应分析辨别原因。由于承包单位自身原因造成的，属于工程延误，承包单位应承担相应责任；由于承包单位以外的原因造成的，属于工程延期，承包单位应申请延期，说明延期的理由、期限等。监理单位核准后，报建设单位批准。批准后的延期期限与原合同工期相加，构成新的合同工期。工程进度按新合同期执行。

（4）向建设单位报告施工进度。驻地监理小组，要将每天掌握的施工进度情况认真记录，填写监理日志，定期进行统计整理，在监理周报和月报中附施工进度表，上报总监办。由总监理办监理人员，将各标段施工进度情况整理汇总后，形成进度报告报建设单位审阅。实际进度与计划进度出现严重偏差后，以文件、电子邮件、QQ、短信或微信等形式每天向建设单位上报施工进度，以便建设单位及时掌握进度落后和进度追赶情况，研究分析赶工措施的落实程度和有效性，部署下发下一步与施工进度有关的指令。

（5）准备工程竣工验收。施工单位在完成工程后，监理人员指导施工单位整理工程资料，并安排施工单位自检，撰写自检报告，申请工程竣工验收。监理单位对竣工资料及工程实体进行全面预检查，验收合格后，核签施工单位提交的工程竣工报验单，并向建设单位提出质量评估报告，为建设单位组织的联合验收做好充分准备。

2. 影响施工进度的主要原因

由于高速公路绿化工程线路很长，规模庞大，涉及部门较多，因此，影响施工进度的原因也较多。概括地讲，有人、机、料、法、环等五个方面的因素。针对本工程项目而言，主要为：

（1）交通影响。京藏高速公路是联通西北与东部地区的交通大动脉，施工境内路段处于内蒙古和河北的省际交界处，有多条高速路汇集，车流量大，堵车现象严重。与之并行的110国道，受此影响，交通也比较繁忙，堵车现象也时有发生。这两条道路是苗木运输车辆进入施工场地的唯一通道。一旦受阻，不仅影响苗木供应进度，而且苗木也因堵车长期滞留在公路上会产生失水现象，影响苗木质量和成活。另外，浇水车辆不能及时进入施工场地，延误浇水灌溉时机，也会对栽植苗木的成活带来一定影响。

（2）苗源影响。内蒙古是构筑我国北方生态屏障的重点敏感区域，国家林业重点生态工程建设任务十分繁重，加上地方建设宜居城市、美化家园的需要，每年春季苗木需求量很大，特别是本工程所需的油松、樟子松等高规格苗木供不应求，出现不同区域间、不同工程间、不同施工单位间抢夺苗源现象。苗木供小于求，会带动区内及周边省份苗木价格不断攀升。受经济利益驱使，原谈妥的苗木供应商可能违反协议，卖给出价更高者，导致本项目原有预定苗源部分“流失”。致使本项目苗木供应的充裕性不足，影响造林绿化进度。

（3）水源问题。工程所在地地处干旱半干旱地区，有效降水量少。境内河流为季节性河流，春季流量小，不能满足居民生活、农田灌溉和工业生产需要，开采地下水成为当地水源的主要补给途径。据测算，本项目共栽植各类苗木共50余万株，按坑穴规格1m×1m×1m，浇一次水需近50×10^4t。加上栽植时期，正值当地春播季节，与民争水、与农争水、与其他绿化工程争水问题突出，可能会影响工程水源供应，导致栽植进度放缓，进而影响工程建设总进度。

（4）征地问题。高速公路沿途村庄较多，分布大量农地。因此，工程建设征地数量较大。农地权属是否清晰、补偿金额是否达到农民满意、补偿金额能否完全落实到征地农户手中、征地农户反悔等任何一个问题处理不好，将会出现农民阻拦施工现象，影响工程建设进度。即便采取强硬措施完成建设任务，由于得不到当地农民的支持，也会给后期抚育管护工作会带来不小压力。

（5）变更问题。虽然编制了高速公路绿化工程造林作业设计，但受工程建设规模庞大、地形复杂，以及不确定性因素多等影响，作业设计精度和准确度不可能一步到位，在实际造林过程中，出现作业设计变更事宜在所难免。另外，作业设计的景观效果是人们的主观想象，实际效果可能不能完全达到主观意图。一旦偏差较大，栽植景观效果达不到预期，建设单位会对重点区域多次更改指令，对部分工程进行修改或重建，进而影响施工进度。

（6）组织问题。主要是施工单位组织管理和内部协调问题。领导不力、指挥失当，导致相关作业脱节、停工待料；内部分工不明确，职责混乱，造成配合上出现矛盾。出现问题后不研究解决问题，反而相互埋怨、推诿扯皮等。

3. 施工进度的检查方法

对比法是施工进度检查的基本方法，被广泛应用。即通过对每个时间段（工序）的实际进度与计划进度的比较，发现是否出现进度偏差以及进度偏差大小，从而研究制定下一步的工作计划。

本项目对比法采用了表格和图式两种方式对施工进度进行动态跟踪。

（1）施工实际进度与计划进度对比表（表10-2）。

表10-2　施工实际进度与计划进度对比表

内容 \ 时间		××××年××月						××××年××月					
		5	10	15	20	25	30	5	10	15	20	25	30
场地清理	计 划												
	完 成												
定点放线	计 划												
	完 成												
挖种植穴	计 划												
	完 成												
栽植苗木	计 划												
	完 成												
…	计 划												
	完 成												

注：计划数和完成数按累计数填写。

（2）施工进度计划动态跟踪图（图10-9）。

4. 进度控制措施与调整

进度控制措施包括组织措施、技术措施、经济措施及合同措施。进度控制措施一旦出现失误，实际进度与计划进度就会出现偏差。此时，应查找问题，分析原因，制定赶工措

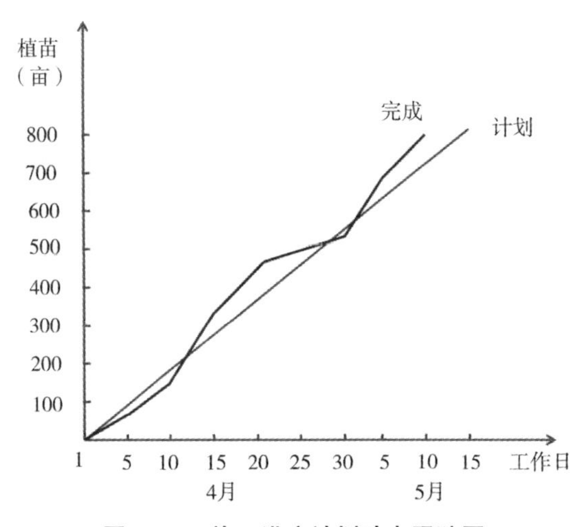

图 10-9　施工进度计划动态跟踪图

施，追赶进度。例如，至2012年4月中旬，个别标段只完成总任务的50%，距离建设单位要求的施工结束期还有1个月的时间，实际进度与计划进度出现明显偏差，且随时间的推移偏差越来越大。继续执行原进度计划，显然不能按期完成任务。对此，监理单位及时召集相关施工单位负责人召开进度协调会议，提出增加人员、机械、开展流水作业、增加工作面，开展工程建设倒计时，增加每日进苗量，每日进度每日统计每日上报等措施，保证了工程建设按期完成。

如果偏差较大，不能通过赶工措施追赶施工进度，应调整工作计划。属于非承包单位原因，导致的施工进度严重偏差，应向建设单位申请工程延期。

（三）投资控制

投资控制贯穿于工程建设，从投资决策到开展实施，再到竣工验收的各个阶段。对大多数造林绿化工程而言，施工阶段的投资占工程投资的绝大比重，影响项目投资的可能性也最大。由于高速公路绿化建设项目规模大、战线长，施工条件受地形、水源、征地、苗木价格等诸多条件限制，因此，其投资控制并不是一成不变的。需要通过技术与经济等主要措施对工程投资进行动态管理，以保证投资偏差尽可能的接近零，以保证投资计划目标的实现。本项目由于未取得完全的投资控制权，只能在以下方面进行投资控制：

1. 事前控制

主要是认真审查施工单位提交的施工组织设计，使其符合设计和验收规范的要求，符合国家及地方强制性条文标准，达到经济上合理、技术上可行、工艺上先进、操作上方便。

2. 事中控制

一是严格控制施工过程中的设计变更，对工程变更或设计修改等事项，从技术经济合理性、事实必要可行性等方面进行认真分析，向建设单位提出相关意见和建议。变更实施前，与建设单位、承包单位协商确定工程变更价款。二是严格控制工程计量，应按合同约定和设计规定的工程量进行计量，不多计、不漏计、不少计、不错计，达到准确无误。三是按合同约定的条款支付工程进度款。四是准确掌握苗木市场信息，为工程苗木价格调整和建设单位决策提供相关信息。五是收集整理有关施工和监理资料，为处理费用索赔提供依据。由于本项目所在区域位于高速公路两侧，存在造林后广告牌占地、新修路占地、企业占地现象，因此，在监理过程中注重与建设单位代表、施工单位对此现象的现场取证工作，查点被占树种的品种、规格、数量、面积等，形成记录表各方签字，并拍摄图像资料为下一步的索赔提供依据。

3. 事后控制

一是建设单位验收以前，认真组织预验，对工程总工程量、苗木规格、成活率、栽植效果等进一步核实。对达不到要求的，及时整改。二是审核施工单位报送的竣工结算文件，按合同的有关规定进行结算，对不符合合同规定的工程量价款拒绝签认。

五、竣工验收

在工程竣工后、建设单位验收之前，监理单位应组织预验收。其目的：一是通过预验收进一步发现问题，及时通知施工单位进行整改；二是为之后的建设单位验收提供验收依据。

（一）验收程序

1. 施工单位自检

工程造林结束后，监理单位应及时督促各标段施工单位做好自检工作，对自检不合格事项进行整改，对不合格苗木进行更换，漏栽的空地及时补栽，死亡苗木及时补植。自检合格后，整理施工资料，填写小班台账，绘制竣工示意图，填报竣工验收报验申请单，附施工资料，申请竣工验收。

2. 监理单位审核资料

对施工单位上报的施工资料，监理单位应重点审核以下内容：一是上报的苗木规格、数量与设计的一致性；栽植苗木数量与坑穴数量的一致性，如不一致，应首先考虑有无设计变更，其次考虑上报是否错误；二是各小班位置、形状、面积与设计是否相符，如不符，应分析查找原因；三是“两证一签”是否齐全，特别是植物检疫证有无缺少，如缺少，应予以补齐；四是各工序间编号是否规整有序，日期有无先后颠倒；五是资料的完整性，有无缺漏等。

3. 开展预验收

监理单位应根据各标段施工单位上报的施工资料和自检情况，以及施工地点气候特点，合理安排预验收时间。一般应在秋季苗木停止生长、自然落叶之前完成预验收。本工程验收时间安排在2012年10月1日之前。

（二）验收依据

国家和地方的造林技术规程，施工合同文件、高速公路沿线两侧绿化工程造林作业设计、设计变更文件、建设单位下发的有关项目建设的文件等工程资料。

（三）验收内容

（1）按作业设计施工情况，包括造林小班面积、形状，苗木品种、规格、数量，树种配置模式等是否与设计一致。

（2）苗木合格率和成活情况是否达到合同和作业设计要求、栽植是否完整、有无漏栽的坑穴或遗栽的空地。

（3）小型水土保持工程完成情况。

（4）施工现场清理情况、栽植效果评价、质量评价。

（5）苗木管护情况。包括促进成活所采取的灌根、吊袋、施肥、除草、覆膜等措施，病虫害发生及防治情况，支架质量及安装质量情况，围栏及林木管护情况。

（6）施工单位内业资料的整理情况，等等。

（四）验收方法

（1）比照法。持作业设计文本、变更资料、竣工图等与现地进行比较对照，查看实际栽植的小班形状、苗木品种、树种配置、株行距、边界地理坐标是否符合造林作业设计。

（2）标准地法。以小班为单元，每个树种随机抽取不同行，抽验苗木合格率和成活率。花灌木抽取1行，落叶乔木和常绿树木各抽取2行。填写外业调查验收表，记录标准地内的苗木品种、规格、株数、死亡数量、漏栽株数等。

（3）实测法。用GPS圈定或测绳测量小班面积，用皮尺丈量株行距、钢卷尺或围尺测量苗木规格，并做好记录。

（4）实数法。逐小班逐一清点栽植数量、空穴数量、死亡株数等。

（5）观察法。目视观测苗木外观、栽植效果、场地清理、支撑效果、管护情况等。

（6）查阅资料法。查阅施工单位资料是否按要求装订成册、有无遗缺、审查程序是否严格、印章字迹是否清晰等。

（五）判定标准

1. 苗木合格标准

（1）常绿苗木规格标准（表10-3）。

表10-3　常绿苗木规格标准

树　种	苗　高（m）	冠　幅（m）	轮枝数（层）	备注
油　松	≥3.0	≥1.5	≥6	树冠饱满、主干通直 梢部完整、无病虫害
	≥2.5	≥1.3	≥5	
	≥2.0	≥1.1	≥5	
	≥1.5	≥0.9	≥4	
樟子松	≥3.0	≥1.3	≥6	树冠饱满、主干通直 梢部完整、无病虫害
	≥2.5	≥1.1	≥5	
	≥2.0	≥1.0	≥5	
云　杉	≥2.5	≥1.4	≥9	树冠饱满、主干通直 梢部完整、无病虫害
	≥2.0	≥1.2	≥7	
	≥1.5	≥1.0	≥6	

注：苗木规格标准，测量允许误差为±5%。

（2）落叶乔木苗木规格标准（表10-4）。

表10-4　落叶乔木苗木规格标准

树　种	胸径（cm）	地上部分高度（m）
杨　树	≥10	≥3.5
	≥5	≥2.5
柳　树	≥6	2.5~3
山　桃	栽植后地径≥3cm	
金叶榆	栽植后地径2~3　嫁接高度≥1.8	
卫　矛	栽植后地径3~4　地上高度≥2.0	

注：苗木规格标准，测量允许误差为±5%。

（3）花灌木苗木标准（表10-5）。

表10-5　花灌木苗木标准

树　种	规　　格
矮金叶榆	株高≥1.0m，冠幅≥0.6m×0.6m，砧木高度≤0.4m
花灌木	栽植后单枝地径≥0.5cm，每丛50分枝，栽植修剪后苗高≥0.7m
灌　丛	修剪后苗高≥1.0m，栽植后单株地径≥0.6cm，栽植株数≥10株

注：苗木规格标准，测量允许误差为±5%。

2. 苗木成活标准

（1）常绿针叶树主侧枝顶芽生长明显，全株成活，生长良好。

（2）落叶乔木植株在2/3以上树体抽生新枝，生长正常，无病虫害，回枝现象（苗干已死，根部又萌新芽）不能算成活株。

（3）花灌木90%以上分枝顶部或基部萌发新叶，生长良好。

（六）验收结果处理与确认

在做到不漏记、不超计、准确无误的基础上，对符合设计、合同质量要求、栽植苗木合格率≥85%，乔木成活率≥85%或灌木成活率≥90%的小班，进行确认兑现。

小班栽植苗木合格率<85%时，经甲方同意，施工单位可向监理公司申请降低规格标准验收。如降低规格标准后验收合格，可按降低规格标准变更，工程款将按降低规格标准进行兑现；但是，原则上，不应提倡这种做法。

六、提交资料

（一）监理管理资料

（1）监理中标通知书、监理委托合同，以及监理单位资质证书、营业执照、组织代码证、税务登记证等证书复印件，加盖监理单位印章。

（2）总监理工程师及总监理工程师代表任命书，项目监理组织机构名单，相关人员资格证书等证书复印件，加盖监理单位印章。

（3）《××市京藏高速公路沿线两侧绿化工程监理规划》《××市京藏高速公路沿线两侧绿化工程监理实施细则》。

（4）《××市京藏高速公路沿线两侧绿化工程监理周报》《××市京藏高速公路沿线两侧绿化工程监理月报》。

（5）××市京藏高速公路沿线两侧绿化工程监理各种会议纪要。

（6）××××年度监理工作总结报告。

（7）监理日志复印件。

（二）施工监理资料

（1）施工合同文件，附中标通知书和施工合同。

（2）施工单位有关材料，包括营业执照、绿化资质、企业税务登记、组织代码证复印件“五大员”资格证、机械操作等特殊职业人员岗位证书等复印件，加盖施工单位印章。

（3）施工组织设计（方案）及《施工进度计划》等工程技术文件报审材料，附施工组织设计（方案）报审表及施工组织设计（方案）、《施工进度计划》。

（4）苗木/种子供应等单位资格报审材料，附苗木/种子供应等单位资格报审表、苗木/种子供应等单位的营业执照、苗木/种子等农林物资经营许可证等资料。

（5）工程动工报审材料，附工程动工报审表、开工报告，以及可以开工的证明材料。

（6）工序完成报验材料，附土地整理、定点放线、坑穴挖掘、客土施肥、苗木进场、苗木栽植、防风支撑、浇水灌溉、抚育管护等各主要工序完成报验申请表、自检报告、自检记录等。

（7）苗木报审材料，附苗木报审表及苗木进场时的随车报验材料（包括苗木检疫证、合格证和苗木标签，以及施工单位的苗木检验记录等）。

（8）工程变更材料，附工程变更洽商单、工程变更单、工程设计变更说明、工程设计变更表、工程变更后的设计图。

（9）工程延期申请材料，附工程延期申请表、工程延期申请报告，监理机构批复的工程临时/最终延期审批表。

（10）进度款支付材料，包括工程款支付申请表、工程变更费用索赔表、工程支付证书等。

（11）监理通知及监理通知回复单。

（12）监理旁站、抽检记录。

（13）工程暂停令、不合格项处置记录、整改报告。

（14）见证取样资料等。包括见证记录、见证取样和送检见证人备案书、有见证试验汇总表。

（三）竣工监理资料

（1）施工阶段工程竣工验收申请材料，附工程竣工报验单、工程竣工成果汇总表、施工中建设单位代表、监理和施工单位共同签认的有关土方等工程计量材料、竣工图。

（2）检查验收报告和工程质量评估报告。

（3）竣工移交证书。

（四）有关工程其他材料

包括工作联系单、工程图片影像资料等。

（五）资料质量要求

（1）工程资料应真实反映工程实际的状况，具有永久和长期保存价值的材料必须完整、准确和系统。

（2）工程资料应使用原件，采用耐久性强、韧力大的纸张，因各种原因不能使用原件的，应在复印件上加盖单位公章，注明原件存放处，并有经办人签字及时间。

（3）工程资料应保证字迹清晰，签字、盖章手续齐全，签字必须使用档案规定用笔。计算机形成的工程资料应采用内容打印，手工签字的方式。

（4）施工图的变更、洽商绘图应符合技术要求。凡采用施工蓝图改绘竣工图的，必须使用反差明显的蓝图，竣工图图画应整洁。

（5）工程档案的填写和编制应符合档案缩微管理和计算机输入的要求。

（6）工程资料的照片（含数据格式）及声像档案，应图像清晰、声音清楚、文字说明或内容准确。

（六）载体形式

纸质载体、影像光盘或数据 U 盘等。

（七）组卷要求

（1）组卷前，应保证基建文件、监理资料和施工资料齐全、完整，并符合规程要求。

（2）编绘的竣工图应反差明显、图面整洁、线条清晰、字迹清楚，能满足计算机扫描的要求。

（3）组卷分为监理管理资料卷、施工监理资料卷、竣工监理资料和其他资料卷。其中，组卷内容较大的，还可进一步细分。特别是施工监理资料卷，可按施工工序分成若干分卷，如土地整理、苗木、抚育管护等分卷。

（4）各组卷应编有页码，按照 A4 篇幅大小装订成册，胶粘牢固。

（5）各组卷封皮格式统一、美观整洁。

（八）档案移交

档案移交，要认真填写《××市京藏高速公路沿线两侧绿化工程监理资料移交书》，其格式如下：

××市京藏高速公路沿线两侧绿化工程监理资料移交书

__________按有关规定向__________办理工程资料移交手续，共计______册。其中，图样材料______册，文字材料______册，影像光盘______个，数据U盘______个，其他材料______张。

附：工程资料移交目录

移交单位（公章）：	接收单位（公章）：
单位负责人：	单位负责人：
技术负责人：	技术负责人：
移交人：	接收人：

移交日期：　　年　　月　　日

思考题

1. 营造林工程图纸会审的内容有哪些？
2. 论述营造林工程开工条件审核的主要内容。
3. 论述营造林工程施工质量控制的程序。
4. 怎样进行营造林工程质量测定？
5. 简述营造林工程事故处理的方法。
6. 怎样进行营造林工程施工进度分解？
7. 论述施工营造林工程进度控制的内容与步骤。
8. 营造林工程施工进度检查方式有哪些？
9. 如何进行营造林工程施工进度调整？
10. 简述营造林工程延期的条件。
11. 叙述营造林工程延期审批程序。
12. 简述营造林工程延误处理手段。
13. 在营造林工程竣工验收中需准备哪些资料？
14. 检测设备有哪些？
15. 怎样进行营造林工程资料初审？
16. 论述营造林工程竣工验收的程序与内容。
17. 怎样进行营造林工程竣工结算？
18. 营造林工程竣工验收后，应移交哪些资料？

附录1
营造林工程监理常用表格

A 施工单位用表

表 A.1 施工组织设计（方案）报审表
表 A.2 施工现场质量管理检查记录
表 A.3 技术交底记录
表 A.4 图纸会审记录
表 A.5 设计变更报审单
表 A.6 工程洽商记录
表 A.7 施工日志
表 A.8 工程材料/构配件/苗木/设备报审表
表 A.9 施工进度计划报审表
表 A.10 承建单位资质报审表
表 A.11 分包单位资质报审表
表 A.12 种苗质量报验申请表
表 A.13 工程开工/复工报审表
表 A.14 林地清理质量报验申请表
表 A.15 施工测量放线报验申请表
表 A.16 地形整理质量验收记录表
表 A.17 场地整理质量验收记录表
表 A.18 苗木种植穴、槽质量验收记录表
表 A.19 苗木进场检验记录
表 A.20 施肥质量验收记录表
表 A.21 苗木种植质量验收记录表
表 A.22 抚育质量验收记录表
表 A.23 病虫害防治质量报验申请表
表 A.24 植物成活率统计记录
表 A.25 造林成活率验收记录表
表 A.26 飞播造林工程质量竣工验收记录表
表 A.27 封山育林工程质量竣工验收记录表
表 A.28 工程质量事故处理方案报审表
表 A.29 工程质量事故（问题）处理报告
表 A.30 工程款支付申请表
表 A.31 工程延期申请表
表 A.32 监理通知回复单
表 A.33 工程竣工预验收报验表
表 A.34 工程计量申报表
表 A.35 工程变更费用报审表
表 A.36 费用索赔申请表
表 A.37 工程竣工报验单

表 A.1　施工组织设计（方案）报审表

编号：□□□□□□□□□

<table>
<tr><td>工程名称</td><td></td><td>施工地点</td><td></td></tr>
<tr><td colspan="4">致＿＿＿＿＿＿＿＿＿＿＿＿＿＿（监理单位）：
　　我方已根据施工合同的有关规定完成了工程施工组织设计（方案）的编制，并经我单位技术负责人审查批准，请予以审查。
　　附：□施工组织设计
　　　　□施工方案

承包单位（章）：
施工负责人：
日期：</td></tr>
<tr><td colspan="4">专业监理工程师审查意见：

专业监理工程师：
日期：</td></tr>
<tr><td colspan="4">审查意见：

项目监理机构：
总监理工程师：
日期：</td></tr>
</table>

注：本表由承包单位填报，经监理单位审批后，建设、监理单位留存。

《表 A.1　施工组织设计（方案）报审表》填表说明：

1. 用于承包单位报审施工组织设计（方案）。施工过程中，如经批准的施工组织设计（方案）发生改变，项目监理机构要求变更的方案报送时，也采用此表。承包单位对重点部位、关键工序的施工工艺、新工艺、新材料、新技术、新设备的报审，也采用此表。

2. 施工组织设计应由承包单位负责人签字，在工程项目施工准备阶段填报，方案及新工艺、新技术等在实施之前填报。

施工组织设计（方案）报审表一般规定及表式：

1. 根据施工合同或监理工程师要求，须项目监理机构审批的施工组织设计（方案）在实施前报项目监理机构审批。

2. 承包单位按施工合同规定时间向监理机构报送自审手续完备的施工方案，总业监理工程师按合同规定时间内完成审核工作。

3. 承包单位按监理工程师要求向项目监理机构报送自审手续完备的施工方案，专业监理工程师按合同规定时间内完成审核工作。

4. 施工组织设计（方案）审批应在项目实施前完成。施工组织设计（方案）未经项目监理机构批准，该项工程不得施工。

5. 表列子项：

（1）________工程施工组织设计（方案）：填写相应的建设项目、单位工程、分部工程、分项工程或关键工序名称。

（2）附件：指需要审批的施工组织总设计、单位工程施工组织设计或施工方案。

（3）审查意见：指对施工组织设计（方案）内容的完整性、符合性、适用性、合理性、可操作性及实现目标的保证措施的审查所得出的结论。

表 A.2　施工现场质量管理检查记录

编号：□□□□□□□□

<table>
<tr><td>工程名称</td><td colspan="5"></td></tr>
<tr><td>开工日期</td><td colspan="3"></td><td>施工许可证</td><td></td></tr>
<tr><td>建设单位</td><td colspan="3"></td><td>项目负责人</td><td></td></tr>
<tr><td>设计单位</td><td colspan="3"></td><td>项目负责人</td><td></td></tr>
<tr><td>监理单位</td><td colspan="3"></td><td>总监理工程师</td><td></td></tr>
<tr><td>施工单位</td><td></td><td>项目经理</td><td></td><td>项目技术负责人</td><td></td></tr>
<tr><td>序号</td><td colspan="2">项　目</td><td colspan="3">检查结果</td></tr>
<tr><td>1</td><td colspan="2">现场质量管理制度</td><td colspan="3"></td></tr>
<tr><td>2</td><td colspan="2">质量责任制</td><td colspan="3"></td></tr>
<tr><td>3</td><td colspan="2">主要专业工种操作上岗证书</td><td colspan="3"></td></tr>
<tr><td>4</td><td colspan="2">分包方资质与分包单位的管理制度</td><td colspan="3"></td></tr>
<tr><td>5</td><td colspan="2">施工图审查情况</td><td colspan="3"></td></tr>
<tr><td>6</td><td colspan="2">地质勘察资料</td><td colspan="3"></td></tr>
<tr><td>7</td><td colspan="2">施工组织设计、施工方案及审批</td><td colspan="3"></td></tr>
<tr><td>8</td><td colspan="2">施工技术标准</td><td colspan="3"></td></tr>
<tr><td>9</td><td colspan="2">工程质量检验制度</td><td colspan="3"></td></tr>
<tr><td>10</td><td colspan="2">现场材料、设备存放与管理</td><td colspan="3"></td></tr>
<tr><td>11</td><td colspan="2">安全管理制度</td><td colspan="3"></td></tr>
<tr><td colspan="6">检查结论：

总监理工程师：
（建设单位项目负责人）
日期：</td></tr>
</table>

注：本表由承包单位填报，经监理单位审批后，建设、监理单位留存。

《表 A. 2　施工现场质量管理检查记录》填表说明：

工程项目经理应于工程开工前按单位工程或标段填写。主要反映项目部建立质量责任制度及现场管理制度；健全质量管理体系；具备施工技术标准；审查资质证书、施工图、地质勘察资料和施工技术文件等。项目经理按规定填写，并将该表及相关资料、文件附后报总监理工程师（或建设单位项目负责人）审查，并作出审查结论。

表 A.3　技术交底记录

编号：□□□□□□□□□

工程名称		交底日期	
施工单位		分项工程名称	
交底提要			
交底内容：			

审核人		交底人		接收人	

注：1. 本表由施工单位填写，交底单位与接受交底单位各保存一份。

2. 当做分项工程施工技术交底时，应填写“分项工程名称”栏，其他技术交底可不填写。

《表 A.3　技术交底记录》填表说明：

1. 技术交底记录应包括施工组织设计交底、专项施工方案技术交底、四新（新材料、新产品、新技术、新工艺）技术交底和设计变更技术交底。各项交底应有文字记录，交底双方签认应齐全。

2. 重点和大型工程施工组织设计交底由施工企业的技术负责人把主要设计要求、施工措施以及重要事项对主要管理人员进行交底。其他工程施工组织设计交底由项目技术负责人进行交底。

3. 专项施工方案技术交底应由项目专业技术负责人负责，根据专项施工方案对专业工长进行交底。

4. 分项工程施工技术交底应由专业工长对专业施工班组（或专业分包）进行交底。

5. “四新”技术交底应由项目技术负责人组织有关专业人员编制。

6. 设计变更技术交底应由项目技术部门根据变更要求，并结合具体施工步骤、措施及注意事项等对专业工长进行交底。

表 A.4 图纸会审记录

编号：□□□□□□□□

<table>
<tr><td>工程名称</td><td colspan="2"></td><td>日　期</td><td></td></tr>
<tr><td>地　点</td><td colspan="2"></td><td>专业名称</td><td></td></tr>
<tr><td>序号</td><td>图号</td><td>图纸问题</td><td colspan="2">会审意见</td></tr>
<tr><td></td><td></td><td></td><td colspan="2"></td></tr>
<tr><td rowspan="2">签字栏</td><td>建设单位</td><td>监理单位</td><td>设计单位</td><td>施工单位</td></tr>
<tr><td></td><td></td><td></td><td></td></tr>
</table>

注：1. 由施工单位整理、汇总，建设单位、监理单位、施工单位各保存一份。
2. 图纸会审记录应根据具体内容（树种设计、种植断面图、株行距等汇总）整理。
3. 设计单位应由专业设计负责人签字，其他相关单位应由项目技术负责人或相关专业负责人签认。

《表 A.4 图纸会审记录》填表说明：

1. 监理、施工单位应将各自提出的图纸问题及意见，按专业整理、汇总后报建设单位，由建设单位提交设计单位做交底准备。

2. 图纸会审应由建设单位组织设计、监理和施工单位技术负责人及有关人员参加。设计单位对各专业问题进行交底，施工单位负责将设计交底内容按专业汇总、整理，形成图纸会审记录。

3. 图纸会审记录应由建设、设计、监理和施工单位的项目技术负责人签认，形成正式图纸会审记录。不得擅自在会审记录上涂改或变更其内容。

表 A.5　设计变更报审单

编号：□□□□□□□

<table>
<tr><td colspan="2">工程名称</td><td colspan="2"></td><td>专业名称</td><td></td></tr>
<tr><td colspan="2">设计单位名称</td><td colspan="2"></td><td>日　　期</td><td></td></tr>
<tr><td>序号</td><td>图号</td><td colspan="4">变更内容及原因</td></tr>
<tr><td></td><td></td><td colspan="4"></td></tr>
<tr><td rowspan="2">签字栏</td><td>建设单位</td><td colspan="2">监理单位</td><td>设计单位</td><td>施工单位</td></tr>
<tr><td></td><td colspan="2"></td><td></td><td></td></tr>
</table>

注：本表由施工单位填写，经各方会签后，相关单位各保留一份。

《表 A.5　设计变更报审单》填表说明：

1. 本表由建设单位、监理单位、施工单位各保存一份。
2. 涉及图纸修改的，必须注明应修改图纸的图号。
3. 不可将不同专业的设计变更办理在同一份变更上。
4. “专业名称”栏应按专业填写。

设计变更单文件：

设计变更文件是施工过程中，由于设计图纸本身差错、设计图纸与实际情况不符、施工条件变化等原因，由设计单位作出的设计变更，经监理单位确认发出工程变更单后，承包单位方可实施设计变更。

表 A.6　工程洽商记录

编号：□□□□□□□□□□

<table>
<tr><td colspan="2">工程名称</td><td colspan="2"></td><td colspan="2">专业名称</td><td></td></tr>
<tr><td colspan="2">提出单位名称</td><td colspan="2"></td><td colspan="2">日　　期</td><td></td></tr>
<tr><td colspan="2">内容摘要</td><td colspan="5"></td></tr>
<tr><td>序号</td><td>图号</td><td colspan="5">洽商内容</td></tr>
<tr><td></td><td></td><td colspan="5"></td></tr>
<tr><td rowspan="2">签字栏</td><td colspan="2">建设单位</td><td colspan="2">监理单位</td><td>设计单位</td><td>施工单位</td></tr>
<tr><td colspan="2"></td><td colspan="2"></td><td></td><td></td></tr>
</table>

注：1. 本表由提出单位填写，建设单位、监理单位、施工单位各保存一份。

2. 涉及图纸修改的必须注明应修改图纸的图号。

3. 不可将不同专业的工程洽商办理在同一份洽商上，“专业名称”栏应按专业填写。

《表 A.6　工程洽商记录》填表说明：

工程洽商记录是施工过程中，由施工单位向有关单位提出需对设计文件部分内容进行修改而办理的洽商记录。

1. 工程洽商记录应分专业、内容翔实，必要时应附图，并逐条注明应修改图纸的图号。

2. 工程洽商记录应由设计专业负责人以及建设、监理和施工单位的相关负责人签认。

3. 设计单位如委托建设（监理）单位办理签认，应办理委托手续。

4. 分包单位的有关工程洽商记录，应通过工程总包单位办理签认。

表 A.7　施工日志

<table>
<tr><td>时间</td><td>天气状况</td><td>风　　力</td><td>最高/最低温度</td><td>备　　注</td></tr>
<tr><td>白天</td><td></td><td></td><td></td><td></td></tr>
<tr><td>夜间</td><td></td><td></td><td></td><td></td></tr>
<tr><td colspan="5">生产情况记录：(施工部位、施工内容、机械作业、班组工作、生产存在问题等)</td></tr>
<tr><td colspan="5">技术质量安全工作记录：(技术质量安全活动、检查评定验收、技术质量安全问题等)</td></tr>
<tr><td>记录人</td><td></td><td>日　期</td><td colspan="2">年　　月　　日</td></tr>
</table>

注：本表由施工单位填写并保存。

《表 A.7 施工日志》填表说明：

施工日志应以单位工程为记载对象，从工程开工起至工程竣工止，对单位工程有关技术管理和质量管理活动、重大事项以及效果逐日进行连续完整的记录。按专业指定专人负责记载，并保证内容真实、连续和完整。施工日志不得补记，不得隔页或扯页。施工日志应及时填写并签字。施工日志的主要内容：

1. 工程准备工作的记录；
2. 班组抽检活动、组织交接检和专职检、施工组织设计交底的执行情况及效果；
3. 主要原材料进场、进场检验、施工内容、施工检验结果的记录；
4. 质量、安全、机械事故的记录；
5. 有关洽商变更情况的记录；
6. 有关档案资料整理、交接的情况；
7. 有关新工艺、新材料、新产品的推广使用情况；
8. 工程的开工、竣工日期以及分部、分项工程的施工起止日期；
9. 工程重要部分的特殊质量要求和施工方法；
10. 有关领导或部门对工程所作的生产、技术方面的决定和建议；
11. 气候、气温、地质以及其他特殊情况的记录；
12. 其他重要事项。

表 A.8 工程材料/构配件/苗木/设备报审表

编号：□□□□□□□

<table>
<tr><td>工程名称</td><td></td><td>施工地点</td><td></td></tr>
<tr><td colspan="4">致________________（监理单位）：
我方于____年____月____日进场的工程材料/构配件/苗木/设备数量如下（见附件）。现将质量证明文件及自检结果报上，拟用于下述部位：________________
____
____

请予以审核。
附件：□出厂（圃）合格证
□厂家质量检验报告
□厂家质量保证书
□商验证
□进场检查记录
□进场复试报告
□苗木标签
□检疫证

承包单位（章）：
项目经理：
日期：</td></tr>
<tr><td colspan="4">审查意见：
经检查上述工程材料/构配件/苗木/设备，□符合/不符合设计文件和规范的要求，□准许/不准许进场，□同意/不同意使用于拟定部位。

项目监理机构：
总/专业监理工程师：
日期：</td></tr>
</table>

注：本表由承包单位填报，经监理单位审批后，建设、监理单位留存。

《表 A. 8　工程材料/构配件/苗木/设备报审表》填表说明：

1. 承包单位对拟进场的主要工程材料、构配件、苗木、设备，在自检合格后报项目监理机构进行进场验收。未经验收或验收不合格的，监理人员应拒绝签认，承包单位不得在工程上使用，并应限期将不合格的材料、构配件、苗木、设备撤出现场。

2. 数量清单：以列表形式注明名称、产地、规格、数量。

3. 证明材料：如合格证、性能检测报告等。新材料、新产品、新设备应有省级以上有关的鉴定文件，凡进口的材料、产品设备应有商检的证明文件。

4. 自检结果：指承包单位的进场验收记录、复试报告和项目监理机构见证取样证明。

5. 质量证明文件：指生产单位提供的证明工程材料/构配件/苗木/设备质量的证明资料，如合格证性能检测报告等。凡无国家或省正式标准的新材料、新产品、新设备应有省级及以上有关部门的鉴定文件。凡进口的材料、产品、设备应有商检的证明文件。

6. 审查意见：专业监理工程师对所报资料审查，与进场实物核对和观感质量验收，并按表列格式签署审查意见，不符合要求的应明确指出。

表 A.9　施工进度计划报审表

编号：□□□□□□□□□□

<table>
<tr><td>工程名称</td><td colspan="3"></td></tr>
<tr><td>地　　点</td><td></td><td>日　　期</td><td></td></tr>
<tr><td colspan="4">致＿＿＿＿＿＿＿＿＿＿＿＿＿＿（监理单位）：
现报上＿＿年＿＿季＿＿月工程施工进度计划请予以审查和批准。
附件：□施工进度计划（说明、图表、工程量、资源配置）＿＿＿＿＿份

承包单位名称：
技术负责人（签字）：</td></tr>
<tr><td colspan="4">审查意见：

监理单位名称：
监理工程师（签字）：
日期：</td></tr>
<tr><td colspan="4">审批结论：
□同意　　□修改后再报　　□重新编制

监理单位名称：
总监理工程师（签字）：
日期：</td></tr>
</table>

注：本表由承包单位填报，经监理单位审批后，建设、监理单位留存。

《表 A.9　施工进度计划报审表》填表说明：

1. 承包单位根据已批准的施工总进度计划，按承包合同约定或监理工程师的要求编制施工进度计划报项目监理机构审查、确认和批准。

2. 监理机构对施工进度计划的审查或批准，并不解除承包单位对施工进度计划的责任和义务。

施工进度计划报审表一般规定及表式：

1. 工程施工进度计划前填写所报进度计划的时间名称或调整计划的工程项目名称。

2. 审查意见：对施工进度计划，主要审核其与所批准总计划的开、完工时间是否一致；主要工程内容是否有遗漏，各项施工计划之间是否协调；施工顺序的安排是否符合施工工艺要求；材料、设备、施工机械、劳动力、水电等生产要素供应计划能否保证进度计划的需要，供应是否均衡；对建设单位提供的施工条件的要求是否准确、合理；对施工调整计划，主要审核其进度目标是否符合施工合同约定；施工顺序的安排是否符合施工工艺要求；材料、设备、施工机械、劳动力计划与进度计划、施工方案是否协调一致；对建设单位提供的施工条件的要求是否合理；施工现场布置是否合理、是否有利于施工质量的提高，工期是否进行了优化。总监理工程师审核后同意所报计划，在“同意”项前“□”内划“√”。如不同意承包单位所报计划，简要说明不同意的原因和理由，提出建议修改补充的意见，并在“修改后再报”项前“□”内划“√”，或在“重新编制”项前“□”内划“√”。

表 A.10 承建单位资质报审表

工程名称： 编号：□□□□□□□□□□

<table>
<tr><td>致________________________（监理单位）：
我公司已具备林业行政主管部门规定造林资质，并制定了质量保证体系和施工组织设计。请予以审核和批准。
附：1. 资质材料证明
2. 质量保证体系
3. 施工组织设计
4. 施工单位质量</td></tr>
<tr><td>承包单位（章）：
项目经理：
日期：</td></tr>
<tr><td>专业监理工程师审查意见：

专业监理工程师：
日期：</td></tr>
<tr><td>总监理工程师审核意见：

项目监理机构：
总监理工程师：
日期：</td></tr>
</table>

表 A. 11　分包单位资格报审表

工程名称：　　　　　　　　　　　　　　　　　　　　编号：□□□□□□□□□

致＿＿＿＿＿＿＿＿＿＿＿＿＿＿＿＿（监理单位）：

经考察，我方认为拟选择的＿＿＿＿＿＿＿＿＿＿＿＿（分包单位）具有承担下列工程的施工资质和施工能力，可以保证本工程项目按合同的规定进行施工。分包后，我方仍承担总包单位的全部责任。请予以审查和批准。

附：1. 分包单位资质材料

2. 分包单位业绩材料

分包工程名称（部位）	工程数量	拟分包工程合同额	分包工程占全部工程
合　　计			

承包单位（章）：

项目经理：

日期：

专业监理工程师审查意见：

专业监理工程师：

日期：

总监理工程师审核意见：

项目监理机构：

总监理工程师：

日期：

表 A.12 种苗质量报验申请表

工程名称： 编号：□□□□□□□□□

<table>
<tr><td>致______________________________（监理单位）：
我单位已按照国家标准和工程文件要求完成了种苗的选择和订购，经自检合格，现报上该工程报验申请表，请予以审查和验收。
附件：1. 种子（含苗木）生产许可证、种子经营许可证、良种使用证、种子质量检验证、植物检疫证
2. 工程设计中种苗标准
3. 苗木分级标准
4. 种苗清单

承包单位（章）：
项目经理：
日期：</td></tr>
<tr><td>专业监理工程师审查意见：

专业监理工程师：
日期：</td></tr>
<tr><td>审核意见：

项目监理机构：
总/专业监理工程师：
日期：</td></tr>
</table>

表 A.13 工程开工/复工报审表

工程名称：　　　　　　　　　　　　　　　　　　　　　编号：□□□□□□□□□□

<table>
<tr><td>致________________________（监理单位）：
我方承担的____________工程，已完成了以下各项工作，具备了开工/复工条件，特此申请施工，请核查并签发开工/复工指令。
附：1. 开工报告
2. 证明文件

承包单位（章）：
项目经理：
日期：</td></tr>
<tr><td>审查意见：

项目监理机构：
总监理工程师：
日期：</td></tr>
</table>

表 A. 14 林地清理质量报验申请表

工程名称： 编号：□□□□□□□□□□

<table>
<tr><td>致________________________（监理单位）：
我单位已完成林地清理任务，现报上该工程报验申请表，请予以审查和验收。
附件：自检报告

承包单位（章）：
项目经理：
日期：</td></tr>
<tr><td>专业监理工程师审查意见：

总/专业监理工程师：
日期：</td></tr>
</table>

表 A.15　施工测量放线报验申请表

工程名称：　　　　　　　　　　　　　　　　　　　　　　　　编号：□□□□□□□□□□

致＿＿＿＿＿＿＿＿＿＿＿＿＿（监理单位）：

我单位已完成＿＿＿＿＿＿＿＿＿＿＿＿（工程或部位的名称）的放线工作，经自查合格，清单如下，请予以查验。

附件：1. □专职测量人员岗位证书编号及复印件

2. □测量设备检定证书编号及复印件

3. □测量放线依据材料＿＿＿＿＿＿页

4. □放线成果＿＿＿＿＿＿＿＿＿＿页

工程或部位名称	放线内容	备注

承包单位（章）：

项目经理：

日期：

专业监理工程师审查意见：

□查验合格

□纠正差错后再报

项目监理机构（章）：

专业监理工程师：

日期：

注：本表由承包单位填报，经监理单位审批后，建设、监理单位留存。

《表 A.15 施工测量放线报验申请表》填表说明：

1. 附件：

（1）专职测量人员岗位证书、测量设备鉴定证书复印件。

（2）测量放线依据材料：施工测量方案、建设单位提供的红线桩、水准点等。

（3）放线成果：放出的控制线及其施工测量放线记录表。

2. 放线内容：指测量放线工作内容的名称。如：轴线测量、标高测量等。

3. 工程定位测量填写工程名称，轴线、标高测量填写被测项目部位名称。

4. 备注：施工测量放线使用测量仪器的名称、型号、编号。

施工测量放线报验申请表一般规定及表式：

1. 承包单位测量放线完毕，自检合格后报项目监理机构复核确认。

2. 施工测量放线的专职测量人员及测量设备应是已经过项目监理机构确认的。

3. 表列子项：

（1）工程或部位的名称：工程定位测量填写工程名称，轴线、标高测量填写被测项目部位名称。

（2）专职测量人员岗位证书编号：指承担这次测量放线工作专职测量人员岗位证书编号。

（3）测量设备鉴定证书编号：指这次测量放线工作所用测量设备的法定检测部门的鉴定证书编号。

（4）测量放线依据材料及放线成果，依据材料指施工测量方案、建设单位提供的红线桩、水准点等材料；放线成果指承包单位测量放线所放出的控制线及其施工测量放线记录表（依据材料应是已经过项目监理机构确认的）。

（5）放线内容：指测量放线工作内容的名称。如：轴线测量、标高测量等。

（6）备注：施工测量放线使用测量仪器的名称、型号、编号。

（7）专业监理工程师审查意见：专业监理工程师根据对测量放线资料的审查和现场实际复测情况签署意见，符合要求在“查验合格”前“□”内划“√”，如不符合要求在“纠正差错后再报”前“□”内划“√”，并应简要指出不符合之处。

表 A. 16　地形整理质量验收记录表

编号：□□□□□□□□□

<table>
<tr><td colspan="3">工程名称</td><td colspan="4"></td></tr>
<tr><td colspan="3">分部工程名称</td><td colspan="2"></td><td>验收部位</td><td></td></tr>
<tr><td colspan="3">施工单位</td><td colspan="2"></td><td>项目经理</td><td></td></tr>
<tr><td colspan="3">施工执行标准名称及编号</td><td colspan="4">Ⅰ：造林作业设计规程
Ⅱ：造林质量管理暂行办法</td></tr>
<tr><td colspan="2">整理范围</td><td></td><td>面积</td><td colspan="3"></td></tr>
<tr><td colspan="3">施工质量验收规范的规定</td><td colspan="3">施工单位检查评定记录</td><td>监理（建设）单位验收记录</td></tr>
<tr><td rowspan="5">项目</td><td>1</td><td>土质</td><td colspan="3"></td><td rowspan="5"></td></tr>
<tr><td>2</td><td>地形</td><td colspan="3"></td></tr>
<tr><td>3</td><td>种植土厚度</td><td colspan="3"></td></tr>
<tr><td>4</td><td>平整度</td><td colspan="3"></td></tr>
<tr><td>5</td><td>地形高度</td><td colspan="3"></td></tr>
<tr><td colspan="2" rowspan="2">施工单位检查评定结果</td><td>专业工长（施工员）</td><td colspan="2"></td><td>施工班组长</td><td></td></tr>
<tr><td colspan="5">项目专业质量检查员：
日期：</td></tr>
<tr><td colspan="2">监理（建设）单位验收结论</td><td colspan="5">专业监理工程师：
（建设单位项目专业负责人）
日期：</td></tr>
</table>

注：本表由施工单位填报，经监理单位审批后，建设单位、施工单位各保存一份。

表 A. 17 场地整理质量验收记录表

编号：□□□□□□□□□□

<table>
<tr><td>单位工程名称</td><td colspan="5"></td></tr>
<tr><td>分部工程名称</td><td colspan="3"></td><td>验收部位</td><td></td></tr>
<tr><td>施工单位</td><td colspan="3"></td><td>项目经理</td><td></td></tr>
<tr><td colspan="3">施工执行标准名称及编号</td><td colspan="3">Ⅰ：造林作业设计规程
Ⅱ：造林质量管理暂行办法</td></tr>
<tr><td>整理范围</td><td colspan="2"></td><td>面积</td><td colspan="2"></td></tr>
<tr><td colspan="3">施工质量验收规范的规定</td><td colspan="2">施工单位检查评定记录</td><td>监理（建设）单位验收记录</td></tr>
<tr><td rowspan="6">项目</td><td>1</td><td>土质</td><td colspan="2"></td><td rowspan="6"></td></tr>
<tr><td>2</td><td>种植土厚度</td><td colspan="2"></td></tr>
<tr><td>3</td><td>平整度</td><td colspan="2"></td></tr>
<tr><td></td><td></td><td colspan="2"></td></tr>
<tr><td></td><td></td><td colspan="2"></td></tr>
<tr><td></td><td></td><td colspan="2"></td></tr>
<tr><td rowspan="2">施工单位检查评定结果</td><td colspan="2">专业工长（施工员）</td><td></td><td>施工班组长</td><td></td></tr>
<tr><td colspan="5">项目专业质量检查员：
日期：</td></tr>
<tr><td>监理（建设）单位验收结论</td><td colspan="5">专业监理工程师：
（建设单位项目专业负责人）
日期：</td></tr>
</table>

注：本表由施工单位填报，经监理单位审批后，建设单位、施工单位各保存一份。

表 A.18　苗木种植穴、槽质量验收记录表

编号：□□□□□□□□□□

<table>
<tr><td colspan="3">工程名称</td><td colspan="4"></td></tr>
<tr><td colspan="3">分部工程名称</td><td colspan="2"></td><td>验收部位</td><td></td></tr>
<tr><td colspan="3">施工单位</td><td colspan="2"></td><td>项目经理</td><td></td></tr>
<tr><td colspan="3">施工执行标准名称及编号</td><td colspan="4">Ⅰ：造林作业设计规程
Ⅱ：造林质量管理暂行办法</td></tr>
<tr><td colspan="3">树种名称</td><td colspan="2"></td><td>数 量</td><td></td></tr>
<tr><td colspan="3">施工质量验收规范的规定</td><td colspan="3">施工单位检查评定记录</td><td>监理（建设）单位验收记录</td></tr>
<tr><td rowspan="5">项目</td><td>1</td><td>穴、槽的位置</td><td colspan="3"></td><td rowspan="5"></td></tr>
<tr><td>2</td><td>穴、槽规格</td><td colspan="3"></td></tr>
<tr><td>3</td><td>树坑内客土</td><td colspan="3"></td></tr>
<tr><td>4</td><td>标明树种</td><td colspan="3"></td></tr>
<tr><td>5</td><td>好土、弃土置放分明</td><td colspan="3"></td></tr>
<tr><td colspan="2" rowspan="2">施工单位检查评定结果</td><td>专业工长（施工员）</td><td colspan="2"></td><td>施工班组长</td><td></td></tr>
<tr><td colspan="5">项目专业质量检查员：
日期：</td></tr>
<tr><td colspan="2">监理（建设）单位验收结论</td><td colspan="5">专业监理工程师：
（建设单位项目专业负责人）
日期：</td></tr>
</table>

注：本表由施工单位填报，经监理单位审批后，建设单位、施工单位各保存一份。

表 A.19　苗木进场检验记录

编号：□□□□□□□□□□

工程名称				检查日期	
苗木品种					
苗木来源					
进场时间					
进场数量					
检验方法					
检验数量					
苗木规格	苗龄				
	苗高/分枝/芽数/头数				
	胸径/地径/冠幅				
	根系长/根幅/土球/营养钵				
	病虫害				
	主干通直				
	节长				
	装运				
监理单位验收结论（处置）					
签字栏	施工单位		监理单位 专业监理 工程师		
	检查员				
	质检员				

注：本表由施工单位填报，经监理单位审批后，建设单位、施工单位留存。

表 A.20　施肥质量验收记录表

编号：□□□□□□□□□

<table>
<tr><td colspan="3">工程名称</td><td colspan="4"></td></tr>
<tr><td colspan="3">分部工程名称</td><td colspan="2"></td><td>验收部位</td><td></td></tr>
<tr><td colspan="3">施工单位</td><td colspan="2"></td><td>项目经理</td><td></td></tr>
<tr><td colspan="4">施工执行标准名称及编号</td><td colspan="3">Ⅰ：设计文件、施工组织设计（方案）等</td></tr>
<tr><td colspan="3">肥料类型</td><td colspan="2"></td><td>数量</td><td></td></tr>
<tr><td colspan="4">施工质量验收规范的规定</td><td colspan="2">施工单位检查评定记录</td><td>监理（建设）
单位验收记录</td></tr>
<tr><td rowspan="6">项
目</td><td>1</td><td colspan="2">肥料类型</td><td colspan="2"></td><td rowspan="6"></td></tr>
<tr><td>2</td><td colspan="2">施肥量</td><td colspan="2"></td></tr>
<tr><td>3</td><td colspan="2">施肥质量</td><td colspan="2"></td></tr>
<tr><td></td><td colspan="2"></td><td colspan="2"></td></tr>
<tr><td></td><td colspan="2"></td><td colspan="2"></td></tr>
<tr><td></td><td colspan="2"></td><td colspan="2"></td></tr>
<tr><td colspan="3" rowspan="2">施工单位检
查评定结果</td><td>专业工长
（施工员）</td><td></td><td>施工班组长</td><td></td></tr>
<tr><td colspan="4">项目专业质量检查员：
日期：</td></tr>
<tr><td colspan="3">监理（建设）
单位验收结论</td><td colspan="4">专业监理工程师：
（建设单位项目专业负责人）
日期：</td></tr>
</table>

注：本表由施工单位填报，经监理单位审批后，建设单位、施工单位各保存一份。

表 A.21　苗木种植质量验收记录表

编号：□□□□□□□□□

<table>
<tr><td colspan="3">工程名称</td><td colspan="4"></td></tr>
<tr><td colspan="3">分部工程名称</td><td colspan="2"></td><td>验收部位</td><td></td></tr>
<tr><td colspan="3">施工单位</td><td colspan="2"></td><td>项目经理</td><td></td></tr>
<tr><td colspan="3">施工执行标准名称及编号</td><td colspan="4">Ⅰ：造林作业设计规程
Ⅱ：造林质量管理暂行办法</td></tr>
<tr><td colspan="3">树种名称</td><td colspan="2"></td><td>数 量</td><td></td></tr>
<tr><td colspan="3">施工质量验收规范的规定</td><td colspan="3">施工单位检查评定记录</td><td>监理（建设）单位验收记录</td></tr>
<tr><td rowspan="5">项目</td><td>1</td><td>品种</td><td colspan="3"></td><td rowspan="5"></td></tr>
<tr><td>2</td><td>规格</td><td colspan="3"></td></tr>
<tr><td>3</td><td>种植</td><td colspan="3"></td></tr>
<tr><td></td><td></td><td colspan="3"></td></tr>
<tr><td></td><td></td><td colspan="3"></td></tr>
<tr><td rowspan="2" colspan="2">施工单位检查评定结果</td><td>专业工长（施工员）</td><td></td><td>施工班组长</td><td colspan="2"></td></tr>
<tr><td colspan="5">项目专业质量检查员：
日期：</td></tr>
<tr><td colspan="2">监理（建设）单位验收结论</td><td colspan="5">专业监理工程师：
（建设单位项目专业负责人）
日期：</td></tr>
</table>

注：本表由施工单位填报，经监理单位审批后，建设单位、施工单位各保存一份。

表 A.22　抚育质量验收记录表

编号：□□□□□□□□□□

<table>
<tr><td colspan="3">工程名称</td><td colspan="4"></td></tr>
<tr><td colspan="3">分部工程名称</td><td colspan="2"></td><td>验收部位</td><td></td></tr>
<tr><td colspan="3">施工单位</td><td colspan="2"></td><td>项目经理</td><td></td></tr>
<tr><td colspan="3">施工执行标准名称及编号</td><td colspan="4">Ⅰ：造林作业设计规程
Ⅱ：造林质量管理暂行办法</td></tr>
<tr><td colspan="3">施工质量验收规范的规定</td><td colspan="3">施工单位检查评定记录</td><td>监理（建设）单位验收记录</td></tr>
<tr><td rowspan="6">项目</td><td>1</td><td>浇水</td><td colspan="3"></td><td rowspan="6"></td></tr>
<tr><td>2</td><td>施肥</td><td colspan="3"></td></tr>
<tr><td>3</td><td>防寒</td><td colspan="3"></td></tr>
<tr><td>4</td><td>除杂草</td><td colspan="3"></td></tr>
<tr><td>5</td><td>修剪</td><td colspan="3"></td></tr>
<tr><td></td><td></td><td colspan="3"></td></tr>
<tr><td colspan="2" rowspan="2">施工单位检查评定结果</td><td>专业工长（施工员）</td><td colspan="2"></td><td>施工班组长</td><td></td></tr>
<tr><td colspan="5">项目专业质量检查员：
日期：</td></tr>
<tr><td colspan="2">监理（建设）单位验收结论</td><td colspan="5">专业监理工程师：
（建设单位项目专业负责人）
日期：</td></tr>
</table>

注：本表由施工单位填报，经监理单位审批后，建设单位、施工单位各保存一份。

表 A. 23　病虫害防治质量报验申请表

编号：□□□□□□□□□

<table>
<tr><td colspan="3">工程名称</td><td colspan="3"></td></tr>
<tr><td colspan="3">分部工程名称</td><td></td><td>验收部位</td><td></td></tr>
<tr><td colspan="3">施工单位</td><td></td><td>项目经理</td><td></td></tr>
<tr><td colspan="3">施工执行标准名称及编号</td><td colspan="3">Ⅰ：造林作业设计规程
Ⅱ：造林质量管理暂行办法</td></tr>
<tr><td colspan="3">施工质量验收规范的规定</td><td colspan="2">施工单位检查评定记录</td><td>监理（建设）单位验收记录</td></tr>
<tr><td rowspan="6">项目</td><td>1</td><td>农药种类</td><td colspan="2"></td><td rowspan="6"></td></tr>
<tr><td>2</td><td>数量</td><td colspan="2"></td></tr>
<tr><td>3</td><td>使用浓度</td><td colspan="2"></td></tr>
<tr><td>4</td><td>防治效果</td><td colspan="2"></td></tr>
<tr><td></td><td></td><td colspan="2"></td></tr>
<tr><td></td><td></td><td colspan="2"></td></tr>
<tr><td colspan="2" rowspan="2">施工单位检查评定结果</td><td>专业工长（施工员）</td><td></td><td>施工班组长</td><td></td></tr>
<tr><td colspan="4">项目专业质量检查员：
日期：</td></tr>
<tr><td colspan="2">监理（建设）单位验收结论</td><td colspan="4">专业监理工程师：
（建设单位项目专业负责人）
日期：</td></tr>
</table>

注：本表由施工单位填报，经监理单位审批后，建设单位、施工单位各保存一份。

表 A. 24 植物成活率统计记录

编号：□□□□□□□□□□

工程名称		统计日期	
施工单位		项目负责人	
监理单位		总　　监	

序号	植物名称	种植数量	成活数量	成活率	备注
1					树木花卉按株统计；草坪按覆盖率统计。统计时间为养护期满后 1 个月内
2					
3					
4					
5					
6					
7					
8					
9					
10					
11					
12					
13					
14					

结论：

施工单位（章）：	监理单位（章）：

表 A.25　造林成活率验收记录表

编号：□□□□□□□□□□

<table>
<tr><td colspan="3">工程名称</td><td colspan="3"></td></tr>
<tr><td colspan="3">分部工程名称</td><td></td><td>验收部位</td><td></td></tr>
<tr><td colspan="3">施工单位</td><td></td><td>项目经理</td><td></td></tr>
<tr><td colspan="3">施工执行标准名称及编号</td><td colspan="3">Ⅰ：造林技术规范
Ⅱ：施工组织设计</td></tr>
<tr><td colspan="3">施工质量验收规范的规定</td><td>施工单位检查评定记录</td><td colspan="2">监理（建设）单位验收记录</td></tr>
<tr><td rowspan="6">项目</td><td>1</td><td>造林面积保存率</td><td></td><td colspan="2" rowspan="6"></td></tr>
<tr><td>2</td><td>造林密度</td><td></td></tr>
<tr><td>3</td><td>林木生长</td><td></td></tr>
<tr><td>4</td><td>管理情况</td><td></td></tr>
<tr><td></td><td></td><td></td></tr>
<tr><td></td><td></td><td></td></tr>
<tr><td colspan="2" rowspan="2">施工单位检查评定结果</td><td>专业工长（施工员）</td><td></td><td>施工班组长</td><td></td></tr>
<tr><td colspan="4">项目专业质量检查员：
日期：</td></tr>
<tr><td colspan="2">监理（建设）单位验收结论</td><td colspan="4">专业监理工程师：
（建设单位项目专业负责人）
日期：</td></tr>
</table>

注：本表由施工单位填报，经监理单位审批后，建设单位、施工单位各保存一份。

表 A. 26　飞播造林工程质量竣工验收记录表

编号：□□□□□□□□□□

<table>
<tr><td>工程名称</td><td colspan="2"></td><td>类型</td><td colspan="2"></td></tr>
<tr><td>施工单位</td><td></td><td>技术负责人</td><td></td><td>开工日期</td><td></td></tr>
<tr><td>项目经理</td><td></td><td>项目技术
负责人</td><td></td><td>竣工日期</td><td></td></tr>
<tr><td>序号</td><td colspan="2">项目</td><td colspan="2">验收记录</td><td>验收结论</td></tr>
<tr><td>1</td><td colspan="2">是否符合《造林技术规程》</td><td colspan="2"></td><td></td></tr>
<tr><td>2</td><td colspan="2">有林地面积占宜播面积百分比</td><td colspan="2"></td><td></td></tr>
<tr><td>3</td><td colspan="2">平均每公顷的株数确定</td><td colspan="2"></td><td></td></tr>
<tr><td>4</td><td colspan="2">观感质量验收</td><td colspan="2"></td><td></td></tr>
<tr><td>5</td><td colspan="2">综合验收结论</td><td colspan="2"></td><td></td></tr>
<tr><td rowspan="2">参加验收单位</td><td colspan="2">建设单位
（公　章）</td><td>监理单位
（公　章）</td><td>施工单位
（公　章）</td><td>设计单位
（公　章）</td></tr>
<tr><td colspan="2">单位（项目）
负责人：

年　月　日</td><td>总监理工程师：

年　月　日</td><td>单位负责人：

年　月　日</td><td>单位（项目）
负责人：

年　月　日</td></tr>
</table>

表 A. 27 封山育林工程质量竣工验收记录表

编号：□□□□□□□□□□

<table>
<tr><td colspan="2">工程名称</td><td colspan="3"></td><td colspan="2">类型</td><td colspan="3"></td></tr>
<tr><td colspan="2">施工单位</td><td></td><td colspan="2">技术负责人</td><td colspan="2"></td><td colspan="2">开工日期</td><td></td></tr>
<tr><td colspan="2">项目经理</td><td></td><td colspan="2">项目技术
负责人</td><td colspan="2"></td><td colspan="2">竣工日期</td><td></td></tr>
<tr><td>序号</td><td colspan="3">项目</td><td colspan="4">验收记录</td><td colspan="2">验收结论</td></tr>
<tr><td>1</td><td colspan="3">封山育林地块检查</td><td colspan="4"></td><td colspan="2"></td></tr>
<tr><td>2</td><td colspan="3">管护制度和措施检查</td><td colspan="4"></td><td colspan="2"></td></tr>
<tr><td>3</td><td colspan="3">抚育和管理情况检查</td><td colspan="4"></td><td colspan="2"></td></tr>
<tr><td>4</td><td colspan="3">封禁效果</td><td colspan="4"></td><td colspan="2"></td></tr>
<tr><td></td><td colspan="3"></td><td colspan="4"></td><td colspan="2"></td></tr>
<tr><td rowspan="2">参加验收单位</td><td colspan="3">建设单位
（公 章）</td><td colspan="2">监理单位
（公 章）</td><td colspan="2">施工单位
（公 章）</td><td colspan="2">设计单位
（公 章）</td></tr>
<tr><td colspan="3">单位（项目）
负责人：

年 月 日</td><td colspan="2">总监理工程师：

年 月 日</td><td colspan="2">单位负责人：

年 月 日</td><td colspan="2">单位（项目）
负责人：

年 月 日</td></tr>
</table>

表 A.28　工程质量事故处理方案报审表

工程名称：　　　　　　　　　　　　　　　　　　　　　　　　编号：□□□□□□□□□□

<table>
<tr><td colspan="2">致________________________（监理单位）：
　　___年___月___日___时，在______________发生___________工程质量事故，已于_____年___月___日提出《工程质量事故报告单》，现报上处理方案，请予审查。
　　附件：1. 工程质量事故调查报告
　　　　　2. 工程质量事故处理方案

承包单位（章）：
项目经理：
日期：</td></tr>
<tr><td>设计单位意见：

设计单位（章）：
设计人：
日期：</td><td>总监理工程师批复意见：

项目监理机构（章）：
总监理工程师：
日期：</td></tr>
</table>

注：本表由承包单位填报，经监理单位审批后，建设、监理及承包单位留存。

《表 A. 28 工程质量事故处理方案报审表》填表说明：

1. 承包单位在对工程质量事故进行详细调查、研究的基础上，提出处理方案报项目监理机构审查、确认、批复。

2. 工程质量事故调查报告内容：

（1）质量事故情况：质量事故发生的时间、地点，事故经过、发展变化趋势、是否已稳定、有关现场的记录等。

（2）质量事故的性质：一般事故还是重大事故。

（3）事故的原因：详细阐明主要原因，并应附有说服力的资料。

（4）质量事故评价：应阐明质量事故对建筑物的使用功能、安全性能等的影响，并应附有实测、演算资料和试验数据。

（5）质量事故设计的人员与主要责任者的情况等。

3. 工程质量事故处理方案：处理方案应针对质量事故的状况及原因，本着安全可靠、不留隐患、满足建筑物的使用功能等要求，做到技术可行、经济合理，因设计单位造成的质量事故，应由设计单位提出技术处理方案。

工程质量事故处理方案报审表一般规定及表式：

1. 设计单位意见：指建筑工程的设计单位对质量事故调查报告和处理方案的审查意见。若与承包单位提出的质量事故调查报告和处理方案有不同意见应一一注明，工程质量事故技术处理方案必须经设计单位同意。

2. 总监理工程师批复意见：总监理工程师应组织建设、勘察、设计、施工、监理等有关人员对质量事故调查报告和处理方案进行论证，以确认报告和方案的正确和合理性，如有不同意见，应责令承包单位重报。必要时应邀请有关专家参加对事故调查报告和处理方案的论证。

表 A. 29　工程质量事故（问题）处理报告

编号：□□□□□□□□□

工程名称		建设地点	
建设单位		设计单位	
施工单位		建筑面积（m^2） 工作量	
结构类型		事故发生时间	
上报时间		经济损失（元）	
事故经过、后果及原因分析：			
事故发生后采取的措施：			
事故责任单位、责任人及处理意见：			

责任人		报告人		日期	

注：本表由承包单位填报，经监理单位审批后，建设、监理及承包单位留存。

表 A. 30　工程款支付申请表

编号：□□□□□□□□□□

工程名称			
地　　点		日　　期	

致______________________________（监理单位）：

我方已完成了______________________________工作，按施工合同的规定，建设单位应在______年______月______日前支付该项工程款共计（大写）____________________，小写__________，现报上______________________工程付款申请表，请予以审查并开具工程款支付证书。

附件：1. 工程量清单

2. 计算方法

承包单位名称：

项目经理（签字）：

注：本表由承包单位填报，经监理单位审批后，建设、监理单位留存。

《表 A. 30　工程款支付申请表》填表说明：

1. 申请支付工程款金额包括合同内工程款、工程变更增减费用、批准的索赔费用，扣除应扣预付款、保留金及施工合同中约定的其他费用。

2. 我方已完成了______工作：填写经专业监理工程师验收合格的工程；定期支付进度款填写本支付期内的经专业监理工程师验收合格的工作量。

3. 工程量清单（工程计量报审表）：指本次付款申请中的经专业监理工程师验收合格的工程量统计报表及专业监理工程师签认的相应的工程计量报审表。

4. 计算方法：指专业监理工程师签认的工程量及施工合同约定采用的有关定额的预（概）算书。

工程款支付申请表一般规定：

1. 承包单位根据施工合同中工程款支付约定，向项目监理机构申请开具工程款支付证书。

2. 申请支付工程款金额包括合同内工程款、工程变更增减费用、批准的索赔费用，扣除应扣预付款、保留金及施工合同中约定的其他费用。

表 A.31　工程延期申报表

编号：□□□□□□□□□

<table>
<tr><td>工程名称</td><td colspan="3"></td></tr>
<tr><td>地　　点</td><td></td><td>日　　期</td><td></td></tr>
<tr><td colspan="4">致____________________（监理单位）：
根据合同条款________________条的规定，由于________的原因，申请工程延期，请批准。
工程延期的依据及工期计算：

合同竣工日期：
申请延长竣工日期：
附：证明材料

承包单位名称：
项目经理（签字）：</td></tr>
</table>

注：本表由承包单位填报，经监理单位审批后，建设、监理单位留存。

《表 A. 31　工程延期申报表》一般规定及表式：

1. 工程临时延期是发生了施工合同约定由建设单位承担的延期工程事件后，承包单位提出的工期索赔，报项目监理机构审核确认；总监理工程师应在施工合同约定的期限内签发工程临时/最终延期审批表。

2. 表列子项：

（1）根据合同条款______条的规定：填写提出工期索赔所依据的施工合同条目。

（2）由于____ 原因：填写导致工期拖延的事件。

（3）工程延期的依据及工期计算：指索赔所依据的施工合同条款、导致工程延期事件的事实、工程拖延的计算方式及过程。

（4）合同竣工日期：指建设单位与承包单位签订的施工合同中确定的竣工日期或已最终批准的竣工日期。

（5）申请延长竣工日期：指“合同竣工日期”加上本次申请延长工期后的竣工日期。

（6）证明材料：提供工程延期成立的相关证明材料。

表 A. 32　监理通知回复单

编号：□□□□□□□□□

<table>
<tr><td>工程名称</td><td colspan="3"></td></tr>
<tr><td>地　　点</td><td></td><td>日　　期</td><td></td></tr>
<tr><td colspan="4">致________________（监理单位）：
我方接到第（____）号监理通知后，已按要求完成了________________
____
工作，特此回复，请予以复查。
详细内容：

承包单位名称：
项目经理（签字）：</td></tr>
<tr><td colspan="4">复查意见：

监理单位名称：
总/专业监理工程师签字：
日期：</td></tr>
</table>

注：本表由承包单位填报，经监理单位审批后，建设、监理单位留存。

《表 A. 32　监理通知回复单》填表说明：

1. 承包单位落实《监理工程师通知单》后，报项目监理机构检查复核。

2. 涉及应总监理工程师审批工作内容的回复单，应由总监理工程师审批。

3. 我方到第（____）号：填写《监理工程师通知单》的编号。

4. 完成了____________工作：按《监理工程师通知单》要求完成的工作填写。

5. 详细内容：针对《监理工程师通知单》的要求，简要说明落实过程、结果及自检情况，必要时附有关证明材料。

6. 复查意见：专业监理工程师根据对所报资料的检查和对工作成果的复核情况签署意见，对不符合要求的应指出具体项目或部位，并要求承包单位继续整改。

表 A.33 工程竣工预验收报验表

编号：□□□□□□□□□□

<table>
<tr><td>工程名称</td><td colspan="3"></td></tr>
<tr><td>地　　点</td><td></td><td>日　　期</td><td></td></tr>
<tr><td colspan="4">致＿＿＿＿＿＿＿＿＿＿＿＿＿（监理单位）：
我方已按合同要求完成了＿＿＿＿＿＿＿＿＿＿＿＿工程，经自检合格，请予以检查和验收。

承包单位名称：
项目经理（签字）：</td></tr>
<tr><td colspan="4">审查意见：
经预验收，该工程：
1. □符合□不符合　我国现行法律、法规要求；
2. □符合□不符合　我国现行工程建设标准；
3. □符合□不符合　设计文件要求；
4. □符合□不符合　施工合同要求。

综上所述，该工程预验收结论：□合格　　□不合格
可否组织正式验收：　　　　□可　　　□否
监理单位名称：
总监理工程师（签字）：
日期：</td></tr>
</table>

注：本表由承包单位填报，经监理单位审批后，建设、监理单位留存。

表 A.34　工程计量申报表

编号：□□□□□□□□□□

工程名称		施工地点	

致____________________（监理单位）：

兹申报_____年_____月___日完成合同工程计量如下表，请予以核验量测。

附：□工程检验认可书

□计量计算表

承包单位（章）：

施工负责人：

日期：

工程内容	单位	设计工程量	申报规格、型号	申报数量	核定规格	核定工程量

审查结论：

项目监理机构：

总/专业监理工程师：

日期：

注：本表由承包单位填报，经监理单位审批后，建设、监理及承包单位留存。

《表 A.34　工程计量申报表》填表说明：

1. 工程计量报审是承包单位按承包合同约定，定期将项目监理机构验收合格工程的工程量统计表报项目监理机构审核确认。

2. 完成工程量统计报表：指承包单位按承包合同的要求（含项目监理机构确认的工程变更）完成，并经项目监理机构验收合格工程的工程量统计报表。

3. 工程质量合格证明材料：指项目监理机构签认的工程验收合格证明资料。

4. 总/专业监理工程师审查意见：专业监理工程师在承包合同约定期限内通知承包单位对其所报资料进行审核，并对工程量进行核算，对没有项目监理机构验收合格证明的工程应拒绝计量。

表 A. 35　工程变更费用报审表

编号：□□□□□□□□□

<table>
<tr><td>工程名称</td><td colspan="7"></td></tr>
<tr><td>地　　点</td><td colspan="4"></td><td colspan="2">日　　期</td><td></td></tr>
<tr><td colspan="8">致______________________（监理单位）：
根据第（____）号工程变更单，申请费用如下表，请审核。</td></tr>
<tr><td rowspan="2">项目名称</td><td colspan="3">变 更 前</td><td colspan="3">变 更 后</td><td rowspan="2">工程款
增(+)减(-)</td></tr>
<tr><td>工程量</td><td>单价</td><td>合价</td><td>工程量</td><td>单价</td><td>合价</td></tr>
<tr><td></td><td></td><td></td><td></td><td></td><td></td><td></td><td></td></tr>
<tr><td></td><td></td><td></td><td></td><td></td><td></td><td></td><td></td></tr>
<tr><td></td><td></td><td></td><td></td><td></td><td></td><td></td><td></td></tr>
<tr><td></td><td></td><td></td><td></td><td></td><td></td><td></td><td></td></tr>
<tr><td></td><td></td><td></td><td></td><td></td><td></td><td></td><td></td></tr>
<tr><td>总价</td><td></td><td></td><td></td><td></td><td></td><td></td><td></td></tr>
<tr><td colspan="8">承包单位名称：
项目经理（签字）：
日期：</td></tr>
<tr><td colspan="8">审核意见：
监理工程师（签字）：
日期：</td></tr>
<tr><td colspan="8">审查意见：
监理单位名称：
总监理工程师（签字）：
日期：</td></tr>
</table>

注：本表由承包单位填报，经监理单位审批后，建设、监理单位留存。

《表 A. 35　工程变更费用报审表》一般规定及表式：

1. 工程变更费用报审是承包单位收到总监理工程师签认的工程变更单后，在承包合同约定的期限内就变更工程价款报项目监理机构审核确认。

2. 总监理工程师应在承包合同规定的期限内签发工程变更费用报审表，在签认工程变更费用报审表前应与建设单位、承包单位协商。

3. 表列子项：

（1）工程变更概（预）算书：指按承包合同约定的标准定额（或其他计价方法的单价）对工程变更价款的计算书。

（2）审查意见：专业监理工程师在承包合同约定期限内对承包单位所报的资料就工程变更是否有效，申报时间是否在承包合同约定的期限内，计价依据、工程量和价款计算是否正确进行审查，对不符合要求的部分一一列出报总监理工程师审核，由总监理工程师签署审查意见和暂定价款数。

表 A. 36　费用索赔申请表

编号：□□□□□□□□□□

<table>
<tr><td>工程名称</td><td colspan="3"></td></tr>
<tr><td>地　　点</td><td></td><td>日　　期</td><td></td></tr>
<tr><td colspan="4">致＿＿＿＿＿＿＿＿＿＿＿＿＿（监理单位）：
根据施工合同第＿＿＿＿条款的规定，由于＿＿＿＿＿＿＿＿＿＿＿＿＿＿原因，我方要求索赔金额共计人民币（大写）＿＿＿＿（小写）＿＿＿＿，请批准。
索赔的详细理由及经过：

索赔金额的计算：

附件：证明材料

承包单位名称：
项目经理（签字）：</td></tr>
</table>

注：本表由承包单位填报，经监理单位审批后，建设、监理单位留存。

《表 A. 36 费用索赔申请表》一般规定及表式：

1. 费用索赔申请是承包单位向建设单位提出费用索赔，报项目监理机构审查。

2. 表列子项：

（1）根据施工合同第______条款的规定：填写提出费用索赔所依据的施工合同条目。

（2）由于______ 原因：填写导致费用索赔的事件。

（3）索赔的详细理由及经过：指索赔事件造成承包单位直接经济损失，索赔事件是由于非承包单位的责任发生的等情况的详细理由及事件经过。

（4）索赔金额的计算：指索赔金额计算书。

（5）证明材料：指上述两项所需的各种凭证。

表 A.37 工程竣工报验单

工程名称：

<table>
<tr><td>
致________________________（监理单位）：
我方已按合同要求完成了________________________工程，经自检合格，请予以检查和验收。
附件：

承包单位（章）：
项目经理：
日期：
</td></tr>
<tr><td>
审查意见：
经初步验收，该工程：
1. 符合/不符合我国现行法律、法规要求；
2. 符合/不符合我国现行工程建设标准；
3. 符合/不符合设计文件要求；
4. 符合/不符合工程合同要求。
综上所述，该工程初步验收合格/不合格，可以/不可以组织正式验收。

项目监理机构：
总监理工程师：
日期：
</td></tr>
</table>

B 监理单位用表

表 B.1 监理工程师通知单

编号：□□□□□□□□□

<table>
<tr><td>工程名称</td><td colspan="3"></td></tr>
<tr><td>地　　点</td><td></td><td>日　　期</td><td></td></tr>
<tr><td colspan="4">致________________________（承包单位）：
问题：

内容：

监理单位名称：
总/专业监理工程师（签字）：</td></tr>
<tr><td colspan="4">收件单位：
收件人（签字）：
日期：</td></tr>
</table>

注：重要监理通知应由总监理工程师签署，监理单位、有关单位各存一份。

《表 B.1　监理工程师通知单》填表说明：

1. 在监理工作中，项目监理机构按委托监理合同授予的权限，对承包单位发出指令、提出要求，除另有规定外，均应采用此表；监理工程师现场发出的口头指令及要求，也应采用此表予以确认。

2. 事由：指通知事项的主题。

3. 内容：指通知事项的详细说明和对承包单位的工作要求、指令等。

表 B. 2　监理抽检记录

编号：□□□□□□□□□□

<table>
<tr><td>工程名称</td><td colspan="3"></td></tr>
<tr><td>地　　点</td><td></td><td>日　　期</td><td></td></tr>
<tr><td>检查项目</td><td colspan="3"></td></tr>
<tr><td>检查部位</td><td colspan="3"></td></tr>
<tr><td>检查数量</td><td colspan="3"></td></tr>
<tr><td>被委托单位</td><td colspan="3"></td></tr>
<tr><td colspan="4">检查结果：　　　　□合格　　　　□不合格</td></tr>
<tr><td colspan="4">处置意见：

监理单位名称：
监理工程师（签字）：
日期：</td></tr>
<tr><td colspan="4">施工单位：
施工单位负责人（签字）：
日期：</td></tr>
</table>

注：本表由监理单位填写，建设单位、监理单位各存一份。

表 B.3　旁站监理记录

<table>
<tr><td>工程名称</td><td colspan="3"></td></tr>
<tr><td>地　　点</td><td></td><td>日　　期</td><td></td></tr>
<tr><td colspan="4">旁站部位或工序：</td></tr>
<tr><td colspan="2">旁站开始时间：</td><td colspan="2">旁站结束时间：</td></tr>
<tr><td colspan="4">施工情况：</td></tr>
<tr><td colspan="4">监理情况：</td></tr>
<tr><td colspan="4">发现问题：</td></tr>
<tr><td colspan="4">处理意见：

监理单位：
旁站监理员（签字）：
日期：</td></tr>
</table>

注：本表由监理单位填写，建设单位、监理单位各存一份。

《表 B.3　旁站监理记录》填表说明：

1. 旁站是指对关键部位、关键工序的施工质量实施全过程现场跟班的监督活动。工程的关键部位、工序，如种植土换填、施肥、苗木种植。

2. 施工企业根据监理机构制订的旁站监理方案，在需要实施旁站监理的关键部位、关键工序进行施工前 24 小时，应当书面通知监理单位派驻工地的项目监理机构。项目监理机构应当安排旁站监理人员按照旁站监理方案实施旁站监理。

表 B. 4　监理工程师巡视记录

<table>
<tr><td>工程名称</td><td colspan="3"></td></tr>
<tr><td>地　　点</td><td></td><td>日　　期</td><td></td></tr>
<tr><td colspan="4">巡视时间：</td></tr>
<tr><td colspan="4">发现问题：</td></tr>
<tr><td colspan="4">处理意见及结论：

监理单位名称：
总/专业监理工程师（签字）：
日期：</td></tr>
</table>

注：本表由监理单位填写，监理单位、有关单位各存一份。

表 B.5　不合格项处理记录

编号：□□□□□□□□□□

<table>
<tr><td>工程名称</td><td colspan="3"></td></tr>
<tr><td>地　　点</td><td></td><td>日　　期</td><td></td></tr>
<tr><td colspan="4">致________________（承包单位）：
由于以下情况的发生，使你单位在____________施工中，发生严重□/一般□不合格项，请及时采取措施及时整改。
具体情况：

□ 自行整改
□ 整改后报我方验收
监理单位名称：
签发人（签字）：
日期：</td></tr>
<tr><td colspan="4">不合格项整改措施和结果：
（签发单位）：
根据你方指示，我方已完成整改，请予以验收。

单位负责人（签字）：
日期：</td></tr>
<tr><td colspan="4">整改结论：　□同意验收　□________
　　　　　　□继续整改　□________

验收单位名称：
验收人（签字）：
日期：</td></tr>
</table>

注：本表由监理单位下达，整改方填报整改措施和结果，相关方各存一份。

表 B.6　工程暂停令

编号：□□□□□□□□□□

<table>
<tr><td>工程名称</td><td colspan="3"></td></tr>
<tr><td>地　　点</td><td></td><td>日　　期</td><td></td></tr>
<tr><td colspan="4">致________________（承包单位）：
由于____________________原因，现通知你方必须于______年____月____日____时起，对本工程的________________部位（工序）实施暂停施工，并按下述要求做好各项工作：

监理单位名称：
总监理工程师（签字）：</td></tr>
</table>

注：本表由监理单位签发，建设单位、监理单位、承包单位各存一份。

《表 B.6　工程暂停令》一般规定及表式：

1. 施工过程中发生了需要停工处理事件，总监理工程师签发停工指令用表。

2. 工程暂停指令，总监理工程师应根据暂停工程的影响范围和影响程度，按承包合同和委托监理合同的约定签发。

3. 工程暂停原因是由于承包单位的原因造成时，承包单位申请复工时，除了填报工程复工报审表外，还应报送针对导致停工原因所进行的整改工作报告等有关材料。

4. 工程暂停原因是由于非承包单位的原因造成时，也就是建设单位的原因和应由建设单位承担责任的风险和其他事件时，总监理工程师在签发工程暂停令之后，应尽快按承包合同的规定处理因工程暂停引起的与工期、费用等有关的问题。

5. 表列子项：

（1）由于原因：应简明扼要的准确填写工程暂停原因。工程暂停原因应符合《建设工程监理规范》（GB 50319—2013）第 6.2.11 条要求或其他特殊事件。

（2）______ 部位（工序）：填写本暂停指令所停工工程项目的范围。

（3）要求做好各项工作：指工程暂停后要求承包单位所做的有关工作，如对停工工程的保护措施，针对工程质量问题的整改、预防措施等。

表 B.7 工程临时/最终延期审批表

编号：□□□□□□□□□□

<table>
<tr><td>工程名称</td><td colspan="3"></td></tr>
<tr><td>地　　点</td><td></td><td>日　　期</td><td></td></tr>
<tr><td colspan="4">致________________（承包单位）：
根据施工合同条款________________条的规定，我方对你方提出的第（______）号关于________________工程延期申请，要求延长工期______日历天数，经过我方审核评估：
□同意工期延长______日历天数，竣工日期（包括已指令延长的工期）从原来的__年___月___日延长到___年___月___日。请你方执行。
□不同意延长工期，请按约定竣工日期组织施工。

说明：

监理单位名称：
总监理工程师（签字）：</td></tr>
</table>

注：本表由监理单位签发，建设单位、监理单位、承包单位各存一份。

《表 B.7　工程临时/最终延期审批表》临时一般规定及表式：

1. 总监理工程师在签认工程延期前应与建设单位、承包单位协商，宜与费用索赔一并考虑处理。

2. 总监理工程师应在施工合同约定的期限内签发工程临时延期审批表或发出要求承包单位提交有关延期的进一步详细资料的通知。

3. 临时批准延期时间不能长于工程最终延期批准的时间。

4. 项目监理机构在审查工程延期时，应依下列情况确定批准工程延期的时间：

（1）施工合同中有关工程延期的约定。

（2）工期拖延和影响工期事件的事实和程度。

（3）影响工期事件对工期影响的量化程度。

5. 审查意见：专业监理工程师对所报资料进行审查，与监理同期记录进行核对、计算，并将审查情况报告总监理工程师。总监理工程师同意临时延期时在暂时同意工期延长前"□"内划"√"，延期天数按核定天数。"使竣工日期"指"合同竣工日期"；"延迟到的竣工日期"指"合同竣工日期"加上暂同意延期天数后的日期。否则，在不同意延长工期前"□"内划"√"。

6. 说明：指总监理工程师同意或不同意工程临时延期的理由和依据。

《表 B.7　工程临时/最终延期审批表》最终一般规定及表式：

1. 工程最终延期审批是在影响工期事件结束，承包单位提出最后一个工程临时延期申请表批准后，经项目监理机构详细的研究评审影响工期事件全过程对工程总工期的影响后批准承包单位有效延期时间。

2. 总监理工程师在签认工程延期前应与建设单位、承包单位协商，宜与费用索赔一并考虑处理。

3. 表列子项：

（1）根据施工合同条款____条的规定，我方对你方提出的____工程延期申请……：分别填写处理本次延长工期所依据的承包合同条目和承包单位申请延长工期的原因。

（2）第（____）号：填写承包单位提出的最后一个工程临时延期申请表编号。

（3）若不符合承包合同约定的工程延期条款或经计算不影响最终工期，项目监理机构在不同意延长工期前"□"内划"√"，需延长工期时应明确写明"同意"。

（4）同意工期延长的日历天数：由于影响工期时间原因使最终工期延长的总天数。

（5）原竣工日期：指承包合同签订的工程竣工日期或已批准的竣工日期。

（6）延迟到的竣工日期：原竣工日期加上同意工期延长的日历天数后的日期。

4. 说明：翔实说明本次影响工期事件和工期拖延的事实和程度、处理本次延长工期所依据的施工合同条款、工期延长计算所采用的方法及计算过程等。

表 B.8　费用索赔审批表

编号：□□□□□□□□□□

<table>
<tr><td>工程名称</td><td colspan="3"></td></tr>
<tr><td>地　　点</td><td></td><td>日　　期</td><td></td></tr>
<tr><td colspan="4">致______________（承包单位）：
根据施工合同第__________条款的规定，你方提出的第（____）号关于__________费用索赔申请，索赔金额共计人民币（大写）__________，（小写）__________。
经我方审核评估：
□ 不同意此项索赔。
□ 同意此项索赔，金额为（大写）__________。
理由：

索赔金额的计算：

监理单位名称：
监理工程师（签字）：
总监理工程师（签字）：</td></tr>
</table>

注：本表由监理单位签发，建设单位、监理单位、承包单位各存一份。

《表 B. 8　费用索赔审批表》填表说明：

1. 同意/不同意索赔的理由：指总监理工程师同意、部分同意或不同意索赔的理由和依据。

2. 索赔金额的计算：指项目监理机构对索赔金额的计算过程及方法。

3. 项目监理机构处理费用索赔的依据：

（1）国家有关法律、法规和工程项目所在地的地方法规。

（2）本工程的施工合同文件。

（3）国家、部门和地方有关的标准、规范和定额。

（4）施工合同履行过程中与索赔事件有关的凭证。

4. 承包单位提出费用索赔的理由同时满足以下条件时，项目监理机构予以受理：

（1）索赔事件造成了承包单位直接经济损失。

（2）索赔事件是由于非承包单位的责任发生的。

（3）承包事件已按照施工合同规定的期限和程序提出费用索赔意向通知书及费用索赔申请表，另附有索赔凭证材料。

5. 监理机构处理费用索赔程序：

（1）收到承包单位在承包合同规定的期限内向项目监理机构提交对建设单位的费用索赔意向通知书。

（2）总监理工程师指定专业监理工程师收集与索赔有关资料。

（3）承包单位在承包合同规定的期限内向项目监理机构提交对建设单位的费用索赔申请表。

（4）总监理工程师初步审查费用索赔申请表，符合上述第四条时予以受理。

（5）总监理工程师进行费用索赔审查，并在初步确定一个额度后与承包单位和建设单位进行协商。

（6）总监理工程师应在施工合同规定的期限内签署费用索赔审批表，或发出要求承包单位提交有关索赔报告的进一步详细资料的通知，待收到承包单位提交的详细资料后，按本条 4、5、6 款的程序进行。

表 B.9 工程款支付证书

编号：□□□□□□□□□□

<table>
<tr><td>工程名称</td><td colspan="3"></td></tr>
<tr><td>地　　点</td><td></td><td>日　　期</td><td></td></tr>
<tr><td colspan="4">致____________________（建设单位）：
根据施工合同规定，经审核承包单位的付款申请和报表，并扣除有关款项，同意本期支付工程款共计（大写）________________，（小写）______________，请按合同规定及时付款。
其中：1. 承包单位申报款为：____________________
2. 经审核承包单位应得款为：________________
3. 本期应扣款为：______________________
4. 本期应付款为：______________________
附件：1. 承包单位工程付款申请表及附件
2. 项目监理机构审查记录

监理单位名称：
总监理工程师（签字）：</td></tr>
</table>

注：本表由监理单位签发，建设单位、监理单位、承包单位各存一份。

《表 B.9　工程款支付证书》填表说明：

1. 工程款支付证书是项目监理机构在收到承包单位的工程款支付申请表，根据承包合同和有关规定审查复核后签署的应向承包单位交付工程款的证明文件。

2. 承包单位申报款：指承包单位向项目监理机构申报工程款支付申请表中申报的工程款额。

3. 经审核承包单位应得款：指专业监理工程师对承包单位填报的工程款支付申请表审核后核定的工程款额，包括合同内工程款、工程变更增减费用、经批准的索赔费用等。

4. 本期应扣款：指根据承包合同的约定本期应扣除的预付款、保留金及其他应扣除的工程款的总和。

5. 本期应付款：指经审核承包单位应得款扣除本期应扣款的余额。

6. 承包单位工程付款申请表及附件：指承包单位向监理机构申报的工程款支付申请表及其附件。

7. 项目监理机构审查记录：指总监理工程师指定专业监理工程师，对承包单位向监理机构申报的工程款支付申请表及其附件的审查记录。

表 B.10 竣工移交证书

<table>
<tr><td>工程名称</td><td colspan="3"></td></tr>
<tr><td>地　　点</td><td></td><td>日　　期</td><td></td></tr>
<tr><td colspan="4">致________________________（建设单位）：
兹证明承包单位________________________施工的______________工程，已按施工合同的要求完成，并验收合格，即日起该工程移交建设单位管理，并进入保修期。
附件：单位工程验收记录</td></tr>
<tr><td colspan="2">总监理工程师（签字）</td><td colspan="2">监理单位（章）</td></tr>
<tr><td colspan="2">日期：</td><td colspan="2">日期：</td></tr>
<tr><td colspan="2">建设单位代表（签字）</td><td colspan="2">建设单位（章）</td></tr>
<tr><td colspan="2">日期：</td><td colspan="2">日期：</td></tr>
</table>

注：本表由监理单位签发，建设单位、监理单位、承包单位各存一份。

C　各方通用表

表 C. 1　监理工作联系单

表 C. 2　工程变更单

表 C. 3　见证取样记录

表 C. 4　见证取样试验（记录）汇总表

表 C.1 监理工作联系单

工程名称： 编号：□□□□□□□□□□

致________________________单位： 事由： 内容： 单位： 负责人： 日期：

注：重要工作联系单应加盖单位公章，相关单位各存一份。

《表 C.1 监理工作联系单》一般规定及表式：

1. 工作联系单是在施工过程中，与监理有关各方工作联系用表。既与监理有关的某一方需向另一方或几方告知某一事项，或督促某项工作，或提出某项建议等，对方执行情况不需要书面回复时均用此表。

2. 表列子项：

（1）事由：指需联系事项的主题。

（2）内容：指需联系事项的详细说明。要求内容完整、齐全，技术用语规范，文字简练明了。

（3）单位：指提出监理工作联系事项的单位。填写本工程现场管理机构名称全称并加盖公章。

（4）负责人：指提出监理工作联系事项的单位在本工程中的负责人。

表 C.2　工程变更单

编号：□□□□□□□□□□□□

<table>
<tr><td>工程名称</td><td colspan="3"></td></tr>
<tr><td>地　　点</td><td></td><td>日　　期</td><td></td></tr>
<tr><td colspan="4">致＿＿＿＿＿＿＿＿＿＿＿＿（监理单位）：
由于＿＿＿＿＿＿＿＿＿＿＿＿＿＿＿＿的原因，兹提出＿＿＿＿＿＿＿＿＿＿＿＿＿＿＿＿＿＿＿＿工程变更（内容详见附件），请予以审批。
附件：

提出单位名称：
提出单位负责人（签字）：</td></tr>
<tr><td colspan="4">一致意见：</td></tr>
<tr><td>建设单位代表
（签字）：

日期：</td><td>设计单位代表
（签字）：

日期：</td><td>监理单位代表
（签字）：

日期：</td><td>承包单位代表
（签字）：

日期：</td></tr>
</table>

注：本表由提出单位填报，有关单位会签，并各存一份。

《表 C.2　工程变更单》填表说明:

1. 附件应包括工程变更的详细内容，变更的依据，对工程造价及工程的影响程度，对工程项目功能、安全的影响分析及必要的图示。

2. 工程变更单是在施工过程中，建设单位、承包单位提出工程变更要求报项目监理机构审核确认的用表。

3. 工程变更的处理程序和要求符合《建设工程监理规范》(GB 50319—2013) 第 7.2.1 条至第 7.2.3 条的规定，有关工期、费用的处理结果应经承包单位签认。

表 C.3 见证取样记录

编号：□□□□□□□□□

工程名称：________________________________

委托单位：________________________________

取样部位：________________________________

样品名称：______________ 取样数量：______________

取样地点：______________ 取样日期：______________

见证记录：

见证人签字： 上岗证号：

取样人签字： 上岗证号：

年 月 日

注：本表由承包单位填报，经监理单位审批后，建设、监理单位留存。

《表 C.3　见证取样记录》填表说明：

1. 施工过程中，应由施工单位取样人员通知监理（建设）单位见证人共同在现场进行原材料取样和试件制件（或采用封样箱），并共同送至具备相应资质的监测机构。

2. 有见证取样的项目，凡未按规定送检或送检次数达不到要求的，其工程质量应由有相应资质的检测机构进行检测鉴定。

3. 施工过程中，见证人员应按照取样和送检计划，对施工现场的取样和送检进行见证，并由见证人、取样人签字。见证人应制作见证记录，并归入档案。

4. 下列试块、试件和材料必须实施见证取样和送检：

（1）种植土的换填。

（2）管灌工程所用的进场原材料。

（3）电气工程所用电缆及有关的控制设备。

5. 涉及结构安全的试块、试件和材料见证取样和送检的比例不得低于有关技术标准中规定的应取样数量的 30%。

6. 本表适合于节水灌溉工程的管材管件、施工材料、电缆电器、土方工程土样的送检等。

表 C.4　见证取样试验（记录）汇总表

编号：□□□□□□□□□□

工程名称				试验名称			
序号	规格型号	试验单编号（页次）	份数	主要使用部位	试验室名称	见证记录编号（页次）	备注（日期）

注：本表由承包单位填报，经监理单位审批后，建设、监理单位留存。

《表 C.4　见证取样试验（记录）汇总表》填表说明：

1. 适用于本规程各类见证取样试验报告的汇总，汇总表及所附试验报告按资料编目位置列于同类试验资料之首，本表也可用于见证取样记录的汇总。

2. 单位工程施工前，施工单位应编制施工试验计划，报送监理单位。施工试验计划的编制应科学、合理，保证取样的连续性和均匀性。计划的实施和落实应由项目技术负责人负责。

3. 施工过程中，应由施工单位取样人员通知监理（建设）单位见证人共同在现场进行原材料取样和试件制作，并共同（或采用封样箱）送至具备相应资质的检测机构。

4. 有见证取样的项目，凡未按规定送检或送检次数达不到要求的，其工程质量应由有相应资质的检测机构进行检测鉴定。

5. 施工过程中，见证人员应按照取样和送检计划，对施工现场的取样和送检进行见证，并由见证人、取样人签字。见证人应制作见证记录，并归入档案。

6. 下列试块、试件和材料必须实施见证取样和送检。

（1）国家和自治区规定应实行见证取样和送检的试块、试件和材料。

（2）种植土的换填。

（3）苗木存在检疫的病虫害。

（4）管灌工程所用的进场原材料。

（5）工程所用电缆及有关的控制设备。

附录2
营造林工程质量管理文件

国家林业局关于造林质量事故行政责任追究制度的规定

（林造发〔2001〕416号，国家林业局2001年9月24日印发；2012年10月23日，国家林业局2012年第9号公告失效或废止）

实行造林质量事故行政责任追究制度，是加强造林质量、巩固造林成果、确保造林成效的重要措施，对于防范造林质量事故，加速森林资源培育，具有十分重要的意义。为此，国家林业局组织制定并颁发了《国家林业局关于造林质量事故行政责任追究制度的规定》。全文如下：

第一条 为加强造林管理，提高造林质量和效益，依据《中华人民共和国森林法》《中华人民共和国森林法实施条例》制定本规定。

第二条 本规定所称造林是指连片0.67公顷以上（含0.67公顷）的宜林荒山、荒地、荒沙、荒滩（简称“四荒”，下同）人工造林，采伐、火烧迹地更新（简称“迹地更新”，下同）造林，低效林改造和补植、补造；乔木林带和灌木林带两行以上（包括两行）、林带宽度超过4米（灌木3米）、连续面积0.67公顷以上（含0.67公顷）的造林。

第三条 各种造林，包括国家、集体、合作、国有企业等的造林，必须执行本规定。对外商、民营企业和个体私营经营等的造林管理可参照执行。法律、法规另有规定的除外。

第四条 实行领导干部保护、发展森林资源任期目标责任制。地方各级人民政府根据本行政区经济社会和生态环境发展需要制定植树造林长远规划和年度造林计划，组织各行各业和城乡居民完成植树造林规划和年度造林计划确定的任务；县级人民政府对本行政区内当年造林的情况应组织检查验收。

地方各级人民政府应当组织有关部门建立护林组织，负责护林工作；根据实际需要在大面积林区增加护林设施，加强森林保护；督促有林的和林区的基层单位，划定护林责任区，配备专职或兼职护林员，建立护林公约，组织群众护林。

第五条 国家对造林绿化实行部门和单位负责制。属于国家所有的宜林“四荒”，由林业主管部门和其他主管部门组织造林；属于集体所有的宜林“四荒”，由集体经济组织组织造林；属于个人以租赁、拍卖等形式获得使用权的宜林“四荒”，由个人负责造林。

铁路公路两旁、江河两岸、湖泊水库周围，各有关主管单位是造林绿化的责任单位。工矿区，机关、学校用地，部队营区以及农场、牧场、渔场经营地区，各该单位是造林绿化的责任单位。

责任单位的造林绿化任务，由所在地的县（市、区、旗）级（简称“县级”，下同）人民政府下达责任通知书，予以确认。

第六条 地方各级林业主管部门根据同级人民政府制订的植树造林长远规划组织编制造林总体设计、作业设计和年度造林计划，确定各造林责任部门和单位的造林绿化责任，报同级人民政府下达责任通知书。

第七条 实行采伐迹地更新与林木采伐许可证发放挂钩制度。对没有按规定完成迹地更新造林任务的林木采伐单位或个人，暂停核发林木采伐许可证，直至完成迹地更新造林任务为止。

第八条 造林坚持统一规划、分级管理和适地适树适种源、良种壮苗、科学栽植的原则。

造林种苗要达到或超过国家和省级标准规定的质量指标，提高林木良种使用率。采用先进的栽培技术，推广先进、适用科技成果，提高造林质量。大力发展优良乡土树种，营造针阔混交林。采用穴状、鱼鳞坑、带状等整地方式，保留原生植被带，维护林地生物多样性，防止水土流失。

第九条 各种造林（零星种植除外）必须编制造林作业设计，报县级以上林业主管部门审核同意后，严格按造林作业设计组织施工。

造林作业设计由有资质的设计单位，依据批准的项目造林规划或林业主管部门下达的年度造林计划，以造林小班为作业设计单位编制。造林作业设计成果包括作业设计说明书和作业设计图。

第十条 造林当年以各级人民政府及其林业主管部门下达造林计划和造林作业设计作为检查验收依据。县级人民政府组织全面自查，省、地（市）两级林业主管部门联合检查，国家林业局抽查。检查（含自查、抽查，下同）必须严格按照造林检查验收的有关规定执行。检查单位和检查人员必须对造林检查验收结果全面负责，对造林质量进行综合评价，并将每次检查的数据记录于相应的造林档案。

（一）造林成效检查验收内容：面积核实率、合格率、成活率、作业设计率、建档率、检查验收率；

（二）抚育管护检查内容：抚育率、管护率、造林保存率以及抚育措施、数量、质量、幼林生长情况。

国家林业局根据各地统计上报的上一年度的人工造林、更新造林面积，组织开展全国人工造林、更新造林实绩核查，核查内容、方法、标准等按有关规定执行。

第十一条 县级以上林业主管部门要加强本行政区域内各种造林项目管理，建立造林档案，并逐步完善国家、省、地、县四级造林管理信息系统。外商、民营企业、个体私营等投资的造林项目也要建立档案，报当地林业主管部门备案。

第十二条 除不可抗拒的自然灾害原因外，有下列情形之一的，视为发生造林质量事故。

（一）连续两年未完成更新造林任务的；

（二）当年更新造林面积未达到应更新造林面积50%；

（三）除国家特别规定的干旱、半干旱地区以及沙荒风口、严重水土流失区外，更新造林经第二年补植成活率仍未达到85%的；

（四）植树造林责任单位未按照所在地县级人民政府的要求按时完成造林任务的；

（五）宜林“四荒”当年造林成活率低于40%的；年均降水量在400毫米以上地区及

灌溉造林，当年成活率 41%~84%，第二年补植仍未达到 85%的；年均降水量在 400 毫米以下地区，当年成活率 41%~69%，第二年补植仍未达到 70%的。

第十三条 造林质量事故标准分为三级：一般质量事故、重大质量事故和特大质量事故。

（一）一般质量事故：国家重点林业工程连片造林质量事故面积 33. 3 公顷以下；其他连片造林质量事故面积 66. 7 公顷以下；

（二）重大质量事故：国家重点林业工程连片造林质量事故面积 33. 4~66. 7 公顷；其他连片造林质量事故面积 66. 8~333. 3 公顷；

（三）特大质量事故：国家重点林业工程连片造林质量事故面积 66. 8 公顷以上；其他连片造林质量事故面积 333. 4 公顷以上。

第十四条 由于下列原因之一造成第十三条规定情形之一的，应依法分别追究相应立项审批单位、规划设计单位、组织实施单位、检查验收单位的相应责任；对项目法人单位和项目法人代表、直接负责的主管人员和其他直接责任人员，依法给予行政处分。

（一）未按国家规定的审批程序报批或对不符合法律、法规和规章规定的造林项目予以批准的；

（二）未经原审批单位批准随意改变项目计划内容的；

（三）不按科学进行造林设计或不按科学设计组织施工的；

（四）使用假、冒、伪、劣种子或劣质苗木造林的；

（五）对本行政区内当年造林未依法组织检查验收或检查验收工作中弄虚作假的；

（六）未建立管护经营责任制或经营责任制不落实造成造林地毁坏严重的；

（七）虚报造林作业数量和质量的；

（八）其他人为原因造成造林质量事故的。

第十五条 地方各级人民政府及其林业主管部门依照本规定应当履行职责而未履行，或者未按照规定的职责和程序履行而造成本地区发生重大、特大造林质量事故的，国家林业局将建议和督促对事故负责的本级人民政府及其林业主管部门主要领导人和直接责任人，根据情节轻重，分别给予警告、记过、记大过、降级、撤职、开除的行政处分；构成玩忽职守罪的，依法追究刑事责任。

第十六条 地方各级人民政府及其林业主管部门对重大、特大造林质量事故的预防、发生直接负责的主管人员和其他直接责任人员，比照本规定给予行政处分；构成玩忽职守罪或者其他罪的，依法追究刑事责任。

第十七条 造林质量事故由省级林业主管部门按照国家有关规定组织调查组进行调查。事故调查工作应当自事故发现之日起 30 日内完成，并由调查组提出调查报告；遇有特殊 情况的，经调查组提出并报国家林业局批准后，可以适当延长时间。调查报告应当包括依照本规定对有关责任人员追究行政责任或者其他法律责任的意见。

按照行政隶属关系，由有关行政主管部门作出相应的处理决定。对有关责任人员应当自省级林业主管部门调查报告提交之日起 30 日内作出处理决定；必要时，国家林业局可以对造林质量事故的有关责任人员，直接提出处理建议。

第十八条　任何单位和个人有权向当地或上级林业主管部门报告或举报造林质量事故情况。接到报告或者举报的有关林业主管部门，按照分级负责的原则，应当立即组织对造林质量事故进行调查处理，并将调查处理结果报同级人民政府和上一级林业主管部门。

第十九条　造林质量事故发生后，有关县级、地级和省级林业主管部门应当按照国家规定的程序和时限立即上报，不得隐瞒不报、谎报或者拖延报告，并应当配合、协助事故调查，不得以任何方式阻碍、干涉事故调查。违反规定的，国家林业局将建议地方人民政府对所属林业主管部门主要领导人给予降级或撤职的行政处分。

第二十条　省级林业主管部门应当根据本规定制定具体实施办法，报国家林业局备案。

第二十一条　本规定由国家林业局负责解释。

第二十二条　本规定自发布之日起施行。

造林质量管理暂行办法

（林造发〔2002〕92号，国家林业局2002年4月17日印发；2016年4月25日，林策发〔2016〕54号废止）

第一章　总则

第一条　为加强造林质量管理，提高造林成效，依据《中华人民共和国森林法》《中华人民共和国森林法实施条例》《中华人民共和国种子法》《中华人民共和国防沙治沙法》等有关法律、法规，制定本办法。

第二条　国有、国有集体合作、集体的造林，必须执行本办法；对国际合作、外资、私营企业和个人的造林管理，可参照执行。法律、法规另有规定的除外。

第三条　坚持质量第一的原则。按照全面质量管理的要求，实行事前指导、事中检查、事后验收的三环节管理，健全组织机构，规范管理制度，建立简便易行、科学有效的造林质量、技术管理和质量保证体系，提高造林管理水平，确保造林质量与成效。

第四条　实行造林全过程质量管理制度。将人工造林、更新造林全过程分解为规划、总体设计、年度计划、作业设计、种子准备、整地栽植、抚育管护等主要工序，并对各工序进行检查验收。

第五条　造林工序及检查验收，按照国家、行业标准和国家有关造林技术规定、办法执行；凡前述标准、规定和办法未涉及的，或经国务院林业行政主管部门批准有特殊规定的造林项目，参照项目或地方标准、规定和办法执行。

第六条　实行技术培训分级负责和持证上岗制度。造林主要工序及检查验收的相关人员，要先培训、后上岗。凡列为林业行业关键岗位的，必须在省级以上林业行政主管部门认定的关键岗位培训单位接受专门培训，持国务院林业行政主管部门监制的林业行业《关键岗位上岗资格证》上岗。

第七条　自然保护区的造林工程，暂由自然保护区按其总体规划及保护工作的实际需要安排，由林业行政主管部门负责检查验收。

第二章　计划管理

第八条　各级林业行政主管部门应根据本行政区经济、社会和生态环境建设需要及森林资源状况提出林业长远规划。县级林业行政主管部门根据本县的林业长远规划，组织编制植树造林规划，确定各造林责任部门和单位的造林绿化责任，报县级人民政府批准并下达责任通知书。

第九条　年度造林计划编制实行“自下而上、上下结合”的编制方法。各级林业行政主管部门依据植树造林规划及有关工程规划和实施方案，编制年度造林建议计划并逐级上报。国务院林业行政主管部门对各省年度造林建议计划汇总审核后报国家计委，申请下达年度造林计划。

第十条 年度造林计划一经下达，必须严格执行，任何单位不得擅自变更。如确需变更，需报原审批部门批准。

第十一条 地方人民政府负责组织并完成辖区内植树造林规划和年度造林计划确定的任务；县级人民政府林业行政主管部门（国有森工企业，下同）对本行政区域（施业区，下同）内当年造林情况应当组织检查验收。

第三章 设计管理

第十二条 造林项目要严格按照国家规定的基本建设程序进行管理，由具备资质的单位按批准的建设项目组织设计，按设计组织施工，按标准组织验收。各级林业行政主管部门要会同有关部门加强对造林项目实施方案、总体设计、作业设计等编制的组织指导，保证设计与施工的质量。要实行造林项目设计质量负责制，依法对各类设计进行管理。

第十三条 人工造林作业设计必须在施工作业上一年度、人工更新造林作业设计应在整地前 3 个月内，由县级林业行政主管部门委托有资质的调查设计单位或专业技术队伍编制完成，报地级林业行政主管部门审核同意后组织实施，并报省级林业行政主管部门备案，作为检查验收依据。

作业设计一经批准，不得随意变更；确需变更的，必须由建设单位提出申请，委托设计单位作出相应修改后，报原批准部门重新审批。没有作业设计或作业设计未经批准的，不得组织实施。

第十四条 造林作业设计以批准的造林总体设计、工程实施方案和上级下达的年度造林计划为依据，以县为单位分项目编制，以造林小班为作业设计单元。造林作业设计文件包括作业设计说明书、作业设计表和作业设计图：

（一）作业设计说明书。主要包括基本情况、设计原则与依据、范围与布局、造林技术设计、种苗设计、森林保护及配套基础设施施工设计、工作量与投资预算、效益评价、管理措施等；

（二）作业设计表。包括基本情况表、造林作业设计一览表及汇总表、分树种种苗需求量表、森林保护及配套基础设施年度作业设计表、投资预算表等；

（三）作业设计图。包括以地形图为底图的造林小班设计图（1/5000 或 1/10000）和位置图（1/25000 或 1/50000）、造林模式示意图、森林保护及配套基础设施施工设计图等。

第十五条 加强森林保护及配套基础设施建设，做到同步规划、同步设计、同步施工、同步验收。认真搞好森林火灾的预防和森林病虫鼠害的预测、预报、防治、监测、检疫工作，积极采取生物措施，降低森林火灾、森林病虫害的发生率和成灾率，减少森林灾害损失。

第十六条 生态公益林建设禁止大面积纯林设计，提倡混交林设计。新造林原则上单个无性系集中连片营造面积不得超过 20 公顷，单块纯林面积不得超过 200 公顷，与纯林相邻小班必须更换树种或营造混交林。

第十七条 严格实行造林作业设计检查验收与审查批复制度。各级林业行政主管部门要对外业调查、内业设计予以详尽的检查与验收，确保设计成果质量。

第四章 种子管理

第十八条 认真贯彻落实《种子法》，建立健全林木种子生产、经营许可证制度，严格种子检验、检疫，保证种子质量。

本办法所称林木种子（简称种子，下同），是指林木的种植材料或者繁殖材料，包括籽粒、果实和根、茎、苗、芽、叶等。

第十九条 坚持适地适树适种源、良种壮苗的原则。推行种子质量负责制，加强种子质量的监督检查管理，把好种子质量关。提倡就地造林就近育苗，实行定点育苗、合同育苗、定向供应；必须在树种（品系）适生区内调运种子。

第二十条 严格实行种子分级制度。生产单位要按有关规定对种子进行分级；种子质量检验机构要对种子进行检验，确定种子质量等级，核发种子质量检验证；达不到国家、行业或地方规定种用标准的，不得用于造林；经检疫和验收合格方可用于造林。

第二十一条 要确保种子生产数量和质量。国家重点生态建设的造林项目，要优先使用经国家或省级审定的林木良种或种子生产基地生产的种子，要根据工程设计所要求的等级使用种子；任何部门和单位不得购买、使用无种子生产许可证、种子经营许可证、良种使用证、种子质量检验证、植物检疫证（简称“五证”，下同）的单位或个人生产的种子。

第二十二条 新品种（含品系等）的引进必须按林木引种程序，经过一个轮伐期以上引种试验成功，并通过国家或省级林木良种审定委员会审定（或认定）的林木良种方能大面积应用生产。

自然保护区的实验区需要实施人工造林的，不得引进非本地物种及新品种（含品系等）。

第五章 施工管理

第二十三条 坚持分类经营、定向培育、科学栽植、精心管护的原则。推广应用先进科技成果和实用技术，大力发展优良乡土树种，提倡营造混交林（包括人工天然混交林）。

第二十四条 强化造林作业工序管理。清林整地、栽植覆土、补植抚育等每项作业都要在监理人员或技术人员（现场员）的指导监督下进行。对作业质量不合格的，要责令立即返工，做到造林作业全过程质量管理与控制。

第二十五条 采用穴状、鱼鳞坑、带状等整地方式，保留原生植被，防止水土流失。坡度 25 度以上禁止全垦整地。因特殊情况确需炼山整地的，必须经县级以上人民政府或授权单位批准，并采取安全措施，在森林特别防火期内禁止炼山整地作业。

第二十六条 要认真做好起苗、分级、运输、假植、栽植等各生产工序的管理，按有关规程、标准、细则所规定的生产程序实施作业，保证苗木的形态、生理、活力指标，努力避免苗根暴露时间过长、苗木失水、栽植不规范等严重影响成活的现象发生。

第二十七条 要认真做好造林后的补植补播工作。凡当年造林成活率达不到国家规定合格标准的需补植补播地块，要在下一年度内进行补植补播，使其尽快达到国家规定合格标准。

第六章 抚育管护

第二十八条 要全面加强新造林地的抚育管护工作，严格执行造林作业设计文件要求的生产作业内容和规格标准，及时实施扩穴培土、割灌除草、浇水施肥、清沙等抚育作业。

第二十九条 地方各级人民政府应当组织有关部门建立护林组织，负责护林工作；根据实际需要在大面积林区增加护林设施，加强新造林地保护；督促有林的和林区的基层单位，划定护林责任区，配备专职或兼职护林员，建立护林公约，组织群众护林。

第三十条 全面推行新造林地管护责任制，做到管护措施到位、管护人员到位、管护经费到位、管护责任到位。积极推行个体承包经营管护责任制。管护责任制以合同的方式与管护单位或承包者的利益挂钩，实行奖励与惩罚结合。

第七章 工程项目管理

第三十一条 国家投资的林业重点工程的造林项目实行工程项目管理；地方投资造林工程项目参照工程项目进行管理。

第三十二条 推行造林工程项目招投标制度或技术承包责任制度。国家单项投资在50万元以上的种子或基础设施等建设项目，实行招投标；推行有资质的造林专业队（工程队或公司，下同）承包造林；其他造林项目可由县级林业行政主管部门做好组织、指导、监督和提供技术咨询服务等工作，实行技术承包。

第三十三条 造林专业队的资质条件根据承担工程量的大小分别由省、地、县级林业行政主管部门按以下条件及有关规定进行审查认定，并实行年审制度。造林专业队必须具备以下基本条件：

（一）有从事营造林工作3年以上经历，且具有林业中级以上技术职称或相当学历的人员2名以上；

（二）取得林木种苗工、造林更新工等林业行业职业资格鉴定证书的技术工人3名以上；

（三）持有法人营业执照。

第三十四条 实行造林目标管理责任制。国家、省、地、县四级林业行政主管部门逐级签订造林目标管理责任状，每年考核一次，兑现奖惩。项目负责人是造林质量的第一责任人，要把造林质量作为考核负责人业绩的主要内容。

第三十五条 实行造林合同制管理。造林工程项目建设单位与承建单位或个人签订造林合同，合同文本由各省根据本地实际情况统一作出规定，但合同内容必须明确造林面积、作业方式、造林时间、技术要求、质量标准、验收程序、双方的权利和义务、违约责任及其他需要约定的事项。

第三十六条 造林合同一经签订，不允许擅自转包或分包。各级林业行政主管部门对本辖区内所发现的擅自转包或分包行为要及时进行调查处理；不调查、不处理的，其上一级林业行政主管部门要追究该主管部门及有关领导人员的责任。

第三十七条 造林合同执行过程发生合同纠纷时，由建设单位与承建单位或个人协商解决；协商不能解决的，任何一方都可以向有管辖权的人民法院提起诉讼。

第三十八条 推行造林工程项目监理制。国家单项投资50万元以上的造林工程项目，逐步实现聘请有造林监理资质的单位，对承建单位的造林施工质量进行全过程的监理，确保按作业设计进行施工和每个造林环节的施工质量符合设计要求。未实行造林监理的，县级林业行政主管部门要委派专业技术人员现场指导、监督，实行技术承包责任制。

第三十九条 从事造林监理人员必须持有国务院林业行政主管部门颁发的上岗证。

第四十条 造林监理单位应按委托监理合同规定，向建设单位提交监理旬报、月报、季报、年报和工程质量、投资方面的统计报表、情况报告等。造林工程项目竣工验收后，造林监理单位向建设单位提交监理总结报告。

第四十一条 推行造林报账制管理。要把造林资金使用与实际完成造林工作数量和质量挂钩。可采取预拨造林资金或由实施单位全额垫付，以县为单位，依据造林检查验收结果分期分批报账。

（一）造林结束后，林业行政主管部门组织检查验收，签发《施工合格证》(附件1)，依据《施工合格证》支付造林总费用的50%；

（二）造林当年，林业行政主管部门组织检查验收，签发《造林质量合格证》(附件2)，依据《造林质量合格证》支付造林总费用的30%；

（三）第2年，林业行政主管部门组织检查验收，签发《抚育管护作业质量合格证》(附件3)，依据《抚育管护作业质量合格证》支付造林总费用的10%；

（四）第3年，林业行政主管部门组织检查验收，签发《造林验收合格证》(附件4)，依据《造林验收合格证》支付造林总费用的10%。

第八章 检查验收管理

第四十二条 实行造林质量指导监督、检查验收制度。林业行政主管部门要依据有关标准、规定对造林作业数量和质量，实行严格的质量监督与检查验收。

第四十三条 实行造林项目检查验收制度。造林检查验收包括年度检查、阶段验收、竣工验收。

（一）年度检查：分别由国家、省、地、县，定期对所管造林工程项目建设情况进行全面或按比例检查；

（二）阶段验收：每3~5年为一个阶段，由县、地、省、国家自下而上逐级进行验收；

（三）竣工验收：造林工程项目全面完成后，在县、地、省逐级完成验收的基础上，国务院林业行政主管部门会同国家有关部门共同组织竣工验收。

第四十四条 检查验收主要内容：作业设计、苗木标准、造林面积、建档情况、混交类型以及“五证”等。具体考核指标为作业设计率、苗木合格率、面积核实率、成活率、面积合格率；抚育率、管护率、混交率；保存率；建档率、检查验收率以及生长情况、病虫危害情况、森林保护和配套设施施工情况等。

第四十五条 检查验收程序：

（一）县级自查。造林当年，以各级人民政府及其林业行政主管部门下达的造林计划和造林作业设计作为检查验收依据，县级负责组织全面自查，提出验收报告报地级林业行政主管部门，地级林业行政主管部门审核后，报省级林业行政主管部门。

（二）省级（地级）抽查。在县级上报验收报告的基础上，地级林业行政主管部门严格按照造林检查验收的有关规定组织抽样复查，省级林业行政主管部门根据实际需要组织抽样复查或组织工程专项检查，汇总报国务院林业行政主管部门。

（三）国家级核查。根据省级上报的验收报告、统计上报的年度造林完成面积，国务院林业行政主管部门组织对造林进行核（检）查，纳入全国人工造林、更新实绩核查体系中，并将核（检）查结果通报全国。

第四十六条 检查验收方法。采取随机、机械、分层抽样等方法进行抽样，被抽中的小班，以作业设计文件、验收卡等技术档案为依据，按照造林质量标准，实地检查核对，统计评价。

国家级核查比例实行县、省两级指标控制的办法，即以县为基本单元，核查县数量比例不低于10%，所抽中的县抽查面积不低于上报面积的5%；以省为单位计算，抽查面积不低于上报面积的1%。省级（地级）检查，在保证检查精度的原则下，由各地根据实际情况自行确定。

第四十七条 各级林业行政主管部门要设立举报电话和举报信箱，认真受理举报电话和信件，自觉接受社会、舆论和群众监督。根据群众举报和有关部门或新闻单位反映的问题，按照事权划分原则，林业行政主管部门可牵头组成检查组进行直接检查。

第九章 信息档案管理

第四十八条 国家、省、地、县要建立科技支撑和实用技术应用保障体系，加强技术培训，积极应用最新的实用科技成果，完善效益监测和评价体系，完成年度监测工作。

第四十九条 要逐步建立国家、省、地、县四级造林质量管理信息系统，实行信息化和网络化管理。要积极推广应用地理信息系统（GIS）、全球定位系统（GPS）、遥感（RS）技术（简称“3S”技术），提高造林管理水平。县级以上林业行政主管部门要按照有关规定及时、准确、全面逐级上报当年造林执行情况。

第五十条 实行造林档案管理制度。各级林业行政主管部门要严格按照国家档案管理的有关规定，及时收集、整理造林各环节的文件及图面资料，建立健全造林技术档案。国际合作、外资、民营、私营等投资的造林项目也要建立档案，报当地林业行政主管部门备案。

第十章　奖惩管理

第五十一条　各级林业行政主管部门在造林项目实施过程中，对造林质量先进集体和个人予以表彰奖励，激励广大干部职工积极投入造林绿化工作，提高造林质量。

第五十二条　实行造林质量检查验收通报制度。凡因人为原因出现下列情况之一的，国务院林业行政主管部门将给予通报，并视情节轻重，对造林工程项目进行缓建、停建或调减。

（一）未经批准随意变更造林任务和建设内容的；

（二）使用无“五证”或使用假、冒、伪、劣种子造林的；

（三）不按国家标准、规程进行造林设计或不按技术规程组织施工的；

（四）欺上瞒下、虚报造林数量和质量，未按计划完成造林任务的；

（五）挤占、截留、挪用造林投资的；

（六）地方配套资金不能按时足额到位，严重影响造林进度和质量的；

（七）在检查验收中弄虚作假的；

（八）未达到国家规定的造林质量标准的。

第五十三条　因人为原因造成造林质量事故的，依照《国家林业局关于造林质量事故行政责任追究制度的规定》，追究有关人员的责任。

第十一章　附则

第五十四条　各省、自治区、直辖市林业行政主管部门根据本办法，制定本辖区的实施细则，报国务院林业行政主管部门备案。

第五十五条　飞播造林（治沙）执行《全国飞播造林（治沙）工程管理办法》（试行）。

第五十六条　封山（沙）育林及人工促进天然更新、森林抚育（含低质林改造）和森林管护，可参照本办法执行。

第五十七条　本办法由国家林业局负责解释。

第五十八条　本办法自发布之日起施行，凡与本办法不符的，以本办法为准。

国家林业局关于成立国家林业局营造林质量稽查办公室的通知

（林人发〔2003〕58号，国家林业局2003年4月22日印发）

各省、自治区、直辖市林业（农林）厅（局），内蒙古、吉林、龙江、大兴安岭森工（林业）集团公司，新疆生产建设兵团林业局，国家林业局各直属单位：

为加强营造林质量管理，适应六大林业重点工程建设需要，经研究决定，成立国家林业局营造林质量稽查办公室。现就有关事项通知如下：

一、国家林业局营造林质量稽查办公室（简称营造林质量稽查办，下同）设在我局植树造林司，日常工作由植树造林司造林质量管理处承担。

二、营造林质量稽查办的主要职责是：

（一）参与制定全国营造林质量的政策、法规、办法、标准，并监督执行；

（二）负责组织开展营造林质量检查工作；

（三）承担群众举报的营造林质量事件的受理工作；

（四）负责重大或领导批示的营造林质量事件的督办和查处工作；

（五）负责全国营造林质量事件的统计、分析、汇总工作；

（六）指导省级营造林质量事件举报受理机构的工作，开展营造林质量相关业务培训工作。

特此通知。

国家林业局

二〇〇三年四月二十二日

国家林业局关于申请建立注册营造林工程师执业资格制度的函

（林函人字〔2003〕101号，国家林业局2003年7月29日印发）

人事部：

根据《职业资格证书制度暂行规定》的有关规定，结合林业发展需要，经研究，我局申请建立注册营造林工程师执业资格制度；并将其纳入全国执业资格制度体系统一管理。现将建立该项制度的必要性说明如下：

一、林业生态建设工程的作用和地位，需要建立执业资格制度

在相当长的时间内，由于对森林无节制的开发利用，导致了严重的生态危机。水土流失、土地沙化、生物多样性锐减、旱涝灾害频发等，已经成为制约我国经济社会可持续发展的突出问题。党中央、国务院站在中华民族生存和发展的高度，从经济社会可持续发展的战略角度，加强了林业和生态建设，并作出了一系列的重大决策。国务院批准实施了天然林保护、退耕还林、京津风沙源治理等六大林业重点生态工程，将其全部纳入国民经济和社会发展"十五规划"，并为此准备投资几千亿元，通过10年左右的努力，来改变我国的生态状况。

2003年6月25日，中共中央、国务院又作出了《关于加快林业发展的决定》，对新世纪新阶段的林业发展做出了全面安排。在这一指导林业改革和发展的纲领性文件中明确提出：在贯彻可持续发展战略中，要赋予林业以重要地位；在生态建设中，要赋予林业以首要地位；在西部大开发中，要赋予林业以基础地位。为适应党中央、国务院对林业提出的新要求，充分发挥林业的重要作用，林业无论是指导思想、政策机制，还是具体业务工作都要进行全方位的调整和完善，建立执业资格制度就是这一新要求的必然结果。

二、林业和生态建设的特点，需要建立营造林专业执业资格制度

林业和生态建设是以营造林为主体的工程建设，其受气候、土壤、地势地貌等环境因素和当地经济社会发展状况影响很大，与建筑、道路、桥梁、水电、电力、化工等基本建设工程有本质的区别。由于同时受社会因素和自然因素的共同制约，林业和生态建设不仅要遵循生态适应性规律，还要遵循地域分布规律。并且，必须综合考虑各地区森林与水、森林与大气的关系，植被破坏、退化与治理、恢复的机理，森林生态群落的稳定性，复合农林生态系统与农林牧的协调发展，国民经济发展中的生态效益需求与木材等林产品需求的关系等一系列自然生态、社会经济方面的问题，才能实现生态、经济和社会效益的协调统一。同时，林业和生态建设还具有覆盖地域广、建设周期长、难度大的特点。

正因为林业和生态建设的复杂性和特点，需要有强有力的技术支持和指导。按照国际

通行做法和国内其他行业的经验，建设注册营造林工程师执业资格制度，对重要的专业技术岗位进行准入控制并进行严格的注册管理，将能有效地保证林业和生态建设质量与效益。

三、不断提高工程技术人员的素质以保证工程质量，需要建立营造林专业执业资格制度

目前，林业和生态建设存在的质量问题，主要集中在工程规划、设计和施工阶段。从事林业和生态工程建设规划、设计、施工的技术队伍，除林业自身的队伍外，农业、水利、环保、风景园林等领域的队伍也逐渐进入，已初步形成全社会各方面参与的局面。从目前的实际情况看，林业工程技术人员的学识、能力、水平与林业和生态建设的实际需要有许多不相适应的地方，也是出现质量问题的主要原因之一。工程技术人员与工程建设需要不相适应的方面，主要表现在知识面较窄、理论知识水平不高、新技术新理论掌握少、法律法规，特别是工程建设方面的法律法规、项目管理理论与知识相对欠缺等。采取全国统一大纲、统一命题考试的方式，获得注册营造林工程师执业资格，并要求再次注册的执业人员进行必要的培训，可以有效地促进林业工程技术人员提高业务能力和技术水平，以不断提高工程建设质量。

为促进注册营造林工程师执业资格制度尽快建立，我局进行了一系列前期准备工作，并就执业、注册、考试等问题进行了初步研究。

特此申请，请予大力支持。

国家林业局

二〇〇三年七月二十九日

国家林业局关于浙江省开展绿化造林设计施工资质审批和管理试点工作的批复

（林造发〔2003〕79号，2003年5月30日印发）

浙江省林业局：

你局《关于要求在浙江省开展绿化造林设计、施工资质审批和管理试点工作的请示》（浙林〔2003〕35号）收悉。为全面加强营造林质量监督，你省在规范绿化造林队伍资质管理方面进行了积极探索。为了更好地探索路子、积累经验，提高全国绿化造林成效，经研究，我局同意在浙江省开展绿化造林设计、施工资质审批和管理试点工作。请你局尽快制定试点工作方案并报我局备案。

特此批复。

国家林业局

二〇〇三年五月三十日

附件：

浙江省林业局关于要求在浙江省开展绿化造林设计、施工资质审批和管理试点工作的请示

（浙林〔2003〕35号）

国家林业局：

为切实提高绿化造林质量，确保绿化造林成效，根据《中华人民共和国森林法实施条例》关于绿化造林成活率的质量要求，国家林业局提出的“慎用钱、严管林、质为先”的方针和《绿化造林质量事故行政责任追究制度的规定》，以及国家林业局《造林质量管理暂行办法》中提出的“对50万元以上的绿化造林工程要实行招投标制、监理制和绿化造林设计、施工资质审批和管理”的有关规定，我们在充分调查研究和广泛征求各方面意见的基础上，制定了《浙江省绿化造林设计资质管理办法（试行）》和《浙江省绿化造林施工资质管理办法（试行）》，这是全面加强绿化造林质量监督和管理、规范绿化造林市场秩序、提高绿化造林质量行之有效的改革举措。鉴于这项工作尚处于试行阶段，为更好地探索路子、积累经验，我们要求国家林业局对这项工作给予大力支持和指导，并在我省开展绿化造林设计、施工资质审批和管理的试点工作。

以上请示，妥否？请示复。

浙江省林业局

二〇〇三年五月九日

营造林质量考核办法（试行）

（林造发〔2003〕177号，国家林业局2003年10月8日印发）

第一章　总则

第一条　为贯彻落实“严管林、慎用钱、质为先”的要求，进一步强化营造林生产管理，提高造林成效，确保营造林质量，根据《中华人民共和国森林法》《中共中央　国务院关于加快林业发展的决定》及《国家林业局造林质量管理暂行办法》等有关规定，制定本办法。

第二条　本办法适用于各省、自治区、直辖市林业（农林）厅（局），内蒙古、吉林、龙江、大兴安岭森工（林业）集团（公司）、新疆生产建设兵团林业局（简称“省级林业主管部门”，下同）营造林质量的考核。

第二章　考核内容

第三条　考核上一年度各省级林业主管部门的人工（更新）造林、飞播造林、封山育林，成林抚育、育苗生产等各项任务（简称“五项任务”，下同）的数量、质量、管理情况。

第四条　数量指标五项任务完成数量均应达到计划的100%，且其面积核实率达100%。

第五条　质量指标

（一）人工（更新）造林。

1. 主要造林树种良种使用率达30%以上；

2. 苗木合格率达95%以上；

3. 生态公益林混交比例达30%以上；

4. 核实面积合格率达95%以上；

5. 幼林抚育实际面积合格率达95%以上。

（二）飞播造林种子质量合格率达85%以上。

（三）封山育林核实面积合格率达95%以上。

（四）成林抚育实际面积合格率达95%以上。

（五）育苗生产出圃苗木合格率达95%以上。

第六条　管理指标

（一）宏观管理指标。

1. 设有营造林质量管理机构或安排专人负责；

2. 已制定并颁布本辖区内有关营造林质量管理的方针、政策、办法。

（二）营造林管理指标。

指人工（更新）造林、飞播造林、封山育林，成林抚育等每项任务的以下管理指标。

1. 作业设计率达 100%；

2. 管护率达 100%；

3. 县级自检验收率达 100%；

4. 营造林建档率达 100%。

第三章　评价标准与计算方法

第七条　根据考评内容采用百分制进行评分。作业项目不全的单位，按比例增加所具有作业项目的计分值后再进行评分。其评分标准如下：

（一）数量指标 32 分。

1. 完成计划任务 16 分，其中人工（更新）造林 4 分，飞播造林 3 分，封山育林 3 分，成林抚育 3 分，育苗生产 3 分；

2. 面积核实率 16 分，其中人工（更新）造林 4 分，飞播造林 3 分，封山育林 3 分，成林抚育 3 分，育苗生产 3 分。

（二）质量指标 50 分。

1. 人工（更新）造林（20 分）。

（1）主要造林树种良种使用率 4 分；

（2）苗木合格率 4 分；

（3）生态公益林混交比例 3 分；

（4）核实面积合格率 6 分；

（5）幼林抚育实际面积合格率 3 分。

2. 飞播造林 8 分。

3. 封山育林 8 分。

4. 成林抚育 8 分。

5. 育苗生产 6 分。

（三）管理指标 18 分。

1. 宏观管理指标 2 分，每项各 1 分；

2. 营造林管理指标 16 分，其中作业设计率 4 分，管护率 4 分，县级自检验收率 4 分，营造林建档率 4 分。每个指标相应分值中，每项任务分别占 1 分。

第八条　计算方法

（一）凡达标项，分别记满分；凡未达标项（数量指标除外），按实际达标情况计算得分。未达标数量指标计算方法如下：

1. 五项任务的完成计划率和面积核实率达到 90% 以上（含 90%）的各项，按实际达标情况计算得分；

2. 五项任务的完成计划率或面积核实率未达到 90% 以上（含 90%）的，则相应项不得分，且扣去 10 分。如有多项未达到，每项扣分值不累加。

（二）评分结果 = Σ每项得分－扣分。

第四章　考评依据与评比办法

第九条　以国家林业局下达的上一年度营造林生产计划、各省级林业主管部门上报国家林业局的统计年报数、国家林业局统一组织的全国营造林实绩综合核查结果和其他情况调查结果等为依据，进行考评。

第十条　以各省级林业主管部门为考核单位，实行一年一评比。

第十一条　根据对各考核单位造林质量评价综合得分结果，予以排序。得分达 85 分（含 85 分）以上者，为“营造林质量合格单位”；得分 85 分以下者，为营造林质量不合格单位；在合格的单位中，位居前三位者，为该年度“全国营造林质量先进单位”。

第十二条　国家林业局于每年年末将各省级林业主管部门上一年度的营造林质量考核情况通报全国。

第五章　奖惩措施

第十三条　5 年内累计 3 次获“全国营造林质量先进单位”的省级林业主管部门，国家林业局将颁发“国家营造林质量奖”。同时，在国家林业重点工程营造林工程项目安排上给予倾斜。

第十四条　5 年内累计 3 次为营造林质量不合格的单位，国家林业局将给予“黄牌”警告；5 年内累计 4 次以上（含 4 次）为营造林质量不合格的单位，国家林业局将给予通报批评，并采取项目调控措施。

第十五条　凡发现有弄虚作假行为的，酌情扣分，并根据情节轻重追究责任。

第六章　附则

第十六条　本办法由国家林业局负责解释并组织实施。

第十七条　本办法自发布之日起施行。

国家林业局关于加强营造林质量管理工作的通知

（林造发〔2004〕37号，国家林业局2004年3月15日印发）

各省、自治区、直辖市林业（农林）厅（局），内蒙古、吉林、龙江、大兴安岭森工（林业）集团公司，新疆生产建设兵团林业局：

当前，在各地深入贯彻《中共中央国务院关于加快林业发展的决定》和全国林业工作会议精神的大好形势下，全国植树造林正在从南到北迅速展开。各级林业部门要认真把握好2004年造林工作的新形势，在不误农时，抢抓进度的同时，一定要狠抓质量不放松，使造林质量在2003年取得明显进步的基础上，再上新台阶。为此，特作如下通知。

一、树立抗旱造林思想，落实各项抗旱措施

2月以来，我国北方大部分地区一直少雨雪，南方的广西、广东南部地区降雨较往年同期明显偏少，旱灾还有进一步发展的趋势，全国抗旱造林形势依然十分严峻。各级林业部门一定要按照国务院农田水利基本建设会议的要求，树立防大旱、抗大旱的指导思想，抓紧做好各项抗旱造林措施的落实工作。要尊重自然规律，随时掌握气候变化动态，合理安排造林任务，对确因干旱不能造林的地块，要组织人员搞好造林预整地，为雨季造林做好准备。要加大抗旱造林实用技术推广的力度，特别要推广坐底水栽植、遮阴覆盖、径流林业整地、容器育苗和耐旱优良品种造林等实用技术，确保造林质量和成效。同时，对因干旱使造林成活率和保存率下降，达不到国家标准的，要抓紧做好补植补造工作，确保造林一片成林一片。

二、严格执行各项质量管理制度

近几年，我国已陆续建立起以《造林质量管理暂行办法》《营造林质量考核办法》《造林质量事故行政责任追究制度》等为主要内容的规章制度。严格执行这些规章制度是质量管理工作的基本要求，也是搞好营造林质量的基本保证。各地一定要照章办事，严格执行，规范管理，并结合本地情况制订具体办法或细则，做到管理有依据，考核有标准，奖惩有措施。同时，要在工程造林中加大事前招标、过程监理、事后报账等制度的推行力度。要积极实行专业队造林。逐步建立营造林工程设计、施工、监理等资质（资格）认证和市场准入制度。加强执业资格培训，提高行业队伍素质。

三、进一步加大营造林的科技含量

各项造林工程都要制订科技支撑方案，做到科学规划、设计，科学施工和管护。要大力培育良种壮苗，加强苗木流通管理，严禁假冒伪劣和携带疫情的种苗上市。要结合本地实际认真选用先进实用技术和科学造林模式。要组织科技人员下乡进行林业技术指导、技

术承包、信息咨询和其他各种技术服务。开展多层次、多形式的技术和管理人员的培训工作。要加强标准宣传贯彻工作，搞好地方标准建设，严格执行造林技术规程。

四、强化机制改革，保证提高营造林质量

明晰产权是保证营造林质量的动力之源。各地一律不得栽“无主树”，不得造“无主林”。要实行质量管理激励机制。把营造林质量优劣纳入年终考核范围。积极总结先进经验，树立先进典型，对成绩突出者给予表彰奖励。建立起质量与项目立项、资金拨付、干部政绩、人员工资挂钩的机制，调动营造林工程建设单位和个人的积极性。2004 年是执行《营造林质量考核办法》的第一年，请各地务必高度重视，认真执行。我局将适时进行考评。

五、切实加强营造林质量的检查监督

开展检查监督是促进造林质量提高的必要手段。2004 年我局将开展造林督察和以造林作业设计为主要内容的质量大检查。各级林业部门都要充分重视质量检查监督工作，要进一步完善检查制度、整合检查力量，避免层层检查、重复检查，使检查工作规范统一，提高效率。要重视和完善造林质量群众举报制度，发挥新闻媒体的监督作用，认真查处造林质量责任事故。坚决打击贩卖、使用假冒伪劣种苗、虚报造林数量和质量、在检查验收中弄虚作假等恶劣行为，对群众反映强烈，造成重大损失的重特大质量事故要依照有关规定，坚决查处，决不姑息。

六、切实加强对营造林质量的领导和宣传

要落实营造林质量管理责任制。各级领导，特别是“一把手”，一定要以科学的发展观和质量观指导营造林工作，要把质量摆在优先位置，常抓不懈，切实做到“质为先”。各地都要针对存在的问题，加大工作力度，采取积极措施，进一步推动营造林质量管理上台阶。同时，要采取多种形式，利用各种媒体，积极宣传营造林质量的政策与技术，宣传有效的经验和做法，提高公众的意识，形成监督环境。

各地要结合本地实际，认真组织，精心安排，切实做好当前和全年的营造林质量管理工作，以保质保量地完成六大林业重点工程和其他各项营造林任务。请各省分别于 2004 年 6 月 30 日前和 12 月 31 日前分两次将执行本通知的情况报我局造林司。

国家林业局

二〇〇四年三月十五日

国家林业局关于加强营造林工程监理员培训和管理工作的通知

（林造发〔2009〕154号，国家林业局2009年6月25日印发）

各省、自治区、直辖市林业厅（局），内蒙古、吉林、龙江、大兴安岭森工（林业）集团公司，新疆生产建设兵团林业局：

《营造林工程监理员国家职业标准》颁布以来，我局高度重视，积极推行营造林工程监理员（以下简称“监理员”）职业资格制度，认真组织开展监理员培训，取得了明显的成效。监理员队伍不断壮大，素质明显提高，在营造林工程建设中发挥了积极作用。实践证明，监理员职业资格制度的建立，顺应了营造林工程建设管理体制改革的需要，得到了地方政府和各级林业主管部门的充分肯定。

当前，国家对营造林工程的投入规模不断加大，对营造林质量要求日益严格。营造林工程建设对监理员的需求十分强烈。加大监理员培训力度，规范监理员的管理，成为进一步贯彻落实《营造林工程监理员国家职业标准》和推进现代林业科学发展的迫切要求。为此，我局按照国家职业资格管理的有关法律法规和政策文件要求，认真总结经验，对今后开展监理员培训与管理工作进行了全面研究和部署。现将有关事项通知如下：

一、充分认识加强监理员培训与管理工作的重要意义

监理员资格是我国林业系统首批经国家职业资格标准认定的职业资格。在当前形势下，积极推行监理员职业资格制度，开展监理员培训，完善监理员管理，是满足营造林工程建设管理体制改革条件下营造林质量管理机制市场化的必然举措，是落实中央领导“种一棵、活一棵、成材一棵”重要指示、完善营造林质量管理体系、提高营造林质量的有效措施，是贯彻党中央、国务院提出的“科教兴国”战略以及实现国家林业局党组提出的“人才强林”目标的必要组成部分，是建设高素质营造林质量管理队伍的重要补充。

二、明确监理员培训和管理工作的指导思想

开展监理员培训和管理工作，必须坚持以邓小平理论和“三个代表”重要思想为指导，全面贯彻落实科学发展观，结合现代林业和集体林权制度改革形势下的营造林工程建设的实际需要，本着严格、严肃、公开、公平、规范、科学的原则，认真执行《营造林工程监理员国家职业标准》，严格培训，依法收费，统一发证，持证上岗，动态管理，争取尽快打造一支符合现代林业建设和市场需求，职业作风严谨、业务素质精湛、技术行为规范的高素质、规范化的监理员队伍，完善我国营造林质量管理体系。

三、进一步加强监理员培训和管理的基础工作

按照我国职业资格管理有关政策法规的要求和我局行业培训工作的总体安排，结合监

理员培训管理工作的实际，我局将进一步加大力度，近期集中开展五个方面的工作，为科学、规范地开展监理员培训和管理工作奠定良好基础。一是组织制定监理员培训规划和年度计划。将监理员队伍建设纳入我局“人才强林”总体战略部署，科学调查和测算对监理员的总体需求以及区域分布，分年度合理安排落实监理员培训计划，并列入我局行业培训年度计划。二是组织编制培训教材。根据《营造林工程监理员国家职业标准》的要求，由我局组织编写培训基本教材。教材内容包括监理员职业道德、监理员基础知识和基本技能、营造林工程建设法律法规及政策、营造林和质量检查技术标准等四个部分。各地可根据当地营造林生产的实际情况编写补充教材，并报我局纳入培训教材体系。三是建立并完善监理员考试题库。我局将根据近年监理员培训的经验和当前国家有关部门对职业资格管理的政策法规要求，对监理员考试题库作进一步的补充和完善。四是建立监理员培训师资队伍。本着“科目覆盖全面、理论实用兼顾”的原则进一步充实和强化监理员培训师资队伍建设。特别要注意将理论功底强、具有实际操作经验的骨干监理员纳入师资队伍。地方林业主管部门要注意发现优秀师资人才并向我局推荐。五是全面推行监理员持证上岗。所有的营造林工程监理员岗位，必须持证上岗。建立监理员动态管理制度，开展监理员的工作绩效考核。

四、规范监理员培训工作

监理员的培训是一项涉及重大社会公共利益的重要工作，必须认真执行《营造林工程监理员国家职业标准》，面向社会公开，行业内外平等对待。要通过扎实细致的工作，确保符合条件的人员能够获得监理员培训的机会，确保具备必要素质的人员能够通过正常渠道取得监理员职业资格证书。

监理员培训采取定期和不定期举办培训班的方式。我局每年举办两期监理员培训班。办班时间初步确定在每年 2 月和 10 月，地点根据营造林工程建设的重点布局和对监理员的需求程度确定。此外，我局接受省级林业主管部门的办班申请，适时增加举办不定期监理员培训班。举办监理员培训班的信息应提前 2 个月向社会公开，允许所有符合条件的人员报名参加。

监理员培训内容和时间，必须严格执行《营造林工程监理员国家职业标准》的有关规定，确保培训质量。要高度重视培训场地选择和培训的组织工作，确保培训安全。

培训承办单位应按照有关法律、法规和政策文件的规定收取相关费用，并向缴费人开具省级以上财政部门印制或监制的财政票据。收费项目和标准向社会公开。

五、统一管理监理员考试鉴定和资格证书发放

监理员考试鉴定工作由国家林业局职业技能鉴定指导中心按照职业资格管理规定严格组织实施。职业技能考试鉴定要严格依据《营造林工程监理员国家职业标准》的规定，认真审查报考人员资格条件，加强考务管理，确保鉴定质量。对符合要求并经鉴定合格者，方可发放监理员职业资格证书。必须坚决维护职业资格证书的严肃性和权威性，不得擅自

降低标准要求，随意发放职业资格证书，不得以培训合格证书代替职业资格证书。

监理员职业资格证书由我局统一发放。采用人力资源和社会保障部统一印制的国家职业资格证书，加盖国家林业局人事司技能鉴定专用章、国家林业局职业技能鉴定指导中心印章和国家林业局造林绿化管理司印章。各地不得擅自发放监理员职业资格证书。

六、建立监理员职业资格的动态管理制度

监理员必须持证上岗。有关单位在聘用监理员时必须查验其监理员职业资格证件及上岗记录，并向项目法人单位和当地林业主管部门申报监理员姓名、职业资格证书复印件等基本资料。不得聘用无证或不具备上岗资格人员担任监理员。

对监理员职业资格实行动态管理。建立监理员工作档案，开展监理员工作绩效考核。因监理员责任造成造林质量事故的，应予记录。对多次出现责任事故或造成重大责任事故的监理员，经我局审查决定，可注销其职业资格证书。对已经取得监理员职业资格的人员，每 3 年进行一次职业资格复查。复审合格者加盖复查印章。不按规定时间复查的职业资格证书按失效证书处理。期间连续两年没有从事相关工作的人员，暂停上岗资格。被暂停上岗资格的监理员，必须经过再次培训并鉴定合格之后，才能恢复上岗资格。有关细则另行制定。

七、加强对监理员培训与管理工作的组织领导

国家林业局全面负责监理员的管理工作，具体由造林绿化管理司承担，负责制定监理员管理的政策，协调组织培训和发布信息，公布取得监理员职业资格证书人员名单，检查监督培训班的举办，审查监理员工作绩效并决定证书发放或注销事宜。

国家林业局人才开发交流中心是监理员培训班的具体组织承办单位，负责落实培训地点和培训教师、组织报名、安排培训及考务、协调发证等工作。

地方各级林业主管部门负责监督辖区内监理员的持证上岗情况，组织开展监理员绩效考核，并将考核结果报我局。

国家林业局

二〇〇九年六月二十五日

营造林工程监理员职业资格审核监督管理办法（试行）

（林造发〔2015〕160号，国家林业局2015年12月3日印发；2016年4月25日，林策发〔2016〕54号废止）

第一章 总则

第一条 为加强营造林工程监理员（以下简称“监理员”）队伍建设，规范监理员职业资格审核监督管理，健全监督制约机制，根据《国务院关于取消和下放一批行政审批项目的决定》（国发〔2014〕5号）中“将营造林工程监理员职业资格审核下放至省级人民政府林业主管部门”的决定，制定本办法。

第二条 本办法所称监理员是指按本办法规定获取了《营造林工程监理员职业资格证书》（以下简称“证书”），从事营造林工程监理工作的专业人员。

第三条 本办法适用于省级林业主管部门组织的监理员考试、证书颁发和监督管理等工作。

第四条 国家林业局负责监理员职业资格审核和证书颁发等工作的监督管理及相关政策的制（修）定。省级林业主管部门（含内蒙古、龙江、大兴安岭森工（林业）集团公司，新疆生产建设兵团林业局）负责监理员职业资格考试资格审核、命题阅卷、证书发放、登记及日常管理等工作。

第二章 考试、发证

第五条 监理员职业资格考试实行统一大纲、自主命题的考试制度。

第六条 身体健康、能胜任营造林现场监督管理工作，年龄在65周岁（含）以下，并符合以下条件之一的人员，可报名参加考试。

（一）连续从事营造林技术指导、营造林核查或施工管理工作6年或累计8年以上；

（二）具有林学或相近专业中专学历，连续从事营造林技术指导、营造林核查或施工管理工作3年以上；

（三）具有林学或相近专业大专学历，连续从事营造林技术指导、营造林核查或施工管理工作2年以上；

（四）具有林学或相近专业大学本科以上学历，连续从事营造林技术指导、营造林核查或施工管理工作1年以上。

第七条 监理员职业资格考试申请人应提交下列材料：

（一）《营造林工程监理员职业资格考试报名、资格审核表》；

（二）身份证复印件；

（三）最高学历证书复印件；

（四）工作经历和工程业绩证明材料（加盖工作单位公章）；

（五）其他证明材料。

第八条 省级林业主管部门依据本办法第六、第七条之规定对申请人资格进行审核，确定参加考试人员名单，审核结果通知申请人。

第九条 监理员职业资格考试实行闭卷笔试。考试共一科，满分 100 分，成绩达 60 分及以上为合格。省级林业主管部门根据报名情况，统一安排考试。

第十条 经考试合格，由省级林业主管部门印制并颁发证书。

第三章 监督管理

第十一条 省级林业主管部门要掌握监理员的从业状况。每年 12 月 31 日前向国家林业局报送监理员培训考试、证书颁发、工作经验、问题分析与对策建议等工作总结材料，并填好《营造林工程监理员职业资格备案表》。

第十二条 国家林业局对省级林业主管部门开展的监理员职业资格考试、审核、发证等工作进行监督管理，根据工作需要，有针对性调整相关制度、规定，指导监督营造林工程监理工作健康发展。

第十三条 取得证书的从业人员，由省级林业主管部门统一登记管理。

第四章 附则

第十四条 本办法施行前已取得的证书，与按照本办法规定取得的证书的效用等同。

第十五条 省级林业主管部门可依据本办法制定细则，并报国家林业局备案。

第十六条 本办法自 2016 年 1 月 1 日起实施，有效期至 2020 年 12 月 31 日。

附件：1. 营造林工程监理员职业资格考试大纲

2. 营造林工程监理员职业资格考试报名、资格审核表

3. 证书样式及编号规则

4. 营造林工程监理员职业资格备案表

劳动和社会保障部办公厅关于印发第八批林木种苗工等65个国家职业标准的通知

（劳社厅发〔2004〕1号，劳动和社会保障部办公厅2004年2月6日印发）

各省、自治区、直辖市劳动和社会保障厅（局），国务院有关部门劳动保障工作机构：

根据《中华人民共和国劳动法》，我部会同有关部门制定了第八批国家职业标准，现印发施行。

附件：第八批林木种苗工等65个国家职业标准目录

劳动和社会保障部办公厅
二〇〇四年二月六日

附件：

第八批林木种苗工等65个国家职业标准目录

序号	职业编码	职业（工种）名称
1	5-02-01-01	林木种苗工
2	5-02-01-05	营造林工程监理员（☆）
3	6-02-04-01	重冶备料工
4	6-02-04-02	焙烧工
5	6-02-04-03	火法冶炼工
6	6-02-04-05	电解精炼工
7	6-02-05-01	氧化铝制取工
8	6-02-06-03	钛冶炼工
9	6-02-11-01	硬质合金混合料制备工
10	6-02-11-02	硬质合金成型工
11	6-02-11-03	硬质合金烧结工
12	6-02-11-04	硬质合金精加工工
13	6-03-13-02	双基火药制造工
14	6-03-17-06	香料制造工
15	6-03-17-07	香精配制工
16	6-05-05-02	铝电解工
17	6-05-10-01	空调器装配工
18	6-05-10-02	电冰箱（柜）装配工
19	6-05-10-03	洗衣机装配工
20	6-05-10-04	小型家用电器装配工

（续）

序号	职业编码	职业（工种）名称
21	6-05-12-04	装甲车辆发动机装试工
22	6-05-15-01	引信装试工
23	6-05-17-01	滤毒材料制造工
24	6-05-17-02	防毒器材装配工
25	6-07-02-11	电网调度自动化运行值班员（☆）
26	6-07-02-12	脱硫值班员（☆）
27	6-07-03-05	电力调度员（☆）
28	6-07-03-06	电网调度自动化维护员（☆）
29	6-07-03-07	运行方式员（☆）
30	6-07-04-14	电网调度自动化厂站端调试检修员（☆）
31	6-07-04-15	电厂化学设备检修工（☆）
32	6-07-04-16	风力发电运行检修员（☆）
33	6-07-04-17	脱硫设备检修工（☆）
34	6-07-04-18	电厂热力试验工（☆）
35	6-07-05-06	农网配电营业工（☆）
36	6-07-05-07	用电客户受理员（☆）
37	6-11-02-01	制鞋工
38	6-11-03-01	皮革加工工
39	6-11-03-02	毛皮加工工
40	6-12-05-03	酱油酱类制作工
41	6-12-05-04	食醋制作工
42	6-12-05-05	酱腌菜制作工
43	6-12-06-06	豆制食品制作工
44	6-17-01-01	水泥生产制造工
45	6-17-01-03	石灰焙烧工
46	6-17-01-04	水泥生产巡检工（☆）
47	6-17-01-05	水泥中央控制室操作员（☆）
48	6-17-02-03	纸面石膏板生产工
49	6-17-02-05	石膏粉生产工（☆）
50	6-18-01-02	玻璃熔化工
51	6-18-01-03	浮法玻璃成型工（※）
52	6-18-04-01	陶瓷原料准备工
53	6-18-04-03	陶瓷烧成工
54	6-18-04-04	陶瓷装饰工
55	6-18-04-05	陶瓷模型制作工
56	6-21-06-01	景泰蓝制作工

（续）

序号	职业编码	职业（工种）名称
57	6-22-01-02	墨水制造工
58	6-22-01-07	自来水笔制作工
59	6-22-01-08	圆珠笔制作工
60	6-22-01-09	铅笔制造工
61	6-22-03-02	提琴制作工
62	6-22-03-03	管乐器制作工
63	6-22-03-04	民族拉弦、弹拨乐器制作工
64	6-26-01-01	建材化学分析工（※）
65	6-26-01-16	木材检验师

注：☆号表示新职业，※号为该职业编码下的工种。

营造林工程监理员国家职业标准

（造质函〔2004〕43 号，国家林业局植树造林司 2004 年 6 月 14 日印发）

1　职业概况

1.1　职业名称

营造林工程监理员。

1.2　职业定义

掌握营造林工程项目监理的原则、程序、内容及方法，依据合同授权，在专业监理工程师的指导下，参与营造林工程项目现场施工阶段的监督和管理，保证营造林工程项目在规定的时间、质量、成本等约束条件下完成既定目标的人员。

1.3　职业等级

本职业设一个等级（相当于国家职业三级），即营造林工程监理员。

1.4　职业环境

室外。

1.5　职业能力特征

身体健康，具有从事营造林工程监理的基本技能，可以按照设计文件及有关技术标准对施工作业过程中或工序进行现场监督、检查和记录，发现问题及时向专业监理工程师报告，并具有基本的计算、写作、交流、协调及计算机操作能力，能适应野外工作。

1.6　基本文化程度

高中毕业（或同等学历）。

1.7　培训要求

1.7.1　培训期限

120 个标准学时。

1.7.2　培训教师

培训教师应具有监理工程师、林业高级技师或林业专业高级以上专业技术职称，熟悉掌握营造林建设工程监理理论、营林技术、管理知识及合同法等相关法律知识，具有生产实践经验和丰富的教学经验，有良好的语言表达和知识传授能力。

1.7.3　培训场地设备

可容纳 20 名以上学员的标准教室；有必要的教学设备、设施（包括计算机硬件和 软件）；室内光线、通风、卫生条件良好。

1.8　鉴定要求

1.8.1　适用对象

从事或准备从事本职业的人员。

1.8.2　申报条件

具备以下条件之一者：

（1）连续从事营造林技术指导、营造林核查或施工管理工作6年或累计8年以上；

（2）具有林学或相近专业中专学历，连续从事营造林技术指导、营造林核查或施工管理工作3年以上；

（3）具有林学或相近专业大专学历，连续从事营造林技术指导、营造林核查或施工管理工作2年以上；

（4）具有林学或相近专业大学本科以上学历，从事营造林技术指导、营造林核查或施工管理工作1年以上。

1.8.3　鉴定方式

分为理论知识考试和专业能力考核，实行百分制，采用问卷笔试或上机考试方式，成绩皆达60分以上者为合格。

1.8.4　考评人员与考生配比

考评人员与考生配比为1∶20，每个标准教室不少于2名考评人员。

1.8.5　鉴定时间

理论知识考试时间为90分钟，专业能力考核时间为90分钟。

1.8.6　鉴定场所设备

理论知识考试和专业能力考核均在标准教室进行。室内卫生、光线、通风条件良好。

2　基本要求

2.1　职业道德

2.1.1　职业道德、基本知识

2.1.2　职业守则

2.1.2.1　维护国家利益和职业荣誉，按照“守法、诚信、公正、科学”的准则执业；

2.1.2.2　执行有关工程建设的法律、法规、标准、规范和制度，履行监理合同规定的义务和职责；

2.1.2.3　努力学习业务知识，不断提高业务能力和监理水平；

2.1.2.4　不泄漏所监理工程各方认为需要保密的事项；

2.1.2.5　不得与被监理单位及材料供应单位有任何利益关系，不收受其任何礼金、礼品；

2.1.2.6　坚持独立自主的开展工作。

2.2　基础知识

2.2.1　建设工程监理知识

2.2.1.1　建设工程监理规范；

2.2.1.2　造林质量管理办法；

2.2.1.3　林业生态工程建设监理实施办法等。

2.2.2　营造林生产知识

2.2.2.1　营造林生产基础知识；

2.2.2.2　营造林生产技术规程；

2.2.2.3　营造林核查、检查有关技术规定等。

2.2.3　相关法律、法规知识

2.2.3.1　《劳动法》及相关知识；

2.2.3.2　《合同法》及相关知识；

2.2.3.3　《森林法》《退耕还林条例》及林业政策法规等相关知识。

2.2.4　计算机使用知识

3　工作要求

职业功能	工作内容	技能要求	相关知识
一、项目准备	（一）内业准备	1. 能看懂监理委托合同和工程承包合同的有关内容；2. 能看懂作业设计及地形图；3. 能看懂监理程序及实施细则	1.《合同法》《招投标法》及林业法律、法规、规章 2. 营造林技术规程
	（二）外业准备	1. 能使用罗盘测量仪、GPS 等仪器对现地实测或定位；2. 能按照作业设计踏查施工现场；3. 能协助专业监理工程师审查施工组织方案及计划	1. 工程建设监理的基本知识； 2. 测量知识
二、项目执行	（一）进度控制	1. 能协助专业监理工程师审查施工单位报送的施工组织方案，做好记录，提出建议；2. 能做好监理日志；3. 能按施工合同督促施工单位按期完工	1. 物候知识； 2. 进度控制基本知识
	（二）质量控制	1. 能用种苗、整地、栽植、抚育等王要营造林工序质量标准检查材料及施工质量；2. 能按设计文件及有关技术标准对施工工艺过程或施工工序进行检查和记录；3. 能采用旁站与巡视检查相结合的方式，实施现场监督，发现问题及时纠正，重大问题及时上报并做好记录；4. 能判断现场施工质量，签署原始质量意见	1. 主要造林树种种苗标准及造林技术； 2. 质量控制基本知识； 3. 主要造林树种生物学特性及生态学特性； 4. 造林质量管理办法
	（三）投资控制	1. 能在施工现场测算工程计量，并签署原始凭证； 2. 能初审施工工程结算价款，并书面向专业监理工程师报告	1. 劳动定额； 2. 投资控制基本知识； 3. 工程预算知识
三、项目验收	（一）资料审核	1. 能做监理档案的整理和归档工作；2. 能初审施工单位的工程验收资料及档案	1. 档案管理相关知识； 2. 档案管理相关标准
	（二）现场验收	1. 能完成施工作业的初步验收；2. 能协助专业监理工程师完成年度验收	1. 检查验收有关规定 2. 检查验收有关标准

4 比重表

4.1 理论知识

<table>
<tr><th colspan="3">项　　目</th><th>比重（%）</th></tr>
<tr><td colspan="2" rowspan="2">基本要求</td><td>职业道德</td><td>5</td></tr>
<tr><td>基础知识</td><td>20</td></tr>
<tr><td rowspan="7">相关知识</td><td rowspan="2">项目准备</td><td>内业准备</td><td>5</td></tr>
<tr><td>外业准备</td><td>10</td></tr>
<tr><td rowspan="2">项目执行</td><td>进度控制</td><td>15</td></tr>
<tr><td>质量控制</td><td>20</td></tr>
<tr><td rowspan="3">项目验收</td><td>投资控制</td><td>10</td></tr>
<tr><td>资料审核</td><td>5</td></tr>
<tr><td>现场验收</td><td>10</td></tr>
<tr><td colspan="3">合　计</td><td>100</td></tr>
</table>

4.2 技能操作

<table>
<tr><th colspan="3">项　　目</th><th>比重（%）</th></tr>
<tr><td rowspan="7">技能要求</td><td rowspan="2">项目准备</td><td>内业准备</td><td>10</td></tr>
<tr><td>外业准备</td><td>10</td></tr>
<tr><td rowspan="2">项目执行</td><td>进度控制</td><td>20</td></tr>
<tr><td>质量控制</td><td>30</td></tr>
<tr><td rowspan="3">项目验收</td><td>投资控制</td><td>10</td></tr>
<tr><td>资料审核</td><td>10</td></tr>
<tr><td>现场验收</td><td>10</td></tr>
<tr><td colspan="3">合　计</td><td>100</td></tr>
</table>

5 附件

5.1 本标准由国家林业局造林绿化管理司、人事司、局人才开发交流中心共同提出。

5.2 本标准由国家林业局造林绿化管理司归口。

5.3 本标准起草单位：国家林业局造林绿化管理司、西北华北东北防护林建设局、调查规划设计院，广西壮族自治区营林中心，贵州省林业生态工程监理中心、黑龙江省森林工业总局、北京京岭林业监理公司、北京林业大学、江西省林业勘察设计院。

5.4 本标准主要起草人：刘道平、洪家宜、熊炼、黄丽东、聂朝俊、李绪尧、白雪、赵廷宁、周志峰、胡加林。

附录3

主要相关法律法规、技术标准目录

一、法律法规

（一）法律

1.《中华人民共和国森林法》（2009 年修订）

2.《中华人民共和国野生动物保护法》（1988 年 11 月 8 日第七届全国人大常委会第四次会议通过，2016 年修订）

3.《中华人民共和国合同法》（1999 年）

4.《中华人民共和国招标投标法》（1999 年）

5.《中华人民共和国种子法》（2015 年 11 月 4 日第十二届全国人民代表大会常务委员会第十七次会议修订）

6.《中华人民共和国防沙治沙法》（2001 年）

7.《中华人民共和国水土保持法》（2010 年修订）

（二）法规

1.《中华人民共和国森林法实施条例》（2000 年）

2.《中华人民共和国劳动合同法实施条例》（2008 年）

3.《中华人民共和国招标投标法实施条例》（2018 年修订）

4.《中华人民共和国水土保持法实施条例》（2011 年修订）

5.《森林防火条例》（2008 年修订）

6.《森林病虫害防治条例》（1989 年）

7.《中华人民共和国陆生野生动物保护实施条例》（1992 年 2 月 12 日中华人民共和国国务院批准，1992 年 3 月 1 日林业部发布，自发布之日起施行，2016 年修订）

8.《城市绿化条例》（1992 年 6 月 22 日中华人民共和国国务院令第 100 号公布，自 1992 年 8 月 1 日起施行，2017 年修正）

9.《中华人民共和国自然保护区条例》（1994 年 10 月 9 日中华人民共和国国务院令第 167 号发布，1994 年 12 月 1 日起施行，2017 年修订）

10.《中华人民共和国野生植物保护条例》（2017 年修订）

11.《中华人民共和国植物新品种保护条例 》（1997 年 3 月 20 日中华人民共和国国务院令第 213 号公布，根据 2014 年 7 月 29 日《国务院关于修改部分行政法规的决定》修订）

12.《退耕还林条例》（2016 年修订）

13.《关于开展全民义务植树运动的决议》（1981 年）

14.《中共中央国务院关于加快林业发展的决定》（中发〔2003〕9 号）

（三）部门规章

1.《森林和野生动物类型自然保护区管理办法》（1985 年）

2.《森林采伐更新管理办法》（1987 年）

3.《林地管理暂行办法》（1993 年）

4.《植物检疫条例实施细则（林业部分）》（1994 年）

5.《森林公园管理办法》（1994 年）

6.《林木林地权属争议处理办法》（1996 年）

7.《沿海国家特殊保护林带管理规定》（2011 年修改）

8.《林木良种推广使用管理办法》（1997 年）

9.《林木种子生产、经营许可证管理办法》（2002 年 11 月 2 日国家林业局令第 5 号，根据 2011 年 1 月 25 日国家林业局令第 26 号修改，根据 2015 年 4 月 30 日国家林业局令第 37 号修改）

10.《主要林木品种审定办法》（2003 年 7 月 14 日国家林业局令第 8 号公布，自 2003 年 9 月 1 日起施行）

11.《普及型国外引种试种苗圃资格认定管理办法》（2005 年 9 月 12 日国家林业局令第 17 号公布，自 2005 年 11 月 1 日起施行）

12.《林木种子质量管理办法》（2006 年 11 月 13 日国家林业局令第 21 号公布，自 2007 年 1 月 1 日起施行）

13.《林木种质资源管理办法》（2007 年 9 月 8 日国家林业局令第 22 号公布，自 2007 年 11 月 1 日起施行）

14.《突发林业有害生物事件处置办法》（2015 年修改）

15.《国家林业局产品质量检验检测机构管理办法》（2007 年 11 月 30 日国家林业局令第 24 号，根据 2015 年 4 月 30 日国家林业局令第 37 号修改）

二、规范性文件

1. 国家林业局关于造林质量事故行政责任追究制度的规定（林造发〔2001〕416 号）

2. 国家林业局、国家档案局关于印发《林业重点工程档案管理办法》的通知（林办发〔2001〕540 号）

3. 国家林业局关于颁布《林业生态建设工程监理实施办法（试行）》及《林产工业工程建设监理实施办法（试行）》的通知（林计发〔2002〕137 号）

4. 国家林业局关于印发《造林质量管理暂行办法》的通知（林造发〔2002〕92 号，已失效或废止）

5. 国家林业局关于印发《林木种苗质量监督抽查暂行规定》的通知（林场发〔2002〕93 号）

6. 国家林业局关于成立国家林业局营造林质量稽查办公室的通知（林人发〔2003〕58 号）

7. 国家林业局关于浙江省开展绿化造林设计施工资质审批和管理试点工作的批复（林造发〔2003〕79 号）

8. 国家林业局关于申请建立注册营造林工程师执业资格制度的函（林函人字〔2003〕101 号）

9. 国家林业局关于印发《营造林质量考核办法（试行）》的通知（林造发〔2003〕177号）

10. 劳动和社会保障部办公厅关于印发第八批林木种苗工等65个国家职业标准的通知（含营造林工程监理员）（劳社厅发〔2004〕号）

11. 营造林工程监理员国家职业标准（造质函〔2004〕43号）

12. 国家林业局关于颁发《“国家特别规定的灌木林地”的规定（试行）》的通知（林资发〔2004〕14号）

13. 国家林业局关于加强营造林质量管理工作的通知（林造发〔2004〕37号）

14. 国家林业局关于切实做好京津风沙源治理工程区林分抚育和管护工作的通知（林沙发〔2005〕12号）

15. 国家林业局关于加强营造林工程监理员培训和管理工作的通知（林造发〔2009〕154号）

16. 国家林业局关于印发《退耕还林工程建设年度检查验收办法》的通知（林退发〔2009〕294号）

17. 国家林业局办公室关于印发《天然林资源保护工程档案管理办法》的通知（办天字〔2012〕8号）

18. 国家林业局关于印发《中央财政造林补贴试点检查验收管理办法（试行）》的通知（林造发〔2012〕9号）

19. 国家林业局关于印发《天然林资源保护工程森林管护管理办法》的通知（林天发〔2012〕33号）

20. 国家林业局关于界定古树名木有关问题的复函（林策发〔2014〕141号）

21. 国家林业局关于深化三北防护林体系建设改革的意见（林北发〔2014〕171号）

22. 国家林业局关于印发《新一轮退耕还林工程作业设计技术规定》的通知（林退发〔2015〕35号）

23. 国家林业局关于印发《退耕还林工程档案管理办法》的通知（林退发〔2015〕38号）

24. 国家林业局关于印发《营造林工程监理员职业资格审核监督管理办法（试行）》的通知（林造发〔2015〕160号）

25. 国家林业局关于印发《林木种子生产经营档案管理办法》的通知（林场发〔2016〕71号）

26. 国家林业局关于印发《林木种子包装和标签管理办法》的通知（林场发〔2016〕93号）

27. 国家林业局关于印发《三北防护林体系建设五期工程百万亩防护林基地建设管理办法》的通知（林北发〔2016〕138号）

28. 国家林业局 财政部关于印发《国家级公益林区划界定办法》和《国家级公益林管理办法》的通知（林资发〔2017〕34号）

29. 国家林业和草原局关于印发《新一轮退耕地还林检查验收办法》的通知（林退发〔2018〕54号）

三、技术标准

（一）国家标准

1. 主要造林树种苗木质量分级 GB 6000
2. 育苗技术规程 GB/T 6001
3. 林木引种 GB/T 14175
4. 飞播造林技术规程 GB/T 15162
5. 封山（沙）育林技术规程 GB/T 15163
6. 造林技术规程 GB/T 15776
7. 营造林总体设计规程 GB/T 15782
8. 母树林营建技术 GB/T 16621
9. 生态公益林建设 导则 GB/T 18337. 1
10. 生态公益林建设规划设计 通则 GB/T 18337. 2
11. 生态公益林建设技术规程 GB/T 18337. 3
12. 生态公益林建设检查验收规程 GB/T 18337. 4
13. 防沙治沙技术规范 GB/T 21141
14. 退耕还林工程检查验收规则 GB/T 23231
15. 退耕还林工程质量评估指标与方法 GB/T 23235
16. 林业植物及其产品调运检疫规程 GB/T 23473
17. 美国白蛾检疫技术规程 GB/T 23474
18. 青杨脊虎天牛检疫技术规程 GB/T 23475
19. 松材线虫病检疫技术规程 GB/T 23476
20. 松材线虫病疫木处理技术规范 GB/T 23477
21. 森林资源规划设计调查技术规程 GB/T 26424
22. 山杏封沙育林技术规程 GB/T 26534
23. 热带、亚热带生态风景林建设技术规程 GB/T 26902
24. 水源涵养林建设规范 GB/T 26903
25. 油茶苗木质量分级 GB/T 26907
26. 油茶良种选育技术 GB/T 28991
27. 城乡环境保护林建设技术规程 GB/T 31733

（二）行业标准

1. 容器育苗技术 LY/T 1000
2. 日本落叶松速生丰产林 LY/T 1058
3. 杉木速生丰产用材林 LY/T 1384
4. 长白落叶松、兴安落叶松速生丰产林 LY/T 1385
5. 红松速生丰产林 LY/T 1435

6. 杨树人工速生丰产用材林 LY/T 1495
7. 马尾松速生丰产林 LY/T 1496
8. 水杉速生丰产用材林 LY/T 1527
9. 湿地松速生丰产用材林 LY/T 1528
10. 名特优经济林基地建设技术规程 LY/T 1557
11. 红皮云杉人工林速生丰产技术 LY/T 1559
12. 低产用材林改造技术规程 LY/T 1560
13. 造林作业设计规程 LY/T 1607
14. 樟子松速生丰产商品林 LY/T 1630
15. 速生丰产用材林建设导则 LY/T 1647
16. 速生丰产用材林建设规划设计通则 LY/T 1648
17. 燕山低山丘陵围山转造林技术规程 LY/T 1676
18. 林业有害生物发生及成灾标准 LY/T 1681
19. 绿洲防护林体系建设技术规程 LY/T 1682
20. 低效林改造技术规程 LY/T 1690
21. 速生丰产用材林培育技术规程 LY/T 1706
22. 油茶 第 3 部分：育苗技术及苗木质量分级 LY/T 1730. 3
23. 梭梭林保护与恢复技术规程 LY/T 1749
24. 荒漠胡杨林更新复壮恢复技术规程 LY/T 1751
25. 长江、珠江流域防护林体系工程建设技术规程 LY/T 1760
26. 沿海防护林体系工程建设技术规程 LY/T 1763
27. 太行山绿化工程建设技术规程 LY/T 1766
28. 桉树速生丰产林生产技术规程 LY/T 1775
29. 林业地图图式 LY/T 1821
30. 林业植物产地检疫技术规程 LY/T 1829
31. 喀斯特石漠化地区植被恢复技术规程 LY/T 1840
32. 松材线虫病疫木清理技术规范 LY/T 1865
33. 松褐天牛防治技术规范 LY/T 1866
34. 杨树速生丰产用材林定向培育技术规程 LY/T 1895
35. 华北落叶松人工林经营技术规程 LY/T 1897
36. 天然次生低产低效林改培技术规程 LY/T 1898
37. 油茶低产林改造技术 LY/T 1935
38. 光肩星天牛防治技术规程 LY/T 1961
39. 西南山地退化天然林恢复规程 LY/T 2028
40. 半干旱地区樟子松塑料容器苗培育及造林技术规程 LY/T 2051
41. 云斑天牛防治技术规程 LY/T 2108L

42. 美国白蛾防治技术规程 LY/T 2111
43. 大径级用材林培育导则 LY/T 2118
44. 珍贵用材林栽培技术规程 楸树 LY/T 2125
45. 碳汇造林技术规程 LY/T 2252
46. 林木种苗标签 LY/T 2290
47. 桉树丰产林经营技术规程 LY/T 2456
48. 防护林经营技术规程 LY/T 2496
49. 防护林体系营建技术规程 LY/T 2498
50. 四倍体刺槐培育技术规程 LY/T 2544
51. 黄土丘陵沟壑区水土保持林营造技术规程 LY/T 2595
52. 生物防火林带经营管护技术规程 LY/T 2616
53. 太行山石灰岩山地造林技术规程 LY/T 2623
54. 西南亚高山退化森林恢复与可持续经营技术规范 LY/T 2764
55. 三北防护林退化林分修复技术规程 LY/T 2786
56. 国家储备林改培技术规程 LY/T 2787
57. 防护林体系设计技术规程 LY/T 2828
58. 林业常用药剂合理使用准则（一）LY/T 2842

参考文献

陈祥伟，胡海波. 2005. 林学概论［M］. 北京：中国林业出版社.
傅鸿明，黄励思. 1993. 工程施工监理实务［M］. 北京：水利电力出版社.
韩东锋. 2005. 园林工程建设监理［M］. 北京：化学工业出版社.
姜德文. 2002. 生态工程建设监理［M］. 北京：中国标准出版社.
交通部基本建设质量监督总站. 2001. 工程质量管理［M］. 北京：人民交通出版社.
刘兴东，高拥民. 1993. 建设监理理论与操作手册［M］. 北京：宇航出版社.
陆新元，等. 1999. 环境监理［M］. 北京：中国环境科学出版社.
万秋山，李克国. 1998. 环境监理理论与实践［M］. 北京：中国环境科学出版社.
王长永，李树枫. 2001. 工程建设监理概论［M］. 北京：科学出版社.
悟晓光. 2000. 工程进度监理［M］. 北京：人民交通出版社.
肖维品. 2001. 建设监理与工程控制［M］. 北京：科学出版社.
熊广忠. 1994. 工程建设监理实用手册［M］. 北京：中国建筑工业出版社.
杨晓林，刘光忱. 2004. 建设工程监理［M］. 北京：机械工业出版社.
杨正平，欧宗袁. 1987. 封山育林［M］. 北京：中国林业出版社.
《造林学》编写组. 1994. 造林学［M］. 北京：中国林业出版社.
张志敏. 1993. 环境监理实用手册［M］. 北京：中国环境科学出版社.
中国建设监理协会. 2014. 建设工程合同管理［M］. 北京：中国建筑工业出版社.
中国建设监理协会. 2014. 建设工程监理概论［M］. 北京：中国建筑工业出版社.
中国建设监理协会. 2014. 建设工程进度控制［M］. 北京：中国建筑工业出版社.
中国建设监理协会. 2014. 建设工程投资控制［M］. 北京：中国建筑工业出版社.
中国建设监理协会. 2014. 建设工程质量控制［M］. 北京：中国建筑工业出版社.
中华人民共和国水利部，国家工商行政管理局. 2000. 水利工程建设监理合同示范文［M］. 北京：中国水利水电出版社.
周月鲁. 2003. 水土保持生态建设工程监理理论与实践［M］. 北京：中国计划出版社.
翟明首，沈国舫. 2016. 森林培育学［M］. 北京：中国林业出版社.

后 记

POSTSCRIPT

为认真落实国家林业局党组“严管林，慎用钱，质为先”九字方针，2001年8月，国家林业局在植树造林司新设造林质量管理处；2003年4月，植树造林司更名造林绿化管理司，同时加挂国家林业局营造林质量稽查办公室的牌子，由造林质量管理处承担具体业务工作；2010年3月，造林质量管理处的职能并入造林处。

屈指数来，2001—2010年，我在造林质量管理处处长这一岗位上工作了近十年。期间，每天思考最多的就是如何提升营造林质量，确保成林、成材。为此，引入全面质量管理理念，推行营造林工程监理制，强化对造林设计、种苗准备、整地栽植、抚育管护、检查验收等各关键环节进行全过程控制。组织制定《造林质量管理暂行办法》《造林质量事故行政责任追究制度的规定》等，通过制度、规定等规范营造林质量管理工作；牵头编制《营造林工程监理员国家职业标准》《全国营造林工程监理员培训教程》，开展营造林工程监理员职业培训16期，有5000余人获得相关国家职业证书；协助组织召开全国营造林质量工作会议，表彰全国营造林质量管理先进省（自治区、直辖市）与先进个人，等等。

十年间，感慨颇多、感悟至深。《营造林工程监理与实践》就是我对全国营造林质量管理思考、研究、实践的阶段性总结，作为献给广大营造林工作者的一份礼物，希冀对全国营造林质量提升有所帮助。

2018年12月